中国自然资源统计年鉴

CHINA NATURAL RESOURCES STATISTICAL YEARBOOK

2021

中华人民共和国自然资源部　编

Compiled by the Ministry of Natural Resources P.R.C.

地质出版社

Geological Publishing House

· 北　京 ·

Beijing

图书在版编目（CIP）数据

中国自然资源统计年鉴. 2021 = China Natural Resources Statistical Yearbook 2021 : 汉、英 / 中华人民共和国自然资源部编. — 北京 : 地质出版社, 2023.4

ISBN 978-7-116-13628-1

Ⅰ. ①中… Ⅱ. ①中… Ⅲ. ①自然资源－统计资料－中国－2021－年鉴－汉、英 Ⅳ. ①P966.2-54

中国国家版本馆CIP数据核字（2023）第071340号

ZHONGGUO ZIRAN ZIYUAN TONGJI NIANJIAN 2021

责任编辑：刘雯芳　郑　丽
责任校对：关凤云
出版发行：地质出版社
社址邮编：北京市海淀区学院路31号，100083
电　　话：（010）66554649（邮购部）；（010）66554605（编辑室）
网　　址：https://www.gph.clmpg.com
印　　刷：北京地大彩印有限公司
开　　本：880 mm × 1230 mm 1/16
印　　张：19.75
字　　数：490千字
版　　次：2023年4月北京第1版
印　　次：2023年4月北京第1次印刷
定　　价：198.00元
书　　号：ISBN 978-7-116-13628-1

《中国自然资源统计年鉴 2021》编委会

《中国自然资源统计年鉴 2021》编辑部

China Natural Resources Statistical Yearbook 2021
Editorial Board

China Natural Resources Statistical Yearbook 2021
Editorial Staff

编者说明

一、《中国自然资源统计年鉴2021》是一部全面反映中华人民共和国自然资源状况和自然资源管理情况的资料性年鉴。本年鉴收录了全国和各省（自治区、直辖市）2020年自然资源领域主要统计数据，以及2018—2020年全国主要统计数据。

二、本年鉴资料内容包括自然资源概况、自然资源开发利用情况、国土空间规划和用途管制情况、自然资源保护与自然灾害情况、自然资源执法情况、自然资源科技人才情况共六部分。各章附有主要统计指标解释，对主要自然资源综合统计指标的含义、统计范围、统计口径、计算方法等做了简要说明。

三、本年鉴数据主要来源于自然资源部各司局、中国地质调查局及自然资源部其他直属单位、各省（自治区、直辖市）自然资源主管部门，以及矿山企业、测绘企业、地勘单位等调查统计对象。部分数据来源于国家林业和草原局。部分数据摘自《中国统计年鉴》。水资源数据摘自《2021年中国水资源公报》和《中国统计年鉴2021》。

四、本年鉴的全国统计数据除特别说明外，均未包括香港特别行政区、澳门特别行政区和台湾省数据。

五、一些数据的合计数或相对数，因受进位的影响，不一定等于分项的累加。

六、本年鉴各表中，对表中部分指标的注解在该表下方。

七、本年鉴表中的符号使用说明：空格表示该项统计指标数值为“0”；“①”表示本表下有注解；“#”表示其中主要项。

Explanation of Compilation

Ⅰ. The *China Natural Resources Statistical Yearbook* 2021 is an informative yearbook comprehensively reflecting the status of natural resources and natural resources administration. It collects the main statistical data in the field of natural resources of the whole country and all the provinces (autonomous regions, and municipalities directly under the central government) in 2020, as well as the main statistical data of natural resources of the whole country over three years since 2018.

Ⅱ. The yearbook contains six chapters: ① general situation of natural resources; ② development and utilization of natural resources; ③ planning and use control of land space; ④ natural resources protection and natural disasters; ⑤ legal administration of natural resources; ⑥ natural resources scientific and technological talented personnel. In addition, explanatory notes on main statistical indicators follow each chapter, which give brief descriptions of the connotations, statistical scope, statistical approaches, and calculation methods of the main natural resources statistical indicators.

Ⅲ. The principal sources of the yearbook are annual comprehensive statistical reports on the departments and bureaus of the Ministry of Natural Resources, the departments and bureaus of China Geological Survey, other units directly under the Ministry of Natural Resources, the administrative departments of natural resources of all provinces (autonomous regions, and municipalities directly under the central government), as well as mining enterprises, surveying and mapping enterprises, geological exploration units and other survey and statistics objects. Part of the data comes from National Forestry and Grassland Administration. Individual data are extracted from *China Statistical Yearbook*. Water resources data are extracted from *China Water Resources Bulletin* 2021 and *China Statistical Yearbook* 2021.

Ⅳ. The national statistical data involved in the yearbook do not include those of the Hong Kong Special Administrative Region, Macao Special Administrative Region, and Taiwan Province unless otherwise specified.

Ⅴ. Some aggregations or rates/ratios may not add up to the sum of the series because of rounding.

Ⅵ. The notes concerning individual indicators are placed at the lower part.

Ⅶ. Notations used in the yearbook: blank indicates that the statistical indicator value is "0"; "①" means to see footnotes below; "#" indicates the main items.

目 录

CONTENTS

五、自然资源执法情况……195

Chapter 5 Legal Administration of Natural Resources

一、自然资源概况

Chapter 1 General Situation of Natural Resources

土地利用
Land Use

单位：万亩[①]

地 区	Region	耕地 Cultivated Land	园地 Garden Land	林地 Forest Land	草地 Grassland
总 计	**Total**	**191155.06**	**30418.88**	**426120.98**	**396568.88**
北 京	Beijing	140.37	188.56	1460.50	20.43
天 津	Tianjin	492.73	55.35	224.20	22.76
河 北	Hebei	9017.04	1506.21	9643.27	2906.03
山 西	Shanxi	5792.51	961.23	9144.58	4646.01
内蒙古	Inner Mongolia	17246.48	72.20	36561.63	81187.51
辽 宁	Liaoning	7739.10	796.60	9018.22	728.18
吉 林	Jilin	11200.13	117.01	13164.85	1005.71
黑龙江	Heilongjiang	25770.30	97.76	32437.00	1773.39
上 海	Shanghai	240.84	22.49	124.73	19.77
江 苏	Jiangsu	6113.81	343.49	1176.41	137.67
浙 江	Zhejiang	1921.57	1136.13	9134.36	96.55
安 徽	Anhui	8280.43	560.72	6131.64	72.44
福 建	Fujian	1389.92	1380.48	13204.26	111.77
江 西	Jiangxi	4067.72	871.55	15590.17	134.09
山 东	Shandong	9614.35	1896.62	3914.73	350.70
河 南	Henan	11232.22	638.28	6586.18	382.01
湖 北	Hubei	7131.08	729.76	13915.17	132.90
湖 南	Hunan	5431.82	1342.72	19044.50	210.49
广 东	Guangdong	2848.08	1978.01	16162.68	354.66
广 西	Guangxi	4928.92	2521.77	24106.23	407.56
海 南	Hainan	730.36	1824.99	1754.88	25.08
重 庆	Chongqing	2799.44	425.86	7025.82	35.34
四 川	Sichuan	7772.77	1864.33	38138.28	14521.52
贵 州	Guizhou	5122.55	894.44	16847.47	278.38
云 南	Yunnan	8066.92	3878.35	37417.28	1976.74
西 藏	Tibet	661.53	17.95	26840.98	120090.04
陕 西	Shaanxi	4396.01	1820.02	18702.92	3303.80
甘 肃	Gansu	7799.18	642.84	11950.45	21446.86
青 海	Qinghai	847.56	93.17	6903.90	59199.85
宁 夏	Ningxia	1797.53	135.26	1431.18	3036.17
新 疆	Xinjiang	10561.81	1604.50	18362.14	77954.33

① 1亩≈0.0667公顷。

① 1mu≈0.0667hm^2.

状况（2020年）

Status（2020）

Unit：10^4mu①

湿地 Wetland	城镇村及工矿用地 Land for Urban，Industrial and Mining Activities	交通运输用地 Land Used for Transport	水域及水利设施用地 Land Used for Water and Conservancy Facilities
35470.12	**53427.50**	**14634.18**	**54262.52**
4.65	462.78	74.98	92.64
48.95	498.85	69.27	354.60
211.75	3179.74	624.11	858.70
80.99	1538.07	412.60	260.24
5707.44	2265.19	1211.24	1604.89
434.09	1982.84	464.29	1041.32
340.92	1282.07	398.91	917.07
5245.59	1750.67	821.80	2543.02
108.93	434.26	51.97	286.58
618.13	3170.88	556.98	3752.65
246.40	1734.23	382.15	1051.78
72.21	2655.05	464.30	2603.37
281.83	1066.81	334.93	560.15
342.23	1669.21	534.88	1639.26
370.17	4246.25	678.83	2001.24
57.19	3697.03	590.14	1284.15
90.62	2131.15	504.00	2979.01
353.41	2460.91	556.46	1889.71
268.13	2674.99	509.18	2007.11
190.30	1500.63	548.61	1127.49
181.83	369.75	90.29	274.88
22.38	963.94	243.11	409.35
1847.31	2797.22	734.60	1592.78
10.82	1174.57	510.79	386.11
57.42	1628.99	809.99	924.29
6452.28	250.53	253.62	8897.97
72.06	1387.07	461.98	413.79
1777.93	1292.91	506.73	615.51
7651.77	555.08	213.41	3671.65
36.48	448.60	143.78	254.72
2286.00	2157.23	876.26	7966.49

矿产资源储量（2020年）

Reserves of Mineral Resources（2020）

矿 产	Item	单位	Unit	储量 Reserve
煤炭	Coal	亿吨	10^8 t	1622.88
石油	Oil	亿吨	Crude Oil 10^8 t	剩余探明技术可采储量：36.19
天然气	Natural Gas	亿立方米	10^8 m^3	剩余探明技术可采储量：62665.78
页岩气	Shale Gas	亿立方米	10^8 m^3	剩余探明技术可采储量：4026.17
煤层气	Coalbed Methane	亿立方米	10^8 m^3	剩余探明技术可采储量：3315.15
天然沥青	Natural Asphalt	矿石万吨	10^4 t of Ore	10.88
油页岩	Oil Shale	矿石亿吨	10^8 t of Ore	20.25
石煤	Bone Coal	矿石亿吨	10^8 t of Ore	10.41
油砂	Oil Sand	矿石万吨	10^4 t of Ore	15003.11
铁矿	Iron Ore	矿石亿吨	10^8 t of Ore	108.78
锰矿	Manganese	矿石万吨	10^4 t of Ore	21295.69
铬铁矿	Chromite	矿石万吨	10^4 t of Ore	276.97
钒矿	Vanadium	V_2O_5 万吨	V_2O_5 10^4 t	951.20
原生钛铁矿	Primary Ilmenite	TiO_2 万吨	TiO_2 10^4 t	19432.10
钛铁砂矿	Ferrotitanium Placer	矿物万吨	10^4 t of Mineral	1215.71
钛矿	Titanium	金红石万吨	Rutile 10^4 t	52.00
铜矿	Copper	铜万吨	Copper 10^4 t	2701.30
铅矿	Lead	铅万吨	Lead 10^4 t	1233.10
锌矿	Zinc	锌万吨	Zinc 10^4 t	3094.83
铝土矿	Bauxite	矿石万吨	10^4 t of Ore	57650.24
镁矿	Magnesium	矿石万吨	10^4 t of Ore	21437.30
镍矿	Nickel	镍万吨	Nickel 10^4 t	399.64
钴矿	Cobalt	钴万吨	Cobalt 10^4 t	13.74
钨矿	Tungsten	WO_3 万吨	WO_3 10^4 t	222.49
锡矿	Tin	锡万吨	Tin 10^4 t	72.25
钼矿	Molybdenum	钼万吨	Molybdenum 10^4 t	373.61
锑矿	Antimony	锑万吨	Antimony 10^4 t	35.17
汞矿	Mercury	汞吨	Mercury t	6515.89
铋矿	Bismuth	铋万吨	Bismuth 10^4 t	15.94
铂族金属	Platinum Group Metals	金属千克	Metal kg	126731.80
金矿	Gold	金吨	Gold t	1927.37
银矿	Silver	银吨	Silver t	50672.30
铌钽矿①	Niobium–Tantalum	折Y_2O_3万吨	Coverted into 10^4 t of Y_2O_3	18.34
铍矿②	Beryllium	折BeO吨	Coverted into t of BeO	39925.80
锂矿③	Lithium	折Li_2O万吨	Coverted into 10^4 t of Li_2O	234.50
锶矿④	Strontium (Celestite)	天青石万吨	Strontium Siderite Ore 10^4 t	1580.43
铷矿	Rubidium	Rb_2O吨	Rb_2O t	188196.22
铯矿	Caesium	Cs_2O吨	Cs_2O t	25023.70
锆矿⑤	Zirconium	ZrO_2 万吨	ZrO_2 10^4 t	1.95
锗矿	Germanium	锗吨	Germanium t	1728.61
镓矿	Gallium	镓吨	Gallium t	20672.30
铟矿	Indium	铟吨	Indium t	1792.77

矿产资源储量（2020年） 续表1

Reserves of Mineral Resources（2020）Continued 1

矿 产	Item	单位	Unit	储量 Reserve
铊矿	Thallium	铊吨	Thallium t	342.46
镉矿	Cadmium	镉吨	Cadmium t	18544.80
硒矿	Selenium	硒吨	Selenium t	6051.79
碲矿	Tellurium	碲吨	Tellurium t	3024.50
矽线石	Sillimanite	矿物万吨	10^4 t of Mineral	381.10
红柱石	Andalusite	矿物万吨	10^4 t of Mineral	319.14
菱镁矿	Magnesite	矿石万吨	10^4 t of Ore	49475.90
普通萤石[6]	Common Fluorite	折CaF_2万吨	Coverted into 10^4 t of CaF_2	4857.55
熔剂用灰岩	Limestone for Flux	矿石亿吨	10^8 t of Ore	33.88
冶金用白云岩	Metallurgical Dolomite	矿石亿吨	10^8 t of Ore	17.64
冶金用石英岩	Metallurgical Quartzite	矿石万吨	10^4 t of Ore	17891.70
冶金用砂岩	Metallurgical Sandstone	矿石万吨	10^4 t of Ore	5800.95
铸型用砂岩	Foundry Sandstone	矿石万吨	10^4 t of Ore	1085.46
铸型用砂	Foundry Sand	矿石万吨	10^4 t of Ore	30037.75
冶金用脉石英	Metallurgical Vein Quartz	矿石万吨	10^4 t of Ore	808.73
耐火黏土	Refractory Clay	矿石万吨	10^4 t of Ore	28259.70
铁矾土	Bauxite	矿石万吨	10^4 t of Ore	210.90
铸型用黏土	Foundry Clay	矿石万吨	10^4 t of Ore	336.00
耐火用橄榄岩	Refractory Peridotite	矿石万吨	10^4 t of Ore	33.85
熔剂用蛇纹岩	Serpentinite for Flux	矿石万吨	10^4 t of Ore	50078.70
硫铁矿	Pyrite	矿石万吨	10^4 t of Ore	69470.90
伴生硫	Associated Sulfur	硫万吨	Sulfur 10^4 t	6595.18
磷矿	Phosphate Rock	矿石亿吨	10^8 t of Ore	19.13
钾盐	Potash	KCl 万吨	KCl 10^4 t	28059.54
钠硝石	Nitratine	矿石万吨	10^4 t of Ore	2513.05
明矾石	Alunite	矿物万吨	10^4 t of Mineral	1768.02
芒硝[7]	Mirabilite (Glauberite)	折Na_2SO_4亿吨	Coverted into 10^8 t of Na_2SO_4	17.73
重晶石	Barite	矿石万吨	10^4 t of Ore	3689.12
毒重石	Witherite	矿石万吨	10^4 t of Ore	285.51
天然碱	Trona (Na_2CO_3)	Na_2CO_3+$NaHCO_3$万吨	Na_2CO_3 +$NaHCO_3$ 10^4 t	402.33
电石用灰岩	Limestone for Calcium Carbide	矿石万吨	10^4 t of Ore	95443.00
制碱用灰岩	Limestone for Alkali Production	矿石万吨	10^4 t of Ore	39155.80
化肥用石英岩	Quartzite for Fertilizer	矿石万吨	10^4 t of Ore	52.72
化工用白云岩	Dolomite for Chemical Industry	矿石万吨	10^4 t of Ore	4595.41
化肥用砂岩	Sandstone for Fertilizer	矿石万吨	10^4 t of Ore	145.80
含钾砂页岩	Potassium-bearing Sandy Shale	矿石万吨	10^4 t of Ore	29679.77
含钾岩石	Potassium-bearing Rock	矿石万吨	10^4 t of Ore	1195.10
化肥用橄榄岩	Peridotite for Fertilizer	矿石万吨	10^4 t of Ore	145.93
化肥用蛇纹岩	Serpentinite for Fertilizer	矿石亿吨	10^8 t of Ore	2.36
泥炭	Peat	矿石万吨	10^4 t of Ore	760.98
矿盐[8]	Mineral Salt	折NaCl亿吨	Coverted into 10^8 t of NaCl	207.11
镁盐[9]	Magnesium Salt	折镁总量万吨	Coverted into 10^4 t of Magnesium	8489.95

矿产资源储量（2020年） 续表2

Reserves of Mineral Resources（2020）Continued 2

矿 产	Item	单位	Unit	储量 Reserve
碘矿	Iodine	碘吨	Iodine t	363.75
溴矿	Bromine	溴万吨	Bromine 10^4 t	1.25
砷矿⑩	Arsenic	砷万吨	Arsenic 10^4 t	26.14
硼矿	Boron	B_2O_3 万吨	B_2O_3 10^4 t	2090.10
金刚石	Diamond	金刚石千克	Diamond kg	1302.36
压电水晶	Piezoelectric Quartz Crystal	单晶千克	Single Crystal kg	4786.00
熔炼水晶	Smelting Quartz Crystal	矿物吨	t of Mineral	316.00
刚玉	Corundum	矿物吨	t of Mineral	2.11
电气石	Tourmaline	矿物吨	t of Mineral	17329.00
石榴子石⑪	Garnet	折矿物万吨	Coverted into 10^4 t of Mineral	222.10
方解石	Calcite	矿石万吨	10^4 t of Ore	33532.20
光学萤石	Optical fluorite	矿物千克	kg of Mineral	91.00
宝石	Gemstone	矿物吨	t of Mineral	0.87
玉石	Jade	矿石万吨	10^4 t of Ore	282.44
黄玉	Topaz	黄玉吨	Topaz t	1778.00
硅灰石	Wollastonite	矿石万吨	10^4 t of Ore	5149.23
滑石	Talc	矿石万吨	10^4 t of Ore	5581.06
长石	Feldspar	矿石万吨	10^4 t of Ore	12983.50
叶蜡石	Pyrophyllite	矿石万吨	10^4 t of Ore	1123.16
高岭土	Kaolin	矿石万吨	10^4 t of Ore	57158.20
陶瓷用砂岩	Sandstone for Ceramics	矿石万吨	10^4 t of Ore	2706.02
陶瓷土	Ceramic Clay	矿石万吨	10^4 t of Ore	29913.70
霞石正长岩	Nepheline Syenite	矿石万吨	10^4 t of Ore	5260.68
玻璃用灰岩	Limestone for Glass	矿石万吨	10^4 t of Ore	27.00
玻璃用白云岩	Dolomite for Glass	矿石万吨	10^4 t of Ore	7324.19
玻璃用石英岩	Quartzite for Glass	矿石万吨	10^4 t of Ore	42506.70
玻璃用砂岩	Sandstone for Glass	矿石万吨	10^4 t of Ore	35429.80
玻璃用砂	Sand for Glass	矿石万吨	10^4 t of Ore	32355.10
玻璃用脉石英	Vein Quartz for Glass	矿石万吨	10^4 t of Ore	3020.07
粉石英	Powder Quartz	矿石万吨	10^4 t of Ore	386.98
玻璃用凝灰岩	Tuff for Glass	矿石万吨	10^4 t of Ore	6139.00
玻璃用大理岩	Marble for Glass	矿石万吨	10^4 t of Ore	1420.78
水泥用灰岩	Limestone for Cement	矿石亿吨	10^8 t of Ore	342.66
制灰用灰岩	Limestone for Ash Making	矿石万吨	10^4 t of Ore	63306.20
泥灰岩	Marl	矿石万吨	10^4 t of Ore	1838.46
水泥配料用砂岩	Sandstone for Cement Batching	矿石万吨	10^4 t of Ore	87349.60
水泥配料用砂	Sand for Cement Batching	矿石万吨	10^4 t of Ore	7441.10
水泥标准砂	Cement Standard Sand	矿石万吨	10^4 t of Ore	3162.00
水泥配料用脉石英	Vein Quartz for Cement Batching	矿石万吨	10^4 t of Ore	9.10
水泥配料用页岩	Shale for Cement Batching	矿石万立方米	10^4 m^3 of Ore	55195.50
水泥配料用黏土	Clay for Cement Batching	矿石万吨	10^4 t of Ore	86042.30
水泥配料用红土	Laterite for Cement Batching	矿石万吨	10^4 t of Ore	8053.83
水泥配料用黄土	Loess for Cement Batching	矿石万吨	10^4 t of Ore	10023.40
水泥配料用泥岩	Mudstone for Cement Batching	矿石万吨	10^4 t of Ore	19827.80

矿产资源储量（2020年） 续表3
Reserves of Mineral Resources（2020）Continued 3

矿 产	Item	单位	Unit	储量 Reserve
水泥混合材用闪长玢岩	Diorite Porphyrite for Cement Mixture	矿石万吨	10^4 t of Ore	12.00
水泥混合材用玄武岩	Basalt for Cement Mixture	矿石万吨	10^4 t of Ore	57.05
水泥用凝灰岩	Tuff for Cement	矿石万吨	10^4 t of Ore	3999.96
水泥用大理石	Marble for Cement	矿石万吨	10^4 t of Ore	75384.00
水泥配料用板岩	Slate for Cement Batching	矿石万吨	10^4 t of Ore	2107.00
砖瓦用页岩	Shale for Brick and Tile	矿石万立方米	10^4 m^3 of Ore	9756.80
砖瓦用黏土	Clay for Brick and Tile	矿石万立方米	10^4 m^3 of Ore	6955.80
砖瓦用砂岩	Sandstone for Brick and Tile	矿石万立方米	10^4 m^3 of Ore	2066.60
凹凸棒石黏土	Attapulgite Clay	矿石万吨	10^4 t of Ore	1063.45
海泡石黏土	Sepiolite Clay	矿石万吨	10^4 t of Ore	219.00
伊利石黏土	Illite Clay	矿石万吨	10^4 t of Ore	12248.38
膨润土	Bentonite	矿石万吨	10^4 t of Ore	30175.70
硅藻土	Diatomite	矿石万吨	10^4 t of Ore	15114.04
建筑用砂	Sand for Construction	矿石万立方米	10^4 m^3 of Ore	11651.30
建筑用灰岩	Tuff for Construction	矿石万立方米	10^4 m^3 of Ore	217977.00
建筑用橄榄岩	Peridotite for Construction	矿石万立方米	10^4 m^3 of Ore	281.67
建筑用角闪岩	Amphibolite for Construction	矿石万立方米	10^4 m^3 of Ore	102.83
建筑用辉绿岩	Diabase for Construction	矿石万立方米	10^4 m^3 of Ore	2981.86
建筑用安山岩	Andesite for Construction	矿石万立方米	10^4 m^3 of Ore	5658.41
建筑用凝灰岩	Tuff for Construction	矿石万立方米	10^4 m^3 of Ore	89278.26
建筑用玄武岩	Basalt for Construction	矿石万立方米	10^4 m^3 of Ore	2814.55
建筑用闪长岩	Diorite for Construction	矿石万立方米	10^4 m^3 of Ore	754.08
建筑用花岗岩	Granite for Construction	矿石万立方米	10^4 m^3 of Ore	65297.30
建筑用大理石	Marble for Construction	矿石万立方米	10^4 m^3 of Ore	14189.70
建筑用白云岩	Dolomite for Construction	矿石万立方米	10^4 t of Ore	13348.00
建筑用砂岩	Sandstone for Construction	矿石万立方米	10^4 m^3 of Ore	12626.60
建筑用页岩	Shale for Construction	矿石万立方米	10^4 m^3 of Ore	2289.19
饰面用辉长岩	Decorative Gabbro	矿石万立方米	10^4 m^3 of Ore	295.29
饰面用辉绿岩	Decorative Diabase	矿石万立方米	10^4 m^3 of Ore	468.75
饰面用玄武岩	Decorative Basalt	矿石万立方米	10^4 m^3 of Ore	1077.54
饰面用闪长岩	Diorite	矿石万立方米	10^4 m^3 of Ore	1906.45
饰面用辉石岩	Decorative Pyroxenite	矿石万立方米	10^4 m^3 of Ore	13.00
饰面用角闪岩	Decorative Amphibolite	矿石万立方米	10^4 m^3 of Ore	156.56
饰面用花岗岩	Decorative Granite	矿石万立方米	10^4 m^3 of Ore	116283.00
饰面用大理石	Decorative Marble	矿石万立方米	10^4 m^3 of Ore	42940.70
饰面用灰岩	Decorative Limestone	矿石万立方米	10^4 m^3 of Ore	4951.07
饰面用蛇纹岩	Decorative Serpentinite	矿石万立方米	10^4 m^3 of Ore	14.90
饰面用板岩	Decorative Slate for Decoration	矿石万立方米	10^4 t of Ore	2996.95
火山灰	Volcanic Ash	矿石万吨	10^4 t of Ore	1520.00
火山渣	Cinder	矿石万吨	10^4 t of Ore	2305.14
片麻岩	Gneiss	矿石万立方米	10^4 m^3 of Ore	4008.76

矿产资源储量（2020年） 续表4

Reserves of Mineral Resources（2020）Continued 4

矿　产	Item	单位	Unit	储量 Reserve
珍珠岩	Perlite	矿石万吨	10^4 t of Ore	7796.70
陶粒页岩	Shale for Ceramsite	矿石万吨	10^4 t of Ore	11575.42
陶粒用黏土	Clay for Ceramsite	矿石万吨	10^4 t of Ore	4021.27
石墨	Graphite	晶质石墨万吨	10^4 t of Crystal Graphite	5231.85
	Graphite	隐晶质石墨万吨	10^4 t of Cryptocrystalline Graphite	
石棉	Asbestos	石棉万吨	10^4 t of Asbestos	1489.50
片云母	Schistose Mica	矿物万吨	10^4 t of Mineral	75023.70
碎云母	Scrap Mica	矿物万吨	10^4 t of Mineral	35.32
透辉石	Diopside	矿石万吨	10^4 t of Ore	2529.97
透闪石	Tremolite	矿石万吨	10^4 t of Ore	184.20
蛭石	Vermiculite	矿石万吨	10^4 t of Ore	33.80
沸石	Zeolite	矿石万吨	10^4 t of Ore	23722.60
石膏	Gypsum	矿石亿吨	10^8 t of Ore	15.48
白垩	Chalk	矿石万吨	10^4 t of Ore	2.80
保温材料用黏土	Clay for Insulation	矿石万吨	10^4 t of Ore	137.23
铸石用玄武岩	Basalt for Cast Stone	矿石万吨	10^4 t of Ore	8412.00
铸石用辉绿岩	Diabase for Cast Stone	矿石万吨	10^4 t of Ore	172.63
岩棉用玄武岩	Basalt for Rock Wool	矿石万吨	10^4 t of Ore	355.08
麦饭石	Maifanite	矿石万吨	10^4 t of Ore	230.30
二氧化碳气	Carbon Dioxide	亿立方米	10^8 m^3	剩余技术可采储量：1113.28

注：①铌钽矿：铌钽铁矿、铌铁矿、钽铁矿矿物按80%折算；褐钇铌矿按45%折算；细晶石按70%折算。
②铍矿：绿柱石按13%折算。
③锂矿：氯化锂按35%折算，锂辉石按8.0%折算，锂云母按5.0%折算。
④锶矿：菱锶矿按12.5%折算。
⑤锆矿：铪锆石按63%折算，锆英石按62%折算。
⑥普通萤石：矿石量按64%折算。
⑦芒硝：矿石量按32.3%折算。
⑧矿盐：矿石量按82%折算。
⑨镁盐：氯化镁按20%折算，硫酸镁按25%折算。
⑩砷矿：雄/雌黄矿物按65%折算。
⑪石榴子石：矿石按15%折算成矿物量。

Notes: ① Niobium-Tantalum: niobium-tantalum ore, niobium ore and tantalum ore are converted at 80%, limonite and niobium ore are converted at 45% and fine grain ore is converted at 70%.
② Beryllium: beryl is converted at 13%.
③ Lithium: lithium chloride is converted at 35%, spodumene is converted at 8.0%, and lepidolite is converted at 5.0%.
④ Strontium(Celestite): strontium siderite is converted at 12.5%.
⑤ Zirconium: hafnium zircon is converted at 63%, zircon is converted at 62%.
⑥ Common Fluorite: ore quantity is converted at 64%.
⑦ Mirabilite(Glauberite): ore quantity is converted at 32.3%.
⑧ Mineral Salt: ore quantity is converted at 82%.
⑨ Magnesium Salt: magnesium chloride is converted at 20%, magnesium sulfate is converted at 25%.
⑩ Arsenic: androgen/orpiment mineral is converted at 65%.
⑪ Garnet: ore is converted into mineral amount at 15%.

森林资源情况（2020年）
Forest Resources（2020）

地 区	Region	森林覆盖率/% Forest Coverage Rate/%	森林蓄积量/亿米^3 Forest Stock/10^8m^3
总 计	**Total**	**22.96**	**175.60**
北 京	Beijing	43.77	0.24
天 津	Tianjin	12.07	0.05
河 北	Hebei	26.78	1.37
山 西	Shanxi	20.50	1.29
内蒙古	Inner Mongolia	22.10	15.27
辽 宁	Liaoning	39.24	2.97
吉 林	Jilin	41.49	10.13
黑龙江	Heilongjiang	43.78	18.47
上 海	Shanghai	14.04	0.04
江 苏	Jiangsu	15.20	0.70
浙 江	Zhejiang	59.43	2.81
安 徽	Anhui	28.65	2.22
福 建	Fujian	66.80	7.29
江 西	Jiangxi	61.16	5.07
山 东	Shandong	17.51	0.92
河 南	Henan	24.14	2.07
湖 北	Hubei	39.61	3.65
湖 南	Hunan	49.69	4.07
广 东	Guangdong	53.52	4.68
广 西	Guangxi	60.17	6.78
海 南	Hainan	57.36	1.53
重 庆	Chongqing	43.11	2.07
四 川	Sichuan	38.03	18.61
贵 州	Guizhou	43.77	3.92
云 南	Yunnan	55.04	19.73
西 藏	Tibet	12.14	22.83
陕 西	Shaanxi	43.06	4.79
甘 肃	Gansu	11.33	2.52
青 海	Qinghai	5.82	0.49
宁 夏	Ningxia	12.63	0.08
新 疆	Xinjiang	4.87	3.92

注：① 森林资源数据来源为第九次全国森林资源清查（2014—2018年）结果。
② 森林指标全国数中包含香港特别行政区、澳门特别行政区和台湾省数据。
Notes：①The data source of forest resources is the results of the Ninth National Forest Resources Inventory（2014—2018）.
②National data of forest indicators include data of Hong Kong Special Administrative Region, Macao Special Administrative Region and Taiwan Province.

水资源情况（2020年）
Water Resources（2020）

指标名称	Indicator	单位	Unit	数量 Quantity
水资源总量	Total Water Resources	亿立方米	10^8m^3	31605.2
地表水资源量	Surface Water Resources	亿立方米	10^8m^3	30407.0
地下水资源量	Groundwater Resources	亿立方米	10^8m^3	8553.5
地表水与地下水资源重复量	Overlapped Measurement between Surface Water Resources and Groundwater Resources	亿立方米	10^8m^3	7355.3
主要河流流域面积	Drainage Area of Main Rivers	—	—	—
长　江	Changjiang River	平方千米	km^2	1782715
黄　河	Huanghe River	平方千米	km^2	752773
松花江	Songhuajiang River	平方千米	km^2	561222
辽　河	Liaohe River	平方千米	km^2	221097
珠　江	Zhujiang River	平方千米	km^2	442527
海　河	Haihe River	平方千米	km^2	265511
淮　河	Huaihe River	平方千米	km^2	268957

注：以上数据摘自《中国统计年鉴2021》。
Note: The data above are extracted from *China Statistical Yearbook* 2021.

国家级自然保护区情况（2020年）
National Nature Reserves（2020）

地 区	Region	国家级保护区数/处 Number of National Nature Reserve/place	国家级保护区面积/万公顷 Area of National Nature Reserve/10^4hm^2
总 计	**Total**	**474**	**9821.28**
北 京	Beijing	2	2.89
天 津	Tianjin	3	3.06
河 北	Hebei	14	27.14
山 西	Shanxi	8	14.09
内蒙古	Inner Mongolia	29	434.87
辽 宁	Liaoning	19	90.48
吉 林	Jilin	24	122.76
黑龙江	Heilongjiang	49	389.36
上 海	Shanghai	2	6.52
江 苏	Jiangsu	3	30.16
浙 江	Zhejiang	11	14.84
安 徽	Anhui	8	14.40
福 建	Fujian	17	22.72
江 西	Jiangxi	16	26.08
山 东	Shandong	7	22.06
河 南	Henan	13	44.15
湖 北	Hubei	22	54.61
湖 南	Hunan	23	60.64
广 东	Guangdong	15	33.85
广 西	Guangxi	23	37.20
海 南	Hainan	10	16.27
重 庆	Chongqing	7	25.52
四 川	Sichuan	32	304.91
贵 州	Guizhou	11	28.96
云 南	Yunnan	21	152.17
西 藏	Tibet	11	3712.28
陕 西	Shaanxi	26	62.76
甘 肃	Gansu	21	671.72
青 海	Qinghai	7	2116.24
宁 夏	Ningxia	9	46.61
新 疆	Xinjiang	15	1231.96

注：长江上游珍稀鱼类国家级自然保护区，跨云南省、贵州省、四川省、重庆市。天津古海岸湿地国家级自然保护区，跨天津市、河北省。广西儒艮国家级自然保护区，跨广西壮族自治区、广东省。

Note: The National Nature Reserve for Rare Fish in the Upper Reaches of the Yangtze River covers Yunnan, Guizhou, Sichuan and Chongqing. Tianjin Ancient Coastal Wetland National Nature Reserve covers Tianjin and Hebei. Guangxi Dugong National Nature Reserve covers Guangxi and Guangdong.

国家级自然公园情况（2020年）
National Natural Parks（2020）

地　区	Region	国家级自然公园数/个 Number of National Natural Park/number	国家级自然公园面积/万公顷 National Natural Park Area/10^4hm^2
总　计	Total	2522	3361.92
北　京	Beijing	24	18.67
天　津	Tianjin	8	4.91
河　北	Hebei	76	86.78
山　西	Shanxi	73	78.72
内蒙古	Inner Mongolia	119	204.76
辽　宁	Liaoning	78	66.18
吉　林	Jilin	68	65.92
黑龙江	Heilongjiang	149	348.94
上　海	Shanghai	7	1.68
江　苏	Jiangsu	61	26.42
浙　江	Zhejiang	91	91.94
安　徽	Anhui	90	54.46
福　建	Fujian	80	36.57
江　西	Jiangxi	115	90.39
山　东	Shandong	162	93.98
河　南	Henan	92	56.71
湖　北	Hubei	124	99.84
湖　南	Hunan	183	114.19
广　东	Guangdong	82	36.62
广　西	Guangxi	65	92.73
海　南	Hainan	21	14.81
重　庆	Chongqing	64	48.81
四　川	Sichuan	108	379.80
贵　州	Guizhou	100	79.29
云　南	Yunnan	81	190.30
西　藏	Tibet	38	262.92
陕　西	Shaanxi	97	40.46
甘　肃	Gansu	61	82.21
青　海	Qinghai	46	209.54
宁　夏	Ningxia	26	9.85
新　疆	Xinjiang	133	373.52

注：①统计的自然公园包括风景名胜区、森林公园、湿地公园、地质公园、海洋特别保护区（海洋公园）、沙漠（石漠）公园。
②自然公园中包括跨省公园，分别计入各省（自治区、直辖市）数据，但在全国总数中已合并。

Notes：①Natural parks counted include scenic attractions, forest parks, wetland parks, geoparks, marine special reserves (marine parks) and desert（rocky desert）parks.
②Natural parks include inter-provincial parks, which are included in the provincial data respectively, but have been combined in the national total.

国家公园体制试点区情况（2020年）

National Park System Piot Area（2020）

试点区	Pilot Area	面积/万公顷 Area/10^4 hm^2	涉及省份 Province Involved
总 计	**Total**	**2231.87**	
三江源国家公园	Three-River-Source National Park	1231.41	青海省 Qinghai Province
大熊猫国家公园	Giant Panda National Park	271.34	四川省、甘肃省、陕西省 Sichuan Province, Gansu Province, Shaanxi Province
东北虎豹国家公园	Northeast China Tiger and Leopard National Park	146.12	吉林省、黑龙江省 Jilin Province, Heilongjiang Province
祁连山国家公园	Qilian Mountain National Park	502.37	甘肃省、青海省 Gansu Province, Qinghai Province
海南热带雨林国家公园	National Park of Hainan Tropical Rainforest	44.03	海南省 Hainan Province
武夷山国家公园	Wuyishan National Park	10.01	福建省 Fujian Province
神农架国家公园	Shennongjia National Park	11.70	湖北省 Hubei Province
普达措国家公园	Patatson National Park	6.02	云南省 Yunnan Province
钱江源国家公园	Qianjiangyuan National Park	2.52	浙江省 Zhejiang Province
南山国家公园	Nanshan National Park	6.36	湖南省 Hunan Province

注：国家公园体制试点区面积，来源于2020年各国家公园当年现行总体规划。

Note：The data of national park system pilot area are from the overall plan of each national park in 2020.

不动产登记
Real Estate

地区	Region	不动产权登记业务总量/件 Total Amount of Real Estate Registration/piece	首次登记 First Registration	转移登记 Transfer Registration	变更登记 Modification Registration	注销登记 Registration of Cancellation	更正登记 Registration of Correction	异议登记 Objection Registration	预告登记 Advance Notice Registration
总计	Total	112956500	56002729	26231172	3943435	1898849	1555249	2197	16119976
北京	Beijing	727969	249736	413409	25651	6713	4578	396	145
天津	Tianjin	1141182	619945	295391	36736	3895		105	151409
河北	Hebei	4428152	2812865	1010225	70655	71232	39132	60	232846
山西	Shanxi	1089834	537806	167377	129726	9879	7954	8	175105
内蒙古	Inner Mongolia	2575979	1308522	552452	61703	39982	31807	36	246503
辽宁	Liaoning	3367938	866895	1181303	176694	40621	16014	12	449873
吉林	Jilin	1627738	590537	694860	63684	10084	8464	20	196019
黑龙江	Heilongjiang	1680411	647913	672003	98065	55159	17065	32	84020
上海	Shanghai	1174691	339910	541500	86818	31534	10901	76	130674
江苏	Jiangsu	9251803	4609368	2522137	164766	25058	22995	120	1021792
浙江	Zhejiang	5588840	2082432	1557515	226521	723233	53278	89	707387
安徽	Anhui	4653288	1843074	1595988	179728	64716	26933	54	780331
福建	Fujian	2279192	734525	807829	55009	65003	9670	49	552003
江西	Jiangxi	13090313	11381360	667385	80290	67296	516684	40	312141
山东	Shandong	6282348	2456032	2017121	326324	69309	28082	254	1168007
河南	Henan	5910591	2312909	1142209	281974	21969	51642	95	1782753
湖北	Hubei	3265466	1304417	693090	323488	30490	13539	86	574989
湖南	Hunan	8888063	4673453	919274	133010	34410	410722	61	1215597
广东	Guangdong	8019387	2979310	2180081	597989	181748	64692	190	1734043
广西	Guangxi	3715750	1534944	902719	164373	26953	66867	88	879678
海南	Hainan	612066	190402	222915	29198	50705	7127	23	83370
重庆	Chongqing	3022264	508855	1128220	131672	533	6280	129	829148
四川	Sichuan	8605756	5167159	1655842	193790	193161	60708	38	1077370
贵州	Guizhou	2216539	659460	816857	82572	10492	17352	51	594572
云南	Yunnan	2481439	1440089	604934	66141	25854	26678	12	125419
西藏	Tibet	111174	100021	7202	1582	1	1079		
陕西	Shaanxi	1121632	338004	331119	22450	11413	6875	5	376263
甘肃	Gansu	1628439	660968	255103	20163	12504	7910	29	231710
青海	Qinghai	377489	209525	83370	22426	3314	3706	4	45121
宁夏	Ningxia	644306	224204	219520	31343	9963	2472	21	126487
新疆	Xinjiang	3376461	2618089	372222	58894	1625	14043	14	235201

情况（2020年）
Registration（2020）

查封登记 Registration of Seal-up	其他 Others	不动产登记证明量/本 Total Amount of Real Estate Registration Certificate/number				
			抵押权登记证明 Mortgage Registration Certificate	地役权登记证明 Easement Registration Certificate	异议登记证明 Objection Registration Certificate	预告登记证明 Advance Notice Registration Certificate
2467049	**4735844**	**36097427**	**19467044**	**23**	**2325**	**16628035**
25980	1361	249749	249208		396	145
33701		375904	224390		105	151409
60411	130726	943008	702028		57	240923
18458	43521	349778	147543	1	8	202226
63690	271284	549969	324981		36	224952
224994	411532	1094693	647478		9	447206
33374	30696	604537	383778		138	220621
75297	30857	440570	352762		32	87776
24204	9074	468528	348791	9	76	119652
348932	536635	2966871	1976642	3	115	990111
35276	203109	2442573	1498578		89	943906
96754	65710	1679317	898921		54	780342
45097	10007	1329824	749377		49	580398
62551	2566	916248	607941		42	308265
155397	61822	2447169	1277328	3	254	1169584
193801	123239	2976652	1210131		87	1766434
93158	232209	1421163	637966		83	783114
120384	1381152	2013461	883748		104	1129609
231565	49769	4120683	2304675	6	201	1815801
93920	46208	1615104	712376		87	902641
18723	9603	242604	148253		13	94338
88732	328695	1648019	854999		120	792900
179877	77811	2113632	1013871		38	1099723
31916	3267	890873	298809		50	592014
20392	171920	460301	334019		11	126271
17	1272	2485	2485			
17035	18468	540874	160959	1	5	379909
27273	412779	387228	158317		29	228882
3211	6812	109081	41585		4	67492
16498	13798	263151	136980		21	126150
26431	49942	433378	178125		12	255241

不动产登记情况
Real Estate Registration

地区	Region	不动产权证书量/本				
			集体土地所有权 Collective Ownership of Land	国有建设用地使用权 State-owned Construction Land Use Right	集体建设用地使用权 Collective-owned Construction Land Use Right	宅基地使用权 Homestead Land Use Right
总 计	**Total**	**74505319**	**118081**	**1057337**	**104563**	**7305807**
北 京	Beijing	465658	88	1914	108	
天 津	Tianjin	570597	446	4941	52	17
河 北	Hebei	2755796	23331	57524	4726	717429
山 西	Shanxi	971262	21	24912	1008	22286
内蒙古	Inner Mongolia	1884535	14	45787	618	18848
辽 宁	Liaoning	2031082	115	22503	792	10023
吉 林	Jilin	1428835	4	26322	648	25800
黑龙江	Heilongjiang	1122644	44	9845	104	2475
上 海	Shanghai	630307	6	2244		
江 苏	Jiangsu	5744988	100	57719	2799	6092
浙 江	Zhejiang	3677476	47	31557	3373	50118
安 徽	Anhui	3367953	28421	31821	135	3376
福 建	Fujian	1075623	6	12478	569	15995
江 西	Jiangxi	12926397	11722	37653	8219	3922987
山 东	Shandong	3280000	432	71256	3985	301727
河 南	Henan	2222801	107	101817	1395	3289
湖 北	Hubei	2464964	10	26395	353	191605
湖 南	Hunan	5879878	3594	53888	2073	29179
广 东	Guangdong	4846597	40149	73451	2029	81731
广 西	Guangxi	1649126	19	132157	618	62708
海 南	Hainan	405666	1665	19719	294	12652
重 庆	Chongqing	1297623		13920		
四 川	Sichuan	4530268	3417	45683	59127	839881
贵 州	Guizhou	1364621	170	32501	288	5637
云 南	Yunnan	2395068	1678	37788	4299	786754
西 藏	Tibet	65637	4	5851	53	233
陕 西	Shaanxi	659127	2123	17266	1440	16130
甘 肃	Gansu	1220025	1	15769	1686	143370
青 海	Qinghai	284408	2	3012	32	2544
宁 夏	Ningxia	361985		6202	42	1117
新 疆	Xinjiang	2924372	345	33442	3698	31804

注：不动产登记统计数据来源于国家级不动产登记信息管理基础平台。

Note: The Statistic Data of Real Estate Registration are derived from the National Base Platform for Real Estate Registration Information Management.

（2020）续表

（2020）Continued

Total Amount of Real Estate Ownership Certificate/number				
海域使用权（含无居民海岛）/建筑物、构筑物所有权 Sea Area Use Right (Including Uninhabited Islands)/House(Structure) Ownership	国有建设用地使用权/房屋所有权 State-owned Construction Land Use Right/Housing Ownership	集体建设用地使用权/房屋（构筑物）所有权 Use Right for Collective-owned Construction Land/House （Structure） Ownership	宅基地使用权/房屋（构筑物）所有权 Use Right for Homestead/House （Structure） Ownership	农用地的使用权（非林地） Use Right for Agricultural Land （Non-forest Land）
6224	**45485803**	**351471**	**20056372**	**19661**
	463545			3
135	434313	47	124853	5793
1066	1450354	711	500240	415
	712469	26935	183630	1
	1199355	2667	617191	55
1187	1940962	353	54984	163
	1219878	7760	148423	
	1073221	1341	34938	676
12	628045			
440	4547380	3258	1127170	30
95	2965294	3430	623545	17
	3204780	5904	93506	10
17	1033743	2554	10220	41
	1343940	26892	7574445	539
2121	2623744	9822	266893	20
	2050574	51387	14140	92
	1959320	16464	270698	119
	1859187	26039	3905762	156
593	4494360	5773	148338	173
490	1395791	485	47660	9198
68	358395	11	12284	578
	1167153		116550	
	2437144	7088	1137928	
	1274617	42987	8412	9
	1383591	22125	158602	231
	23073	1149	35274	
	503456	58826	59826	60
	554839	8012	496139	209
	132256	266	146255	41
	251599	1851	101107	67
	799425	17334	2037359	965

主要统计指标解释

森林覆盖率 指森林面积占土地总面积的比例。公式为：（乔木林地面积+竹林地面积+国家特别划定的灌木林地面积）/ 国土面积。

森林蓄积量 指一定森林面积上存在着的林木树干部分的总材积。它是反映一个国家或地区森林资源总规模和水平的基本指标之一，也是反映森林资源的丰富程度、衡量森林生态环境优劣的重要依据。

水资源总量 指当地降水形成的地表和地下产水总量，即地表径流量与降水入渗补给量之和。

地表水资源量 指河流、湖泊以及冰川等地表水体中可以逐年更新的动态水量，即天然河川径流量。

地下水资源量 指地下饱和含水层逐年更新的动态水量，即降水和地表水入渗对地下水的补给量。

地表水与地下水重复计算量 指地表水和地下水相互转化的部分，即天然河川径流量中的地下水排泄量和地下水补给量中来源于地表水的入渗补给量。

自然保护区 指保护典型的自然生态系统、珍稀濒危野生动植物种的天然集中分布区，以及有特殊意义的自然遗迹的区域。具有较大面积，确保主要保护对象安全，维持和恢复珍稀濒危野生动植物种数量及赖以生存的栖息环境。

不动产登记业务总量 指办理首次登记、转移登记、变更登记、注销登记、更正登记、异议登记、预告登记、查封登记的件数。

不动产登记证明量 指不动产登记机构依法向权利人颁发的不动产权证明数量。

首次登记 指办理首次登记的件数。

转移登记 指办理转移登记的件数。

变更登记 指办理变更登记的件数。

注销登记 指办理注销登记的件数。

更正登记 指办理更正登记的件数。

异议登记 指办理异议登记的件数。

预告登记 指办理预告登记的件数。

查封登记 指办理查封登记的件数。

不动产权证书量 指不动产登记机构依法向权利人颁发的不动产权证书数量。

Explanatory Notes on Main Statistical Indicators

Forest Coverage Rate—the proportion of forest area to total land area. The formula is （arboreal forest area + bamboo forest area + Shrubbery forest land area specially designated by the state）/national land area.

Forest Stock—the total volume of woods or trunks existing in a certain area of forest. It is one of the basic indexes to reflect the total scale and level of forest resources in a country or region, and it is also an important basis to reflect the richness of forest resources and to measure forest ecological environment.

Total Water Resources—total volume of surface water and groundwater which is from the local precipitation and is measured as the summation of run–off for surface water and recharge of groundwater from local precipitation.

Surface Water Resources—total volume of year renewable water flow which exist in rivers, lakes, glaciers and other surface water, and that measured as the natural run–off of rivers.

Groundwater Resources—total volume of yearly renewable water flow which exist in saturation aquifers of groundwater, and is measured as recharge of groundwater from local precipitation and surface water.

Overlapped Measurement between Surface Water Resources and Groundwater Resources—the part of mutual transfer between surface water and groundwater, i.e. which is the run–off of rivers includes some depletion into groundwater while groundwater includes recharge from surface water.

Nature Reserve—an area where typical natural ecosystems, natural concentrated areas where rare and endangered species of wild animals and plants live, and natural heritages of special significance are protected. It has a large area, ensures safety of the protected, maintains and restores the number of rare and endangered wildlife species and the habitat environment where they live.

Total Amount of Real Estate Registration—the amount of handling first registration, transfer registration, modification registration, cancellation registration, correction registration, dissidence registration, advanced–notice registration and seal–up registration.

Total Amount of Real Estate Registration Certificate—the number of real estate ownership proofs issued by the real estate registration authority to the obligee according to law.

First Registration—the number of handling first–time registration.

Transfer Registration—the number of handling transfer registration.

Modification Registration—the number of handling modification registration.

Registration of Cancellation—the number of handling cancellation registration.

Registration of Correction—the number of handling correction registration.

Objection Registration—the number of handling dissidence registration.

Advance Notice Registration—the number of handling advanced–notice registration.

Registration of Seal-up—the number of handling seal–up registration.

Total Amount of Real Estate Ownership Certificate—the number of real estate ownership certificates issued by the real estate registration authority to the obligee according to law.

二、自然资源开发利用情况

Chapter 2 Development and Utilization of Natural Resources

土地资源

Land Resources

国有建设用地供应情况
State-owned Land for Construction Use

年份/地区	Year/Region	建设用地供应总量 Total Amount of Construction-use Land Supplied		划拨 Allocation				
		宗地数/宗 Number of Plot/plot	面积/公顷 Area/hm^2	宗地数/宗 Number of Plot/plot	面积/公顷 Area/hm^2	宗地数/宗 Number of Plot/plot	面积/公顷 Area/hm^2	成交价款/亿元 Transaction Price/10^8 Yuan
	2018	**213350**	**647680.32**	**79332**	**385375.83**	**133569**	**260199.89**	**58850.47**
	2019	**222043**	**624110.50**	**73880**	**341830.81**	**147761**	**279312.03**	**66006.02**
	2020	**240400**	**658358.97**	**87575**	**339568.33**	**152094**	**314959.43**	**80409.56**
北　京	Beijing	599	1127.65	197	548.04	402	579.61	1942.26
天　津	Tianjin	1379	3847.14	731	1984.24	648	1862.90	859.87
河　北	Hebei	13738	33270.91	4773	12535.18	8928	20502.24	3608.29
山　西	Shanxi	4820	12105.27	1661	4792.98	3156	7300.18	1099.48
内蒙古	Inner Mongolia	7575	28493.93	2291	17476.33	5280	11002.29	586.48
辽　宁	Liaoning	4444	13821.72	1681	6083.03	2756	7680.88	1263.91
吉　林	Jilin	10670	12658.40	2147	7123.51	8484	5480.85	905.49
黑龙江	Heilongjiang	4234	14480.25	1971	8633.53	2225	5653.63	545.70
上　海	Shanghai	752	2707.65	407	1169.60	345	1538.05	2292.71
江　苏	Jiangsu	11821	45135.97	4215	18305.59	7598	26704.23	9600.72
浙　江	Zhejiang	14839	40051.34	6802	23830.71	8023	16180.22	10036.93
安　徽	Anhui	8932	27879.43	3667	12261.09	5260	15612.77	2777.93
福　建	Fujian	5064	15370.60	2181	7604.75	2875	7692.52	3519.31
江　西	Jiangxi	9712	27398.14	3695	12576.06	5981	14726.03	2976.27
山　东	Shandong	18833	49159.58	6012	18031.68	12709	30802.77	6270.99
河　南	Henan	9425	27171.54	3454	10673.93	5954	16390.79	3303.52
湖　北	Hubei	11767	27055.03	3645	12032.38	8069	14897.56	3912.37
湖　南	Hunan	24242	33623.09	8664	19392.39	15526	13848.80	2954.51
广　东	Guangdong	13481	30780.64	4618	17315.37	8858	13459.74	7959.98
广　西	Guangxi	12569	28131.83	4168	16081.59	8384	11934.95	1696.28
海　南	Hainan	638	2671.15	251	1740.11	387	931.03	237.22
重　庆	Chongqing	2595	11892.48	1208	5713.24	1386	6178.77	1903.99
四　川	Sichuan	10333	33335.27	4265	18131.46	6054	15123.31	3884.09
贵　州	Guizhou	8964	27133.54	3649	16362.01	5148	10097.83	1610.91
云　南	Yunnan	9114	21625.19	2587	13414.93	6511	8014.03	1397.48
西　藏	Tibet	1771	2710.29	1283	2173.47	485	503.25	62.71
陕　西	Shaanxi	4529	15435.68	1642	7401.84	2880	8020.44	1632.63
甘　肃	Gansu	2713	9571.07	824	4454.54	1861	5043.13	586.25
青　海	Qinghai	1135	7461.78	513	6206.04	622	1255.74	150.34
宁　夏	Ningxia	1366	3930.81	579	2323.27	785	1605.75	89.04
新　疆	Xinjiang	8346	48321.61	3794	33195.44	4514	14335.12	741.90

——按供地方式和地区分列
Supplied by Land Supply Way and Region

出让 Granting						租赁 Lease			其他供地方式 Other Land Supply Ways		
协议出让 Land Use Right Granting by Contract			"招拍挂"出让 Granting through Bidding, Auction and Listing			宗地数/宗 Number of Plot/plot	面积/公顷 Area/hm²	租金/万元 Rent/10⁴yuan	宗地数/宗 Number of Plot/plot	面积/公顷 Area /hm²	收入/万元 Income/10⁴yuan
宗地数/宗 Number of Plot/plot	面积/公顷 Area/hm²	成交价款/亿元 Transaction Price/10⁸yuan	宗地数/宗 Number of Plot/plot	面积/公顷 Area/hm²	成交价款/亿元 Transaction Price/10⁸yuan						
58066	**17399.60**	**1966.43**	**75503**	**242800.29**	**56884.04**	**404**	**2014.71**	**25943.78**	**45**	**89.90**	**386625.72**
53140	**19295.92**	**2470.29**	**94621**	**260016.11**	**63535.74**	**357**	**2284.38**	**73768.96**	**45**	**683.28**	**8259970.46**
47248	**29889.06**	**3075.56**	**104846**	**285070.37**	**77334.00**	**704**	**3745.56**	**1130538.18**	**27**	**85.65**	**352391.47**
315	189.29	170.98	87	390.32	1771.28						
350	215.12	39.80	298	1647.79	820.07						
1710	4211.28	263.24	7218	16290.96	3345.06	37	233.49	13074.17			
221	342.04	11.20	2935	6958.14	1088.28	3	12.12	6066.00			
2469	2886.27	48.29	2811	8116.02	538.18	4	15.31	206.50			
750	1180.26	51.10	2006	6500.62	1212.81	7	57.82	11834.04			
6580	354.63	26.63	1904	5126.22	878.86	39	54.03	641.99			
707	1469.99	35.72	1518	4183.64	509.98	38	193.08	5670.81			
15	49.35	31.69	330	1488.7	2261.02						
678	4243.12	101.74	6920	22461.11	9498.98	8	126.14	10243.99			
1185	1278.82	102.15	6838	14901.4	9934.79	14	40.41	3820.16			
248	376.93	80.84	5012	15235.84	2697.10	5	5.58	279.23			
252	424.62	124.03	2623	7267.9	3395.28	8	73.32	1159.09			
163	227.99	29.04	5818	14498.04	2947.24	31	85.63	37405.21	5	10.42	10475.62
1855	2570.50	299.93	10854	28232.27	5971.06	111	323.74	26189.49	1	1.40	
538	693.42	61.00	5416	15697.37	3242.53	17	106.81	5835.69			
3223	449.61	109.95	4846	14447.95	3802.42	53	125.09	6295.99			
9589	812.33	78.49	5937	13036.47	2876.02	49	373.95	724506.60	3	7.95	
4842	1919.49	859.80	4016	11540.25	7100.18	3	4.22	865.82	2	1.32	67900.00
4533	821.13	63.24	3851	11113.82	1633.04	8	75.65	3019.81	9	39.64	267471.89
35	25.26	1.66	352	905.77	235.56						
23	57.43	18.15	1363	6121.35	1885.83	1	0.46	16.24			
1900	1108.97	153.71	4154	14014.34	3730.37	13	73.13	746.85	1	7.37	
501	321.38	29.78	4647	9776.46	1581.13	167	673.70	257682.63			
2446	705.74	64.02	4065	7308.28	1333.47	16	196.23	6957.72			
258	94.28	5.69	227	408.97	57.02	3	33.57	886.30			
426	714.32	88.16	2454	7306.13	1544.47	2	1.84	116.25	5	11.56	6039.71
322	919.89	42.48	1539	4123.24	543.77	28	73.40	627.81			
245	427.02	6.32	377	828.71	144.02						
238	81.61	8.97	547	1524.14	80.07	2	1.79	47.38			
631	716.96	67.77	3883	13618.17	674.14	37	785.04	6342.41	1	6.00	504.25

国有建设用地供应情况

State-owned Land for Construction

单位：公顷

年份/地区	Year/Region	建设用地供应总量 Total Amount of Construction-use Land Supplied	工矿仓储用地 Land for Industry,Mining and Warehousing	工业、仓储用地 Land for Industry and Warehousing	商业服务业用地 Land for Commercial and Service Uses	住宅用地 Land for Residential Uses	普通商品住房 Ordinary Commercial Housing
	2018	**647680.32**	**133000.15**	**130019.44**	**35074.07**	**108929.01**	**90133.61**
	2019	**624110.50**	**146712.58**	**141255.14**	**36938.79**	**105017.14**	**87827.64**
	2020	**658358.97**	**166645.68**	**150893.39**	**40541.30**	**114594.08**	**95855.49**
北　京	Beijing	1127.65	108.21	108.21	126.03	391.96	252.83
天　津	Tianjin	3847.14	1084.31	1082.63	103.10	675.98	582.80
河　北	Hebei	33270.91	12733.23	9549.51	1844.20	5959.99	5489.90
山　西	Shanxi	12105.27	3862.39	3759.63	799.05	2385.98	2086.78
内蒙古	Inner Mongolia	28493.93	9130.21	5623.72	788.47	1691.85	1626.19
辽　宁	Liaoning	13821.72	4779.09	4043.63	858.86	1954.22	1885.40
吉　林	Jilin	12658.40	2764.64	2569.05	852.25	1791.78	1574.43
黑龙江	Heilongjiang	14480.25	4269.59	2696.44	704.25	1354.13	1217.86
上　海	Shanghai	2707.65	629.88	629.88	301.55	547.68	284.99
江　苏	Jiangsu	45135.97	15425.66	11535.66	2522.35	8277.73	7089.89
浙　江	Zhejiang	40051.34	8494.99	8494.99	1963.70	6550.09	4586.12
安　徽	Anhui	27879.43	8409.10	8347.60	1261.29	6622.32	4780.68
福　建	Fujian	15370.60	4212.62	4199.42	711.02	2606.34	2098.76
江　西	Jiangxi	27398.14	7136.06	7069.98	2356.38	5402.74	4685.86
山　东	Shandong	49159.58	14424.51	14361.27	4359.94	10576.48	9847.28
河　南	Henan	27171.54	6355.28	6316.89	1889.57	7426.36	6954.30
湖　北	Hubei	27055.03	6932.34	6932.34	2254.08	5707.82	4886.43
湖　南	Hunan	33623.09	6329.65	6320.49	2271.05	6657.57	4967.54
广　东	Guangdong	30780.64	7458.18	7458.18	1414.97	4493.32	4228.10
广　西	Guangxi	28131.83	6438.74	6379.15	1576.23	4241.85	3622.27
海　南	Hainan	2671.15	408.27	408.27	312.95	234.86	20.56
重　庆	Chongqing	11892.48	2820.97	2820.58	681.96	2486.42	2318.44
四　川	Sichuan	33335.27	6315.61	6294.90	2520.08	7490.34	5613.05
贵　州	Guizhou	27133.54	4193.14	4161.17	2346.72	5158.93	3868.01
云　南	Yunnan	21625.19	3421.62	3342.37	1524.07	3297.47	2986.70
西　藏	Tibet	2710.29	237.90	237.90	141.99	237.08	137.45
陕　西	Shaanxi	15435.68	4052.89	3849.04	1005.39	2953.97	2518.31
甘　肃	Gansu	9571.07	1755.17	1642.80	749.61	1930.35	1828.91
青　海	Qinghai	7461.78	683.53	533.96	230.01	559.25	312.19
宁　夏	Ningxia	3930.81	1099.84	1095.89	162.59	347.10	325.22
新　疆	Xinjiang	48321.61	10678.03	9027.83	1907.58	4582.11	3178.24

——按用地类型和地区分列

Use Supplied by Land-use Type and Region

Unit: hm²

基础设施等其他用地 Land for Infrastructure and Other Uses					
	公共管理与公共服务用地 Land for Public Management and Public Services	特殊用地 Land for Special Uses	交通运输用地 Land for Transport	水域及水利设施用地 Land for Water Conservancy Facilities	其他土地 Land for Other Uses
370677.10	**138251.70**	**4172.73**	**183464.57**	**39321.68**	**5466.42**
335441.94	**122433.57**	**3774.99**	**157510.13**	**49776.43**	**1946.82**
336577.91	**115047.67**	**4337.54**	**187473.22**	**28498.50**	**1220.99**
501.45	434.50		61.50		5.45
1983.76	570.80		1409.90	3.06	
12733.49	6485.97	182.50	5821.64	214.27	29.10
5057.86	1951.67	47.76	3018.91	31.63	7.89
16883.40	3727.02	91.10	12718.48	269.51	77.29
6229.55	3156.56	110.58	2759.67	197.42	5.32
7249.73	2127.24	60.46	4665.18	396.84	0.00
8152.27	2110.86	130.80	3678.58	2228.89	3.13
1228.54	438.79	8.82	592.14	188.79	
18910.23	6557.34	604.34	9959.07	1778.77	10.71
23042.56	6109.29	109.37	13861.61	2938.27	24.03
11586.73	4967.98	175.99	5830.59	606.70	5.47
7840.61	3144.36	145.58	4415.38	117.80	17.49
12502.96	4757.80	301.22	7218.33	205.13	20.47
19798.64	6555.63	94.13	11285.64	1781.39	81.85
11500.33	4547.17	69.25	5339.00	1169.55	375.36
12160.79	3972.63	107.03	7021.90	1020.55	38.68
18364.81	6782.89	195.46	10902.96	463.90	19.60
17414.18	5855.47	170.55	11235.52	120.69	31.94
15875.00	4799.52	203.42	10291.10	470.93	110.02
1715.07	514.14	36.49	769.55	393.42	1.47
5903.13	1934.64	30.69	3804.93	55.48	77.40
17009.23	7315.17	297.38	6686.64	2699.93	10.10
15434.75	5571.61	278.02	8612.16	908.54	64.42
13382.02	3027.92	143.03	6533.24	3669.42	8.41
2093.31	718.74	37.26	163.46	1099.30	74.55
7423.42	2448.90	199.06	4642.38	115.85	17.22
5135.94	1702.78	85.22	2717.32	598.65	31.96
5988.99	2117.52	25.13	1707.56	2138.78	
2321.28	1201.06	70.99	963.20	86.03	
31153.88	9441.70	325.89	18785.67	2528.96	71.66

主要统计指标解释

建设用地供应总量 指报告期市、县人民政府根据年度土地供应计划，依法以出让、划拨、租赁等方式将国有建设用地使用权提供给单位或个人使用的国有建设用地总量。

宗地数 指报告期内供应的国有建设用地的宗数。

面积 指报告期内市、县人民政府供应给单位或个人使用的国有建设用地总面积。

划拨 指县级以上人民政府依法批准，在土地使用者缴纳补偿、安置费用后将该幅土地交付其使用，或者将国有建设用地使用权无偿交付给土地使用者使用的行为。

协议出让 指国家以协议方式将国有建设用地使用权在一定年限内出让给土地使用者，由土地使用者向国家支付国有建设用地使用权出让金的行为。

招标出让 指市、县人民政府自然资源管理部门发布招标公告或者发出投标邀请书，邀请特定或不特定的法人、自然人和其他组织参加国有建设用地使用权投标，根据投标结果确定土地使用者的行为。

拍卖出让 指市、县人民政府自然资源管理部门发布拍卖公告，由竞买人在指定时间、指定地点进行公开竞价，根据出价结果确定土地使用者的行为。

挂牌出让 指市、县人民政府自然资源管理部门发布挂牌公告，按公告规定期限将拟出让宗地的交易条件在指定的土地交易场所挂牌公布，接受竞买人的报价申请并更新挂牌价格，根据挂牌期限截止时的出价结果（或现场竞价结果）确定土地使用者的行为。

租赁 指国家依法将国有建设用地出租给土地使用者使用，由土地使用者与县级以上人民政府自然资源管理部门签订一定年限的土地租赁合同，并支付租金的行为。

其他供地方式 指除划拨、出让、租赁以外的其他供地方式，如作价出资入股、授权经营等。

成交价款 指市、县人民政府以协议、招标、拍卖、挂牌等方式出让国有建设用地使用权的实际交易合同金额。

租金 指承租方为取得国有建设用地使用权而向国家支付的价款。以报告期实际收入数为准。

用地类型 见第三次全国国土调查工作分类中的建设用地类型。

普通商品住房 指报告期内出让用于普通商品住房建设的建设用地。

Explanatory Notes on Main Statistical Indicators

Total Amount of Construction-use Land Supplied—the total amount of state–owned construction–use land whose use right is provided by the people's government of a city or county to a unit or an individual during the reporting period in the way of granting, allocation or lease according to the annual land supply plan.

Number of Plots—the number of plots of state–owned construction–use land supplied during the reporting period.

Area—the total area of state–owned land for construction supplied to a unit or an individual by the people's government of a city or county during the reporting period.

Allocation—the act through which the people's government at and above the county level assigns a plot of land to the land user after he pays land compensation and resettlement subsidies or assigns state–owned land–use right to the land user without compensation. This act is approved by the people's government at and above the county level according to law.

Land Use Right Granting by Contract—the act through which the state assigns the land user the right to the use of state–owned construction–use land for a certain period of time in the way of agreement, and the land user shall pay the state the grant fees for the state–owned construction–use land use right.

Granting through Bidding—the act through which the natural resources administration department of the people's government at the city or county level issues a notice of invitation for bid to invite specially or not specially designated legal persons, natural persons and other organizations to participate in the bidding of the state land–use right, and the land user is determined according to the result of the bidding.

Granting through Auction—the act through which the natural resources administration department of the people's government at the city or county level issues a notice of invitation for auction, and the bidders participate in open competition at the prescribed time and locality, and the land user is determined according to the result of the price offer.

Granting through Listing—the act through which the natural resources administration department of the people's government at the city or county level issues a notice of listing, draws up the transaction terms of granting land plots in the time limit prescribed by the notice, lists them in public in a land transaction house, receives the offer applications of the bidders, and renews the listed prices accordingly, and the land user is determined according to the price offer (or the result of on–the–spot price competition) at the closing time of the listing time limit.

Lease—the act through which the state leases state–owned construction–use land to a land user according to law, and the land user enters into a land leasing contract with the natural resources administration department of the people's government at and above the county level for a fixed number of years and pays rent.

Other Land Supply Ways—the ways other than allocation, granting, and lease, e.g. investment as a shareholder with state–owned land rights and authorized operations of land.

Transaction Price—the total amount of actual transaction contract price of state–owned construction–use land granted by the people's government of a city or county in the ways of agreement, bidding, auction, and listing.

Rent—the amount payable by a lessee to the state for a rental period for acquiring the granted state–owned construction–use land use right. The rent shall be based on the actual income obtained during the reporting period.

Land-use Type—See the types of construction–use land in the third national land survey.

Ordinary Commercial Housing—the construction–use land used for ordinary commercial house construction assigned during the reporting period.

矿产资源

Mineral Resources

矿产资源勘查许可证发证及探矿权

Exploration Licenses Issued and Exploration

地区	Region	勘查许可证发证 Exploration License Issued					
						合计 Total	
		许可证数/个 Number of License/number	登记面积/千米² Registered Area/km²	注销/个 Cancelled/number	注销面积/千米² Cancelled Area/km²	许可证数/个 Number of License/number	出让收益/万元 Income from Exploration Right Granted/10⁴ yuan
总 计	**Total**	**10372**	**2772735.55**	**2007**	**124437.18**	**310**	**3034896.69**
自然资源部	MNR	1012	2657679.20	61	85370.77	3	50445.21
北 京	Beijing						
天 津	Tianjin	60	81.92	17	28.42	5	3860.00
河 北	Hebei	222	1138.97	1	1.96	10	2889.00
山 西	Shanxi	105	9534.06	4	143.32	19	2283734.00
内蒙古	Inner Mongolia	1111	20945.34	38	2087.03	24	13738.50
辽 宁	Liaoning	142	374.80	51	958.25	7	4635.24
吉 林	Jilin	243	1519.25	13	416.40	11	627.67
黑龙江	Heilongjiang	163	3181.06	9	47.73	18	133628.60
上 海	Shanghai						
江 苏	Jiangsu	96	241.79	8	64.97	16	1881.00
浙 江	Zhejiang	180	852.00	22	65.45	4	697.03
安 徽	Anhui	138	912.56	243	3642.10	11	
福 建	Fujian	192	559.58	13	40.59	6	913.24
江 西	Jiangxi	1185	2532.78	82	250.05	15	15899.00
山 东	Shandong	167	1283.46	25	199.86	4	
河 南	Henan	345	2865.97	13	199.98	5	
湖 北	Hubei	85	257.48	3	3.31	2	7073.00
湖 南	Hunan	203	1129.93	53	930.26		
广 东	Guangdong	87	642.63	4	117.52		
广 西	Guangxi	440	5648.44	122	1921.80	11	804.00
海 南	Hainan	23	70.92				
重 庆	Chongqing	33	242.39	26	247.93	4	43029.39
四 川	Sichuan	489	4305.43	35	534.90	9	32108.00
贵 州	Guizhou	403	3682.42	507	6404.69	23	14594.19
云 南	Yunnan	519	4334.66				
西 藏	Tibet	118	4673.40	27	750.54		
陕 西	Shaanxi	282	6031.54	116	3542.27		
甘 肃	Gansu	214	2035.62	20	284.95	4	231.40
青 海	Qinghai	344	9148.32	104	5488.55	22	24485.75
宁 夏	Ningxia	39	733.35	7	134.89		
新 疆	Xinjiang	1732	26096.28	383	10558.69	77	399622.47

出让、转让情况——按地区分列（2020年）

Rights Granted and Transferred by Region（2020）

探矿权出让 Exploration Right Granted					探矿权转让 Exploration Right Transferred	
申请在先 Application First	协议出让 Granting through Agreement		"招拍挂"出让 Granting through Bidding, Auction and Listing		个 Number	转让金额/万元 Amount of Exploration Right Transferred/10^4 yuan
个 Number	个 Number	出让收益/万元 Income from Exploration Right Granted/10^4 yuan	个 Number	出让收益/万元 Income from Exploration Right Granted/10^4 yuan		
60	**48**	**156752.05**	**202**	**2878144.64**	**142**	**264802.53**
2	1	50445.21				
			5	3860.00	3	287.60
			10	2889.00	5	190.00
			19	2283734.00	3	32666.88
4	6		14	13738.50	13	5603.66
1	6	4635.24				
	2	188.19	9	439.48	4	234.50
12	4	82418.60	2	51210.00	2	3938.70
15			1	1881.00	2	98.62
	1	113.00	3	584.03	5	
1	10					
			6	913.24		
6			9	15899.00	25	4128.00
3			1			
	2		3		2	710.00
			2	7073.00	2	1066.22
					1	
					1	
	5		6	804.00	22	31071.76
			4	43029.39	1	
	6		3	32108.00	4	1145.00
			23	14594.19	6	3121.10
					11	346.00
					4	180000.00
			4	231.40		
15	1	18896.15	6	5589.60	8	194.49
1	4	55.66	72	399566.81	18	

矿产资源勘查许可证发证及探矿权出让、
Exploration Licenses Issued and Exploration Rights

矿种名称	Mineral	勘查许可证发证 Exploration License Issued					
		许可证数/个 Number of License/ number	登记面积/千米^2 Registered Area/km^2	注销/个 Cancelled/ number	注销面积/千米^2 Cancelled Area/km^2	许可证数/个 Number of License/number	出让收益/万元 Income from Exploration Right Granted/10^4 yuan
总　计	**Total**	**10372**	**2772736.00**	**2007**	**124437.18**	**310**	**3034896.69**
煤	Coal	827	26486.60	126	6773.54	28	2263125.48
油页岩	Oil Shale	47	4849.19	1	61.72		
石油	Oil	5	11311.90				
天然气	Natural Gas	6	12075.15	1	46.13		
煤层气	Coalbed Methane	101	25969.51			7	
石煤	Bone Coal			1	0.86		
油砂	Oil Sand	5	114.70				
页岩气	Shale Gas	15	9334.47	1	985.08		
石油天然气	Oil and Gas	684	2600257.34	41	83103.15		
天然沥青	Natural Asphalt	2	10.88				
地热	Geotherm	489	3316.41	61	888.94	56	10136.04
铁矿	Iron	742	5013.76	168	2845.00	23	176379.01
锰矿	Manganese	159	1480.37	66	710.21	5	80000.00
铬铁矿	Chromite	7	29.35	4	74.69		
钛矿	Titanium	19	167.11	6	90.83		
钒矿	Vanadium	74	529.59	9	69.06		
金红石	Rutile	2	4.11	1	26.57		
铜矿	Copper	1482	15949.99	316	6620.99	34	12195.53
铅矿	Lead	844	8432.20	271	4517.91	10	6478.33
锌矿	Zinc	153	1080.60	67	582.52	6	41.00
铝土矿	Bauxite	176	3702.18	35	574.54	11	7620.39
镁矿	Magnesium	3	13.97				
镍矿	Nickel	34	448.06	3	107.47	1	
钴矿	Cobalt			4	76.04		
钨矿	Tungsten	46	184.85	7	128.09		
锡矿	Tin	44	221.71	6	60.48	1	
铋矿	Bismuth	3	11.78	1	1.14		
钼矿	Molybdenum	115	817.64	45	771.63		
汞矿	Mercury	1	1.95	4	140.79		
锑矿	Antimony	44	168.59	43	421.16	1	12735.00
多金属	Polymetallic Ore	439	7131.44	78	1804.78	6	1737.01
铂矿	Platinum	12	95.13				
砂金	Placer Gold	9	53.73				
金矿	Gold	1989	19092.64	349	5976.96	34	10287.78

转让情况——按矿种分列（2020年）

Granted and Transferred by Mineral（2020）

探矿权出让 Exploration Right Granted					探矿权转让 Exploration Right Transferred	
申请在先 Application First	协议出让 Granting through Agreement		"招拍挂"出让 Granting through Bidding, Auction and Listing		个 Number	转让金额/万元 Amount of Exploration Right Transferred/10^4 yuan
个 Number	个 Number	出让收益/万元 Income from Exploration Right Granted/10^4 yuan	个 Number	出让收益/万元 Income from Exploration Right Granted/10^4 yuan		
60	**48**	**156752.05**	**202**	**2878144.64**	**142**	**264802.53**
	5		23	2263125.48	7	199646.58
			7			
19			37	10136.04	8	747.22
	10	69513.01	13	106866.00	14	697.54
	1		4	80000.00	3	21.94
					1	
7	11	22.03	16	12173.50	13	1144.22
3	1		6	6478.33	13	241.00
1	3		2	41.00	6	3645.00
			11	7620.39	13	47306.92
1						
1						
					1	108.90
			1	12735.00		
2	1	5.11	3	1731.90	12	4752.22
11	6	14.00	17	10273.78	19	1151.99

矿产资源勘查许可证发证及探矿权出让、

Exploration Licenses Issued and Exploration Rights

矿种名称	Mineral	勘查许可证发证 Exploration License Issued					
		许可证数/个 Number of License/number	登记面积/千米^2 Registered Area/km^2	注销/个 Cancelled/number	注销面积/千米^2 Cancelled Area/km^2	许可证数/个 Number of License/number	出让收益/万元 Income from Exploration Right Granted/10^4 yuan
银矿	Silver	249	3003.19	16	458.19	6	51420.00
铌钽矿	Niobium-Tantalum	30	156.28	3	5.45		
铌矿	Niobium	5	71.24	1	5.23		
钽矿	Tantalum	4	16.24				
铍矿	Beryllium	9	75.07	7	111.31		
锂矿	Lithium	22	1040.03	1	8.84	8	203910.00
锆矿	Zirconium	1	2.89				
锶矿(天青石)	Strontium (Celestite)			2	5.17		
铷矿	Rubidium	7	89.99	1	7.82	1	
重稀土矿	Heavy Rare Earth Elements	1	5.25				
轻稀土矿	Light Rare Earth Elements	6	142.07				
铊矿	Thallium	1	6.56				
蓝晶石	Kyanite	2	9.11				
红柱石	Andalusite	4	143.22				
菱镁矿	Magnesite	7	34.94			1	1286.31
普通萤石	Common Fluorite	283	1124.65	18	91.88	10	641.41
熔剂用石灰岩	Limestone for Flux	9	15.29	1	13.10		
冶金用白云岩	Metallurgical Dolomite	9	46.73	3	15.53		
冶金用石英岩	Metallurgical Quartzite	12	33.84	1	5.89	2	1731.10
冶金用脉石英	Metallurgical Vein Quartz	3	4.25				
耐火黏土	Refractory Clay	4	41.42	1	28.30		
其他黏土	Other Clays	1	0.63				
自然硫	Native Sulfur	1	0.97				
硫铁矿	Pyrite	25	101.61	13	85.39	2	2855.83
钠硝石	Nitratine	11	346.86	33	1801.39		
明矾石	Alunite	1	3.10				
芒硝(含钙芒硝)	Mirabilite (Calcium Mirabilite)	2	28.99	23	1273.83		
重晶石	Barite	18	104.19	8	72.60		
毒重石	Witherite or Barolite	2	5.92				
天然碱	Trona (Na_2CO_3)	6	353.34				

转让情况——按矿种分列（2020年）续表1

Granted and Transferred by Mineral（2020） Continued 1

探矿权出让 Exploration Right Granted					探矿权转让 Exploration Right Transferred	
申请在先 Application First	协议出让 Granting through Agreement		“招拍挂”出让 Granting through Bidding, Auction and Listing		个 Number	转让金额/万元 Amount of Exploration Right Transferred/10^4 yuan
个 Number	个 Number	出让收益/万元 Income from Exploration Right Granted/10^4 yuan	个 Number	出让收益/万元 Income from Exploration Right Granted/10^4 yuan		
4			2	51420.00		
					1	
2			6	203910.00	1	500.00
1						
	1	1286.31				
	3	113.00	7	528.41	5	99.00
					1	190.00
			2	1731.10		
			2	2855.83		

矿产资源勘查许可证发证及探矿权出让、
Exploration Licenses Issued and Exploration Rights

矿种名称	Mineral	勘查许可证发证 Exploration License Issued					
		许可证数/个 Number of License/ number	登记面积/千米^2 Registered Area/km^2	注销/个 Cancelled/ number	注销面积/千米^2 Cancelled Area/km^2	许可证数/个 Number of License/number	出让收益/万元 Income from Exploration Right Granted/10^4 yuan
电石用灰岩	Limestone for Calcium Carbide	2	1.94				
制碱用灰岩	Limestone for Alkali Production	2	2.12				
化肥用石灰岩	Limestone for Fertilizer	1	2.09				
化肥用白云岩	Dolomite for Fertilizer	1	0.07				
含钾岩石	Potassium-bearing Rock	6	22.10	2	38.02	1	37.00
化肥用蛇纹岩	Serpentine for Fertilizer	1	7.98				
泥炭	Peat	3	21.93				
矿盐	Mineral Salt	2	29.11				
岩盐	Rock Salt	21	225.09	5	109.83	2	1881.00
湖盐	Lake Salt	1	4.03				
天然卤水	Natural Brine	1	31.96				
钾盐	Potash	10	1974.28	1	1139.57		
磷矿	Phosphate Rock	78	515.51	16	289.71	3	40101.40
金刚石	Diamond	4	42.48	9	355.76		
石墨	Graphite	90	1121.73	12	305.55	4	83628.60
刚玉	Corundum	1	4.12				
硅灰石	Wollastonite	11	63.38	2	31.51	2	3430.93
滑石	Talc	11	43.66	2	37.79	1	
云母	Mica	5	22.71	2	8.89		
长石	Feldspar	37	109.09	5	25.42		
电气石	Tourmaline	2	33.31				
石榴子石	Garnet	9	25.86			1	
叶蜡石	Pyrophyllite	14	63.25	2	3.40		
透辉石	Diopside	1	0.03				
石膏	Gypsum	34	223.91	2	14.81	1	
方解石	Calcite	19	58.39	3	39.58		
光学萤石	Optical Fluorite			1	12.91		
宝石	Gemstone	1	0.40				
玉石	Jade	16	81.51	1	5.93		
玛瑙	Agate	2	93.00				
石灰岩	Limestone	45	221.45	6	19.07	3	970.00
玻璃用石灰岩	Limestone for Glass	3	11.05				

转让情况——按矿种分列（2020年）续表2
Granted and Transferred by Mineral（2020） Continued 2

探矿权出让 Exploration Right Granted					探矿权转让 Exploration Right Transferred	
申请在先 Application First	协议出让 Granting through Agreement		"招拍挂"出让 Granting through Bidding, Auction and Listing		个 Number	转让金额/万元 Amount of Exploration Right Transferred/10^4 yuan
个 Number	个 Number	出让收益/万元 Income from Exploration Right Granted/10^4 yuan	个 Number	出让收益/万元 Income from Exploration Right Granted/10^4 yuan		
			1	37.00		
1			1	1881.00		
			3	40101.40		
1	2	82418.60	1	1210.00	1	
	1	3348.93	1	82.00		
	1				1	53.00
1						
1						
					1	
			3	970.00	2	120.00

矿产资源勘查许可证发证及探矿权出让、

Exploration Licenses Issued and Exploration Rights

矿种名称	Mineral	勘查许可证发证 Exploration License Issued					
		许可证数/个 Number of License/ number	登记面积/千米^2 Registered Area/km^2	注销/个 Cancelled/ number	注销面积/千米^2 Cancelled Area/km^2	许可证数/个 Number of License/number	出让收益/万元 Income from Exploration Right Granted/10^4 yuan
水泥用石灰岩	Limestone for Cement	80	288.65	17	54.63	3	14975.96
建筑石料用灰岩	Limestone for Building Stone			1	5.09		
饰面用灰岩	Decorative Limestone	2	1.55	1	0.02		
制灰用石灰岩	Limestone for Ash Making	8	5.09			1	27913.60
泥灰岩	Marl	3	7.49				
白云岩	Dolomite	18	86.07				
建筑用白云岩	Dolomite for Construction			1	0.31		
石英岩	Quartzite	27	92.22	3	10.78	5	1416.40
玻璃用石英岩	Quartzite for Glass	12	41.70	3	14.49	1	3674.00
砂岩	Sandstone			1	0.16		
玻璃用砂岩	Sandstone for Glass	4	5.78	1	0.32		
水泥配料用砂岩	Sandstone for Cement Batching	4	4.47	4	14.99		
天然石英砂	Natural Quartz Sand	9	25.08	3	8.11		
玻璃用砂	Sand for Glass	2	39.33				
水泥配料用砂	Sand for Cement Batching	1	1.66	1	1.26		
脉石英	Vein Quartz	33	129.53	1	4.51		
玻璃用脉石英	Vein Quartz for Glass	10	8.98				
硅藻土	Diatomite	9	40.74				
页岩	Shale	3	6.63				
陶粒页岩	Shale for Ceramsite			2	2.81		
高岭土	Kaolin	47	146.17	4	51.50	3	499.00
陶瓷土	Ceramic Clay	45	68.49	1	15.03	1	115.00
凹凸棒石黏土	Attapulgite Clay	2	3.02				
伊利石黏土	Illite Clay	3	12.69				
膨润土	Bentonite	22	170.61	3	6.26	1	13.00
陶粒用黏土	Clay for Ceramsite	4	14.20	1	21.17		
水泥用黏土	Clay for Cement			2	0.90		

转让情况——按矿种分列（2020年）续表3
Granted and Transferred by Mineral（2020） Continued 3

探矿权出让 Exploration Right Granted					探矿权转让 Exploration Right Transferred	
申请在先 Application First	协议出让 Granting through Agreement		“招拍挂”出让 Granting through Bidding, Auction and Listing		个 Number	转让金额/万元 Amount of Exploration Right Transferred/10^4 yuan
个 Number	个 Number	出让收益/万元 Income from Exploration Right Granted/10^4 yuan	个 Number	出让收益/万元 Income from Exploration Right Granted/10^4 yuan		
			3	14975.96		
			1	27913.60		
			5	1416.40		
			1	3674.00		
					2	710.00
					1	36.00
			3	499.00	2	1536.00
			1	115.00	4	1633.00
			1	13.00	2	200.00

矿产资源勘查许可证发证及探矿权出让、
Exploration Licenses Issued and Exploration Rights

矿种名称	Mineral	勘查许可证发证 Exploration License Issued					
		许可证数/个 Number of License/number	登记面积/千米^2 Registered Area/km^2	注销/个 Cancelled/number	注销面积/千米^2 Cancelled Area/km^2	许可证数/个 Number of License/number	出让收益/万元 Income from Exploration Right Granted/10^4 yuan
水泥配料用红土	Laterite for Cement Batching			1	0.11		
水泥配料用泥岩	Mudstone for Cement Batching	1	1.30				
蛇纹岩	Serpentinite	6	24.12				
玄武岩	Basalt	4	24.99			3	142.00
铸石用玄武岩	Basalt for Cast Stone	1	2.48				
辉绿岩	Diabase	2	6.72				
饰面用辉绿岩	Decorative Diabase	7	14.62			1	99.00
闪长岩	Diorite	1	0.35				
花岗岩	Granite	26	159.30	1	2.04	1	810.60
建筑用花岗岩	Granite for Construction	1	0.72	2	6.74		
饰面用花岗岩	Decorative Granite	75	489.88	8	123.24	1	11106.00
麦饭石	Maifanite			1	1.58		
珍珠岩	Perlite	2	8.90				
黑曜岩	Obsidian	1	2.09			1	111.00
浮石	Pumice	1	2.94	1	2.94		
霞石正长岩	Nepheline Syenite	1	1.66				
水泥用凝灰岩	Tuff for Cement	1	2.28				
火山渣	Cinder	1	2.67				
大理岩	Marble	17	54.82			1	31.06
饰面用石料（大理石）	Decorative Stone (Marble)	17	12.26	1	9.28		
建筑用大理岩	Marble for Construction	1	2.69	1	15.66		
水泥用大理石	Marble for Cement	6	10.97			1	
板岩	Slate			1	9.26		
饰面用板岩	Decorative Slate	4	5.36				
片麻岩	Gneiss			1	7.36		
硼矿	Boron			3	18.16		
矿泉水	Mineral Water	89	251.67	10	52.48	14	1360.92
地下水	Underground Water	12	30.30	8	88.04	1	

转让情况——按矿种分列（2020年）续表4

Granted and Transferred by Mineral（2020） Continued 4

探矿权出让 Exploration Right Granted					探矿权转让 Exploration Right Transferred	
申请在先 Application First	协议出让 Granting through Agreement		“招拍挂”出让 Granting through Bidding, Auction and Listing		个 Number	转让金额/万元 Amount of Exploration Right Transferred/10^4 yuan
个 Number	个 Number	出让收益/万元 Income from Exploration Right Granted/10^4 yuan	个 Number	出让收益/万元 Income from Exploration Right Granted/10^4 yuan		
1			2	142.00		
			1	99.00	1	
			1	810.60	1	20.00
			1	11106.00	4	112.00
					1	130.00
			1	111.00		
	1	31.06				
	1					
2			12	1360.92		
1					1	

矿产资源勘查许可证发证及探矿权出让、
Exploration Licenses Issued and Exploration Rights

企业经济类型	Economic Type of Enterprise	勘查许可证发证 Exploration License Issued					
						合计 Total	
		许可证数/个 Number of License/number	登记面积/千米^2 Registered Area/km^2	注销/个 Cancelled/number	注销面积/千米^2 Cancelled Area/km^2	许可证数/个 Number of License/number	出让收益/万元 Income from Exploration Right Granted/10^4 yuan
总 计	**Total**	**10372**	**2772735.55**	**2007**	**124437.18**	**310**	**3034896.69**
国有企业	State-owned Enterprise	2233	146359.70	598	33137.16	77	2309870.05
集体企业	Collective-owned Enterprise	40	148.99	13	73.60	1	
股份合作企业	Cooperative Stock Enterprise	47	5767.18	23	280.69	2	175.42
联营企业	Joint Ownership Enterprise	17	122.54	9	99.04	2	
有限责任公司	Limited Liability Corporation	6740	81921.77	955	17255.52	207	718320.98
股份有限公司	Share Holding Company Limited	723	1312246.15	73	69625.19	14	2745.24
私营企业	Private Enterprise	253	1963.88	279	2753.95	5	3785.00
其他企业	Other Enterprise	74	830.80	52	672.60		
港、澳、台投资企业	Enterprise with Funds from Hong Kong, Macao and Taiwan	224	1223193.24	3	529.54		
外商投资企业	Foreign-funded Enterprise	21	181.31	2	9.89	2	

转让情况——按企业经济类型分列（2020年）

Granted and Transferred by Economic Type of Enterprise（2020）

探矿权出让 Exploration Right Granted					探矿权转让 Exploration Right Transferred	
申请在先 Application First	协议出让 Granting through Agreement		"招拍挂"出让 Granting through Bidding, Auction and Listing			
个 Number	个 Number	出让收益/万元 Income from Exploration Right Granted/10^4 yuan	个 Number	出让收益/万元 Income from Exploration Right Granted/10^4 yuan	个 Number	转让金额/万元 Amount of Exploration Right Transferred/10^4 yuan
60	**48**	**156752.05**	**202**	**2878144.64**	**142**	**264802.53**
42	4	151759.96	31	2158110.09	7	177.00
1						
	1		1	175.42		
	2					
17	34	4964.95	156	713356.03	133	264625.53
	5	27.14	9	2718.10	2	
			5	3785.00		
	2					

矿产资源采矿许可证发证及采矿权出让、

Mining Licenses Issued and Mining Rights

地区	Region	采矿许可证发证 Mining License Issued								
		许可证数/个 Number of License/number	面积/千米² Area/km²	生产能力/(万吨·年⁻¹) Capacity of Production/(10^4t·a^{-1})	注销/个 Cancelled/number	注销面积/千米² Cancelled Area/km²	个 Number	生产能力/(万吨·年⁻¹) Capacity of Production/(10^4t·a^{-1})	出让收益/万元 Income from Exploration Right Granted/10^4 yuan	个 Number
总计	**Total**	**34874**	**296597.86**	**1480629.75**	**5600**	**2384.60**	**1553**	**96300.70**	**12213258.40**	**212**
自然资源部	MNR	1697	236095.59	270342.86			52	6163.92	2949181.94	51
北京	Beijing	123	133.69	3047.63			1	21.60	113.12	
天津	Tianjin	243	7.60	3780.11	11	1.17	17	289.00		17
河北	Hebei	972	1071.36	33877.56	266	190.58	1	4.85	19.05	
山西	Shanxi	2177	9621.17	112169.46	41	7.02	10	1567.00	429107.00	5
内蒙古	Inner Mongolia	2009	4630.28	70407.18	55	12.42	57	3653.60	1175466.34	8
辽宁	Liaoning	887	825.63	31174.17	47	27.97	8	82.00	824.32	3
吉林	Jilin	779	644.62	20833.90	43	5.40	35	2858.16	12063.59	12
黑龙江	Heilongjiang	911	2432.28	21028.16	123	4.72	73	1343.64	45514.51	5
上海	Shanghai									
江苏	Jiangsu	149	202.99	11819.24	26	155.85	8	79.80	1735.00	7
浙江	Zhejiang	545	186.57	50540.54	74	9.82	31	7229.13	370294.59	7
安徽	Anhui	729	771.54	63597.65	59	328.09	2	200.00	29480.00	
福建	Fujian	649	620.65	23048.41	149	104.68	28	1896.30	275134.29	4
江西	Jiangxi	1774	1113.60	49056.61	187	10.43	85	3823.05	490875.70	14
山东	Shandong	693	1956.82	40847.19	119	9.47	26	3149.35	141709.07	3
河南	Henan	1172	3866.84	43002.30	144	59.35	22	5651.96	637644.04	7
湖北	Hubei	851	735.45	36216.05	186	29.28	53	5627.31	1903209.66	3
湖南	Hunan	1543	1037.54	35025.47	1386	182.79	8	492.27	13466.64	2
广东	Guangdong	995	311.97	36123.32	92	9.10	30	3130.42	582705.65	2
广西	Guangxi	1607	1076.25	76647.42	204	35.74	192	18150.83	380095.41	10
海南	Hainan	133	113.27	7981.35	10	7.56	1	130.00	855.24	
重庆	Chongqing	725	596.39	29441.70	258	68.50	31	1932.63	183962.46	
四川	Sichuan	2692	2243.97	56078.11	128	46.54	58	2208.80	90978.86	2
贵州	Guizhou	3217	4579.62	96185.86	409	422.97	169	9869.79	1710211.48	21
云南	Yunnan	2263	1760.23	46194.96	744	222.52	111	3874.13	76721.63	1
西藏	Tibet	118	1017.00	4596.10	29	24.65	16	370.73	7279.46	3
陕西	Shaanxi	1425	9188.52	93900.60	192	223.42	43	877.94	24978.71	3
甘肃	Gansu	1169	1224.86	19808.71	243	46.43	83	1659.99	30266.51	3
青海	Qinghai	414	4693.44	11590.46	68	5.34	66	1912.74	27334.72	7
宁夏	Ningxia	240	369.48	12238.92	55	3.23	22	1805.96	470619.92	2
新疆	Xinjiang	1973	3468.65	70027.78	252	129.56	214	6243.80	151409.49	10

转让情况——按地区分列（2020年）

Granted and Transferred by Region（2020）

采矿权出让 Mining Right Granted								采矿权转让 Mining Right Transferred	
探矿权转采矿权 Change of Exploration Right to Mining Right		协议出让 Granting through Agreement			"招拍挂"出让 Granting through Bidding, Auction and Listing				
生产能力/(万吨·年$^{-1}$) Capacity of Production/(10^4t·a^{-1})	出让收益/万元 Income from Exploration Rights Granted/10^4 yuan	个 Number	生产能力/(万吨·年$^{-1}$) Capacity of Production/(10^4t·a^{-1})	出让收益/万元 Income from Exploration Right Granted/10^4 yuan	个 Number	生产能力/(万吨·年$^{-1}$) Capacity of Production/(10^4t·a^{-1})	出让收益/万元 Income from Exploration Rights Granted/10^4 yuan	个 Number	转让金额/万元 Amount of Mining Right Transferred/10^4 yuan
21493.05	**4599730.74**	**36**	**7859.12**	**895853.34**	**1305**	**66948.53**	**6717674.33**	**382**	**420736.18**
5563.92	2584104.94				1	600.00	365077.00	1	580.94
					1	21.60	113.12		
289.00								2	328.39
		1	4.85	19.05				7	2437.02
1418.00	426474.30				5	149.00	2632.70	13	30881.99
2279.00	605379.87	1	800.00	550458.99	48	574.60	19627.48	16	2113.99
12.00	317.68	1	10.00	134.50	4	60.00	372.14	11	11617.06
2161.69	6921.09				23	696.47	5142.50	5	168.00
162.00	1637.49	1	600.00	41114.97	67	581.64	2762.05	26	11096.92
47.80	15.00				1	32.00	1720.00		
164.08	10377.16	9	3375.86	15187.91	15	3689.19	344729.52	1	20683.42
					2	200.00	29480.00	4	2053.46
51.00	7036.57				24	1845.30	268097.72	5	18.10
1403.00	117103.84	1	41.33	537.25	70	2378.72	373234.61	51	35615.53
716.00	26228.39	7	1025.00	33915.80	16	1408.35	81564.88	12	15291.12
351.50	203501.29	2	270.00	30000.00	13	5030.46	404142.75	11	6118.63
730.00	115925.13				50	4897.31	1787284.53	7	715.82
260.00	3840.00				6	232.27	9626.64	7	630.87
37.91	104.97				28	3092.51	582600.68	5	356.66
1412.87	71608.91	2	140.00	6495.00	180	16597.96	301991.50	37	22416.54
					1	130.00	855.24	1	136.00
					31	1932.63	183962.46	2	5.81
123.00	20669.74	1	1.00	235.74	55	2084.80	70073.38	40	9729.45
1692.70	216363.64	2	1260.00	198834.89	146	6917.09	1295012.95	46	16.50
12.00					110	3862.13	76721.63	32	197260.34
40.13					13	330.60	7279.46		
348.00	40.00	1	45.00	14120.00	39	484.94	10818.71	11	15035.44
285.10	2914.30	1	10.00	618.00	79	1364.89	26734.21	5	320.98
308.00	4341.93	1	50.00	3954.22	58	1554.74	19038.57	8	27396.93
970.00	97868.52				20	835.96	372751.40	3	861.63
654.36	76955.98	5	226.08	227.01	199	5363.36	74226.50	13	6848.64

矿产资源采矿许可证发证及采矿权出让、

Mining Licenses Issued and Mining Rights

矿种名称	Mineral	采矿许可证发证 Mining License Issued								
		许可证数/个 Number of License/ number	面积/千米^2 Area/km^2	生产能力/(万吨·年$^{-1}$) Capacity of Production/ (10^4t·a^{-1})	注销/个 Cancelled/ number	注销面积/千米^2 Cancelled Area/km^2	个 Number	生产能力/(万吨·年$^{-1}$) Capacity of Production/ (10^4t·a^{-1})	出让收益/万元 Income from Exploration Right Granted/ 10^4 yuan	个 Number
总 计	**Total**	**34874**	**296597.86**	**1480629.75**	**5600**	**2384.60**	**1553**	**96300.70**	**12213258.40**	**212**
煤	Coal	4119	52750.44	423076.00	604	1566.60	29	10465.00	5117179.32	21
油页岩	Oil Shale	17	147.26	4235.00						
石油	Oil	588	74710.96	30292.64			20	694.87		20
天然气	Natural Gas	207	73977.37	1306.16			10	65.41		10
煤层气	Coalbed Methane	23	2998.06	64.03			2	2.15		2
石煤	Bone Coal	69	125.34	799.00	5	0.61				
油砂	Oil Sand	4	110.36	1866.33			2	1801.31	850.25	2
页岩气	Shale Gas	9	1409.48	131.20			4	36.20		4
石油天然气	Oil and Gas	181	54955.15	10335.35			7	55.29		7
天然沥青	Natural Asphalt	1	0.30	0.40						
地热	Geotherm	881	770.66	21795.15	30	21.52	47	793.79	6907.22	33
铁矿	Iron	1786	3325.57	106161.84	102	99.32	8	465.00	36442.72	8
锰矿	Manganese	206	402.49	1852.90	17	10.17	2	15.00	904.74	1
铬铁矿	Chromite	6	4.66	28.20	2	0.85				
钛矿	Titanium	39	50.39	1008.61	1	0.06				
钒矿	Vanadium	64	284.78	2488.40	1	4.43				
金红石	Rutile	5	7.61	250.00			1	60.00		1
铜矿	Copper	422	736.75	30851.76	12	9.16	6	44.90	3151.00	5
铅矿	Lead	455	1054.79	5209.49	28	29.85	2	110.00	46520.22	2
锌矿	Zinc	226	512.22	4517.05	19	25.19	3	18.00	2044.35	3
铝土矿	Bauxite	237	1531.50	7401.20	10	13.16	11	530.00	25828.04	9
镁矿	Magnesium	3	8.23	367.20						
镍矿	Nickel	32	60.81	2936.88						
钴矿	Cobalt	2	0.90	167.50						
钨矿	Tungsten	81	225.28	2322.75	2	1.86				
锡矿	Tin	39	178.71	879.78	1	1.40	1	6.00	1151.34	1
铋矿	Bismuth	2	0.64	7.50						
钼矿	Molybdenum	95	313.53	15703.80						
汞矿	Mercury	8	20.86	28.00	2	3.05				
锑矿	Antimony	31	83.33	183.35	1	0.25				

转让情况——按矿种分列（2020年）

Granted and Transferred by Mineral（2020）

采矿权出让 Mining Right Granted								采矿权转让 Mining Right Transferred	
探矿权转采矿权 Change of Exploration Right to Mining Right		协议出让 Granting through Agreement			"招拍挂"出让 Granting through Bidding, Auction and Listing				
生产能力/(万吨·年$^{-1}$) Capacity of Production/ (10^4t·a^{-1})	出让收益/万元 Income from Exploration Right Granted/10^4 yuan	个 Number	生产能力/(万吨·年$^{-1}$) Capacity of Production/ (10^4t·a^{-1})	出让收益/万元 Income from Exploration Right Granted/10^4 yuan	个 Number	生产能力/(万吨·年$^{-1}$) Capacity of Production/ (10^4t·a^{-1})	出让收益/万元 Income from Exploration Right Granted/10^4 yuan	个 Number	转让金额/万元 Amount of Mining Right Transferred/ 10^4 yuan
21493.05	**4599730.74**	**36**	**7859.12**	**895853.34**	**1305**	**66948.53**	**6717674.33**	**382**	**420736.18**
8210.00	3774638.33	5	1175.00	614396.99	3	1080.00	728144.00	47	43919.08
694.87									
65.41									
2.15									
1801.31	850.25								
36.20									
55.29									
526.02	4675.76	1	4.85	19.05	13	262.92	2212.41	2	328.39
465.00	36442.72							11	15710.01
10.00	100.00				1	5.00	804.74	2	263.85
60.00									
35.00	1898.00				1	9.90	1253.00	3	19541.57
110.00	46520.22							2	382.84
18.00	2044.35							2	38071.42
390.00	19333.04	2	140.00	6495.00				3	6041.10
								4	2352.67
6.00	1151.34								

矿产资源采矿许可证发证及采矿权出让、
Mining Licenses Issued and Mining Rights Granted

矿种名称	Mineral	采矿许可证发证 Mining License Issued								
		许可证数/个 Number of License/ number	面积/千米^2 Area/km^2	生产能力/(万吨·年$^{-1}$) Capacity of Production/ (10^4t·a^{-1})	注销/个 Cancelled/ number	注销面积/千米^2 Cancelled Area/km^2	个 Number	生产能力/(万吨·年$^{-1}$) Capacity of Production/ (10^4t·a^{-1})	出让收益/万元 Income from Exploration Right Granted/ 10^4 yuan	个 Number
铂矿	Platinum	4	7.05	101.00						
砂金	Placer Gold	1	6.23	4.80						
金矿	Gold	818	2275.39	17418.85	18	17.14	12	801.35	222926.96	11
银矿	Silver	66	178.74	1204.89			3	26.00	4106.18	3
铌钽矿	Niobium–Tantalum	2	5.92	237.00						
铌矿	Niobium	1	0.07	10.00						
钽矿	Tantalum	3	16.00	128.50						
锂矿	Lithium	14	1536.65	474.83	2	1.47	3	40.13		3
锆矿	Zirconium	1	9.31	630.00	1	0.30				
锶矿(天青石)	Strontium (Celestite)	8	30.28	72.00						
重稀土矿	Heavy Rare Earth Elements	10	44.29	380.70						
轻稀土矿	Light Rare Earth Elements	62	155.07	1987.73						
锗矿	Germanium	5	8.53	416.00						
碲矿	Tellurium	1	0.06	0.20						
蓝晶石	Kyanite	4	1.86	28.00						
矽线石	Sillimanite	2	0.91	23.00	1	0.10				
红柱石	Andalusite	6	2.71	178.20						
菱镁矿	Magnesite	78	50.48	2228.85						
普通萤石	Common Fluorite	561	482.20	1907.53	31	10.98	7	71.00	14633.52	6
熔剂用石灰岩	Limestone for Flux	139	83.57	14925.07	12	2.22	7	2499.80	55327.80	
冶金用白云岩	Metallurgical Dolomite	72	26.89	3105.78	12	1.05	1	65.00	1255.22	
冶金用砂岩	Metallurgical Sandstone	2	0.10	4.00	1	0.04				
铸型用砂岩	Foundry Sandstone	4	0.30	24.45			1	20.00	1420.00	
铸型用砂	Foundry Sand	19	10.57	267.00						
冶金用脉石英	Metallurgical Vein Quartz	38	36.03	148.50	2	0.42				
耐火黏土	Refractory Clay	59	59.61	477.90	1	0.99				
铁钒土	Laterite	5	2.99	28.20						

转让情况——按矿种分列（2020年）续表1
and Transferred by Mineral（2020） Continued 1

采矿权出让 Mining Right Granted								采矿权转让 Mining Right Transferred	
探矿权转采矿权 Change of Exploration Right to Mining Right		协议出让 Granting through Agreement			“招拍挂”出让 Granting through Bidding, Auction and Listing				
生产能力/(万吨·年$^{-1}$) Capacity of Production/(10^4t·a^{-1})	出让收益/万元 Income from Exploration Right Granted/10^4 yuan	个 Number	生产能力/(万吨·年$^{-1}$) Capacity of Production/(10^4t·a^{-1})	出让收益/万元 Income from Exploration Right Granted/10^4 yuan	个 Number	生产能力/(万吨·年$^{-1}$) Capacity of Production/(10^4t·a^{-1})	出让收益/万元 Income from Exploration Right Granted/10^4 yuan	个 Number	转让金额/万元 Amount of Mining Right Transferred/10^4 yuan
798.35	222926.96				1	3.00		6	27201.06
26.00	4106.18								
40.13									
66.00	14193.52				1	5.00	440.00	1	288.74
					7	2499.80	55327.80	2	21029.98
		1	65.00	1255.22					
					1	20.00	1420.00		
								1	263.50

矿产资源采矿许可证发证及采矿权出让、

Mining Licenses Issued and Mining Rights Granted

矿种名称	Mineral	采矿许可证发证 Mining License Issued								
		许可证数/个 Number of License/ number	面积/千米^2 Area/km^2	生产能力/(万吨·年$^{-1}$) Capacity of Production/ (10^4t·a^{-1})	注销/个 Cancelled/ number	注销面积/千米^2 Cancelled Area/km^2	个 Number	生产能力/(万吨·年$^{-1}$) Capacity of Production/ (10^4t·a^{-1})	出让收益/万元 Income from Exploration Right Granted/ 10^4 yuan	个 Number
其他黏土	Other Clays	8	11.34	48.50	2	0.92				
铸型用黏土	Foundry Clay	1	1.63	5.00						
耐火用橄榄岩	Peridotite for Fire Resistance	2	1.05	30.00						
熔剂用蛇纹岩	Serpentine for Flux	3	5.27	270.00						
硫铁矿	Pyrite	93	206.06	2230.40	16	11.62				
钠硝石	Nitratine	2	130.47	140.20	2	23.77	1	114.86	0.10	1
芒硝(含钙芒硝)	Mirabilite (Glauberite)	53	811.09	4088.70	1	25.04				
重晶石	Barite	236	433.16	1216.80	23	10.38	10	110.10	5271.19	1
毒重石	Witherite or Barolite	14	15.34	73.00	4	0.82				
天然碱	Trona (Na_2CO_3)	11	73.41	344.00						
电石用灰岩	Limestone for Calcium Carbide	20	12.26	2710.60	1	0.17				
制碱用灰岩	Limestone for Alkali Production	18	8.30	1595.00	7	0.85	1	100.00	1090.00	
化肥用石灰岩	Limestone for Fertilizer	1	0.11	5.00						
化肥用石英岩	Quartzite for Fertilizer	5	2.35	53.00						
化肥用砂岩	Sandstone for Fertilizer	9	5.34	92.50						
含钾砂页岩	Potassium-bearing Sandy Shale	1	0.95	10.00						
化肥用蛇纹岩	Serpentine for Fertilizer	4	1.37	19.00	1	1.06				
泥炭	Peat	24	30.29	294.50	4	3.30				
矿盐	Mineral Salt	14	149.18	569.33						
岩盐	Rock Salt	106	442.75	24683.17	2	4.38				
湖盐	Lake Salt	23	429.35	701.19	1	3.13				
镁盐	Magnesium Salt	6	80.81	282.00						
天然卤水	Natural Brine	32	476.44	1602.00						

转让情况——按矿种分列（2020年）续表2

and Transferred by Mineral（2020） Continued 2

采矿权出让 Mining Right Granted								采矿权转让 Mining Right Transferred	
探矿权转采矿权 Change of Exploration Right to Mining Right		协议出让 Granting through Agreement			"招拍挂"出让 Granting through Bidding, Auction and Listing				
生产能力/(万吨·年$^{-1}$) Capacity of Production/(10^4t·a^{-1})	出让收益/万元 Income from Exploration Right Granted/10^4 yuan	个 Number	生产能力/(万吨·年$^{-1}$) Capacity of Production/(10^4t·a^{-1})	出让收益/万元 Income from Exploration Right Granted/10^4 yuan	个 Number	生产能力/(万吨·年$^{-1}$) Capacity of Production/(10^4t·a^{-1})	出让收益/万元 Income from Exploration Right Granted/10^4 yuan	个 Number	转让金额/万元 Amount of Mining Right Transferred/10^4 yuan
114.86	0.10								
35.10	2700.59				9	75.00	2570.60	6	248.98
					1	100.00	1090.00	1	11000.00

矿产资源采矿许可证发证及采矿权出让、

Mining Licenses Issued and Mining Rights Granted

矿种名称	Mineral	采矿许可证发证 Mining License Issued								
		许可证数/个 Number of License/number	面积/千米^2 Area/km^2	生产能力/(万吨·年$^{-1}$) Capacity of Production/(10^4t·a^{-1})	注销/个 Cancelled/number	注销面积/千米^2 Cancelled Area/km^2	个 Number	生产能力/(万吨·年$^{-1}$) Capacity of Production/(10^4t·a^{-1})	出让收益/万元 Income from Exploration Right Granted/10^4 yuan	个 Number
钾盐	Potash	15	9907.76	659.50			1	3.50	8467.49	1
溴	Bromine	43	44.32	3.57						
砷	Arsenic	2	2.54	1.30	1	0.07				
磷矿	Phosphate Rock	211	861.39	17062.50	8	5.95	12	3540.00	426592.18	11
石墨	Graphite	105	132.30	3981.30	7	9.89	5	872.00	47333.46	2
水晶	Quartz Crystal	1	0.24							
硅灰石	Wollastonite	56	29.90	286.92	11	3.74				
滑石	Talc	60	37.84	477.00	2	0.46	1	3.00	142.00	
石棉	Asbestos	7	6.56	17.34						
云母	Mica	10	4.41	34.03	1	0.19				
长石	Feldspar	140	81.56	1909.19	20	5.22	5	694.00	29738.82	2
电气石	Tourmaline	3	8.02	2.20						
石榴子石	Garnet	6	5.10	118.50	1	0.26				
叶蜡石	Pyrophyllite	35	12.03	203.40	2	0.23				
透辉石	Diopside	12	2.47	119.00						
蛭石	Vermiculite	2	1.10	5.50						
沸石	Zeolite	19	4.87	136.40	1	0.14				
透闪石	Tremolite	3	0.61	48.00						
石膏	Gypsum	251	232.01	4532.30	14	5.79				
方解石	Calcite	323	119.49	3482.70	22	7.20	14	171.00	1664.40	
宝石	Gemstone	2	2.03	37.22	1	0.11				
玉石	Jade	79	90.48	12367.07	14	11.68	3	251.00	13396.12	1
玛瑙	Agate	5	1.99	8.30						
石灰岩	Limestone	1285	274.24	49753.27	324	17.35	29	2901.00	77949.36	
水泥用石灰岩	Limestone for Cement	1281	905.40	200540.39	106	28.17	30	6121.00	220385.48	11
建筑石料用灰岩	Limestone for Construction Stone	4560	610.59	197606.11	977	56.47	333	32411.02	3423235.95	
饰面用灰岩	Decorative Limestone	228	70.75	2315.48	15	1.35	25	588.53	9663.99	
制灰用石灰岩	Limestone for Ash Making	138	35.49	3822.05	39	2.92	2	65.00	1295.63	

转让情况——按矿种分列（2020年）续表3
and Transferred by Mineral（2020） Continued 3

采矿权出让 Mining Right Granted								采矿权转让 Mining Right Transferred	
探矿权转采矿权 Change of Exploration Right to Mining Right		协议出让 Granting through Agreement			“招拍挂”出让 Granting through Bidding, Auction and Listing			个 Number	转让金额/万元 Amount of Mining Right Transferred/10^4 yuan
生产能力/(万吨·年$^{-1}$) Capacity of Production/(10^4t·a^{-1})	出让收益/万元 Income from Exploration Right Granted/10^4 yuan	个 Number	生产能力/(万吨·年$^{-1}$) Capacity of Production/(10^4t·a^{-1})	出让收益/万元 Income from Exploration Right Granted/10^4 yuan	个 Number	生产能力/(万吨·年$^{-1}$) Capacity of Production/(10^4t·a^{-1})	出让收益/万元 Income from Exploration Right Granted/10^4 yuan		
3.50	8467.49								
2340.00	247575.29	1	1200.00	179016.89				1	
148.00	3333.89	1	600.00	41114.97	2	124.00	2884.60		
								3	52.97
					1	3.00	142.00	1	69.75
680.00	29505.82				3	14.00	233.00	4	79.80
								1	42.00
								1	
								3	492.08
		1	10.00	134.50	13	161.00	1529.90	10	147.63
21.00	9281.40	1	50.00	3954.22	1	180.00	160.50	5	583.08
					29	2901.00	77949.36	23	3785.72
3273.00	113095.40				19	2848.00	107290.08	12	5545.75
		4	800.00	27964.42	329	31611.02	3395271.53	58	27593.60
					25	588.53	9663.99	4	104.95
					2	65.00	1295.63	5	167.39

矿产资源采矿许可证发证及采矿权出让、

Mining Licenses Issued and Mining Rights Granted

矿种名称	Mineral	采矿许可证发证 Mining License Issued								
		许可证数/个 Number of License/ number	面积/千米² Area/km²	生产能力/(万吨·年⁻¹) Capacity of Production/ ($10^4t\cdot a^{-1}$)	注销/个 Cancelled/ number	注销面积/千米² Cancelled Area/km²	个 Number	生产能力/(万吨·年⁻¹) Capacity of Production/ ($10^4t\cdot a^{-1}$)	出让收益/万元 Income from Exploration Right Granted/ 10^4 yuan	个 Number
含钾岩石	Potassium-bearing Rock	5	3.51	96.00			2	52.00		2
泥灰岩	Marl	6	1.13	53.70	18	0.40				
白垩	Chalk	3	0.65	20.00						
白云岩	Dolomite	159	73.10	4412.55	26	2.86	5	445.00	16653.88	1
玻璃用白云岩	Dolomite for Glass	8	0.97	145.60			1	30.00	605.00	
建筑用白云岩	Dolomite for Construction	326	46.22	11084.13	70	4.44	19	513.00	9689.27	
石英岩	Quartzite	203	104.11	2209.70	30	25.29				
冶金用石英岩	Metallurgical Quartzite	109	38.54	950.30	5	0.25	1	16.00	55.00	1
玻璃用石英岩	Quartzite for Glass	112	53.49	2552.00	3	0.40	5	310.00	36431.65	2
砂岩	Sandstone	249	37.08	4324.83	79	17.26	4	137.00	1328.06	
玻璃用砂岩	Sandstone for Glass	32	7.81	617.22	1	0.02	1	31.00	350.00	
水泥配料用砂岩	Sandstone for Cement Batching	111	34.75	3522.62	9	1.16	4	173.50	2032.40	1
砖瓦用砂岩	Sandstone for Brick and Tile	113	8.39	1327.92	76	1.58	2	70.00	1678.00	
陶瓷用砂岩	Sandstone for Ceramics	13	7.30	95.00	4	0.71				
建筑用砂岩	Sandstone for Construction	614	83.53	14224.10	73	14.27	87	5225.05	116053.99	
天然石英砂	Natural Quartz Sand	58	61.78	2282.11	12	4.84				
玻璃用砂	Sand for Glass	10	5.52	320.44			1	70.00	2200.00	
海砂	Sea Sand	3	8.11	2780.00			1	1330.00	365019.00	
建筑用砂	Sand for Construction	1998	412.83	28254.54	373	70.89	299	7080.38	532821.48	
水泥配料用砂	Sand for Cement Batching	8	2.35	125.80	3	0.40				
砖瓦用砂	Sand for Brick and Tile	19	3.61	132.64	5	0.41	5	20.00	91.77	
脉石英	Vein Quartz	83	39.57	257.10	5	0.78	6	56.50	2394.26	2

转让情况——按矿种分列（2020年）续表4
and Transferred by Mineral（2020） Continued 4

采矿权出让 Mining Right Granted								采矿权转让 Mining Right Transferred	
探矿权转采矿权 Change of Exploration Right to Mining Right		协议出让 Granting through Agreement			"招拍挂"出让 Granting through Bidding, Auction and Listing				
生产能力/(万吨·年$^{-1}$) Capacity of Production/(10^4t·a^{-1})	出让收益/万元 Income from Exploration Right Granted/10^4 yuan	个 Number	生产能力/(万吨·年$^{-1}$) Capacity of Production/(10^4t·a^{-1})	出让收益/万元 Income from Exploration Right Granted/10^4 yuan	个 Number	生产能力/(万吨·年$^{-1}$) Capacity of Production/(10^4t·a^{-1})	出让收益/万元 Income from Exploration Right Granted/10^4 yuan	个 Number	转让金额/万元 Amount of Mining Right Transferred/10^4 yuan
52.00									
380.00	16317.14				4	65.00	336.74	2	75.59
					1	30.00	605.00		
					19	513.00	9689.27	2	93.77
								2	39.77
16.00	55.00							1	105.00
240.00	8193.65				3	70.00	28238.00		
					4	137.00	1328.06	5	3909.31
					1	31.00	350.00		
120.00	1475.41				3	53.50	556.99	1	12.00
					2	70.00	1678.00		
		1	3135.00	11506.52	86	2090.05	104547.47	3	134.29
					1	70.00	2200.00		
					1	1330.00	365019.00		
		5	226.08	227.01	294	6854.30	532594.47	17	6358.57
					5	20.00	91.77		
24.00	388.38				4	32.50	2005.88	1	35.00

矿产资源采矿许可证发证及采矿权出让、

Mining Licenses Issued and Mining Rights Granted

矿种名称	Mineral	采矿许可证发证 Mining License Issued								
		许可证数/个 Number of License/ number	面积/千米^2 Area/km^2	生产能力/(万吨·年$^{-1}$) Capacity of Production/ (10^4t·a^{-1})	注销/个 Cancelled/ number	注销面积/千米^2 Cancelled Area/km^2	个 Number	生产能力/(万吨·年$^{-1}$) Capacity of Production/ (10^4t·a^{-1})	出让收益/万元 Income from Exploration Right Granted/ 10^4 yuan	个 Number
玻璃用脉石英	Vein Quartz for Glass	36	18.06	358.00	5	1.60	2	23.00	687.84	
粉石英	Powder Quartz	5	1.11	45.00	2	0.61				
硅藻土	Diatomite	33	33.65	302.10	2	0.87	2	20.00		2
页岩	Shale	305	33.45	3039.61	172	11.75	3	26.00	337.11	
陶粒页岩	Shale for Ceramsite	13	3.52	335.50	1					
砖瓦用页岩	Shale for Brick and Tile	1937	109.80	17549.29	551	14.57	88	1032.84	9492.95	
水泥配料用页岩	Shale for Cement Batching	66	18.26	1317.88	8	2.80	9	225.00	902.35	
高岭土	Kaolin	211	247.22	3677.82	36	11.13	6	124.00	2366.53	4
陶瓷土	Ceramic Clay	254	122.34	3239.52	32	3.22	8	87.69	3056.44	1
凹凸棒石黏土	Attapulgite Clay	20	25.37	129.57						
海泡石黏土	Sepiolite Clay	3	1.65	20.10						
伊利石黏土	Illite Clay	26	25.71	552.57						
膨润土	Bentonite	107	100.75	671.01	4	2.00	1	5.00	2314.64	
砖瓦用黏土	Clay for Brick and Tile	1488	205.07	6099.32	729	42.68	67	512.90	4683.08	
陶粒用黏土	Clay for Ceramsite	21	152.07	120.73						
水泥用黏土	Clay for Cement	57	27.27	1093.75	15	3.85	2	34.00	414.00	
水泥配料用红土	Laterite for Cement Batching	5	0.49	60.85						
水泥配料用黄土	Loess for Cement Batching	5	1.37	118.00						
水泥配料用泥岩	Mudstone for Cement Batching	21	5.69	526.25						
保温材料用黏土	Clay for Insulation	2	4.57	8.80						
橄榄岩	Peridotite	5	22.86	215.00						
建筑用橄榄岩	Peridotite for Construction	1	0.11	5.00	1	2.29				
蛇纹岩	Serpentinite	19	4.74	95.20						

转让情况——按矿种分列（2020年）续表5
and Transferred by Mineral（2020） Continued 5

采矿权出让 Mining Right Granted								采矿权转让 Mining Right Transferred	
探矿权转采矿权 Change of Exploration Right to Mining Right		协议出让 Granting through Agreement			"招拍挂"出让 Granting through Bidding, Auction and Listing				
生产能力/(万吨·年$^{-1}$) Capacity of Production/(10^4t·a^{-1})	出让收益/万元 Income from Exploration Right Granted/10^4 yuan	个 Number	生产能力/(万吨·年$^{-1}$) Capacity of Production/(10^4t·a^{-1})	出让收益/万元 Income from Exploration Right Granted/10^4 yuan	个 Number	生产能力/(万吨·年$^{-1}$) Capacity of Production/(10^4t·a^{-1})	出让收益/万元 Income from Exploration Right Granted/10^4 yuan	个 Number	转让金额/万元 Amount of Mining Right Transferred/10^4 yuan
					2	23.00	687.84		
20.00									
					3	26.00	337.11	3	156624.98
								1	320.00
					88	1032.84	9492.95	30	1072.47
					9	225.00	902.35	1	14.24
90.00	1503.65				2	34.00	862.88	1	50.00
5.00	109.44				7	82.69	2947.00	4	128.18
					1	5.00	2314.64	2	93.02
					67	512.90	4683.08	7	348.67
					2	34.00	414.00		

矿产资源采矿许可证发证及采矿权出让、
Mining Licenses Issued and Mining Rights Granted

矿种名称	Mineral	采矿许可证发证 Mining License Issued								
		许可证数/个 Number of License/ number	面积/千米^2 Area/km^2	生产能力/(万吨·年$^{-1}$) Capacity of Production/ (10^4t·a^{-1})	注销/个 Cancelled/ number	注销面积/千米^2 Cancelled Area/km^2	个 Number	生产能力/(万吨·年$^{-1}$) Capacity of Production/ (10^4t·a^{-1})	出让收益/万元 Income from Exploration Right Granted/ 10^4 yuan	个 Number
饰面用蛇纹岩	Decorative Serpentine	7	1.70	14.54	1	0.09				
玄武岩	Basalt	124	19.78	2345.43	21	4.76	2	59.00	480.00	
铸石用玄武岩	Basalt for Cast Stone	4	0.99	66.70						
岩棉用玄武岩	Basalt for Rock Wool	1	0.30	36.00						
建筑用玄武岩	Basalt for Construction	286	38.70	4228.87	22	2.12	30	598.70	15219.18	
辉绿岩	Diabase	26	6.80	318.83	11	1.11				
水泥用辉绿岩	Diabase for Cement	1	0.06	5.00						
建筑用辉绿岩	Diabase for Construction	77	19.76	2147.40	13	0.76	6	425.00	10356.74	
饰面用辉绿岩	Decorative Diabase	21	6.08	115.23	6	1.24				
安山岩	Andesite	14	1.48	122.00	8	0.75				
饰面用安山岩	Decorative Andesite	2	3.20	1.30						
建筑用安山岩	Andesite for Construction	184	14.41	3361.27	15	1.11	23	322.00	5034.35	
水泥混合材料用安山岩	Andesite for Cement Mixture	1	0.04	8.00						
闪长岩	Diorite	9	1.97	385.25	7	0.33				
建筑用闪长岩	Diorite for Construction	96	17.73	2820.50	15	0.53	11	287.79	130335.12	
水泥混合材料用闪长玢岩	Diorite Porphyrite for Cement Mixture	1	0.01	3.40						
花岗岩	Granite	159	85.60	1027.77	48	7.91	1	60.00	641.00	
建筑用花岗岩	Granite for Construction	1126	147.84	25109.54	185	12.37	84	5524.58	559859.10	
饰面用花岗岩	Decorative Granite	551	290.10	3554.39	64	9.30	17	442.16	193569.29	5
麦饭石	Maifanite	4	2.42	12.00	1	0.01				
珍珠岩	Perlite	30	8.39	287.20	1	0.01				

转让情况——按矿种分列（2020年）续表6
and Transferred by Mineral（2020） Continued 6

采矿权出让 Mining Right Granted								采矿权转让 Mining Right Transferred	
探矿权转采矿权 Change of Exploration Right to Mining Right		协议出让 Granting through Agreement			“招拍挂”出让 Granting through Bidding, Auction and Listing				
生产能力/(万吨·年$^{-1}$) Capacity of Production/(10^4t·a^{-1})	出让收益/万元 Income from Exploration Right Granted/10^4 yuan	个 Number	生产能力/(万吨·年$^{-1}$) Capacity of Production/(10^4t·a^{-1})	出让收益/万元 Income from Exploration Right Granted/10^4 yuan	个 Number	生产能力/(万吨·年$^{-1}$) Capacity of Production/(10^4t·a^{-1})	出让收益/万元 Income from Exploration Right Granted/10^4 yuan	个 Number	转让金额/万元 Amount of Mining Right Transferred/10^4 yuan
					2	59.00	480.00	1	5.40
					30	598.70	15219.18	3	174.05
								2	299.00
		1	10.00	618.00	5	415.00	9738.74	3	3498.40
					23	322.00	5034.35	6	1355.78
								1	32.74
					11	287.79	130335.12	8	122.95
		1	60.00	641.00				5	4586.38
		3	201.33	5233.41	81	5323.25	554625.69	18	8168.98
281.50	27300.13	1	1.00	235.74	11	159.66	166033.42	9	6269.45
								2	539.89

矿产资源采矿许可证发证及采矿权出让、
Mining Licenses Issued and Mining Rights Granted

矿种名称	Mineral	采矿许可证发证 Mining License Issued								
		许可证数/个 Number of License/number	面积/千米^2 Area/km^2	生产能力/(万吨·年$^{-1}$) Capacity of Production/(10^4t·a^{-1})	注销/个 Cancelled/number	注销面积/千米^2 Cancelled Area/km^2	个 Number	生产能力/(万吨·年$^{-1}$) Capacity of Production/(10^4t·a^{-1})	出让收益/万元 Income from Exploration Right Granted/10^4 yuan	个 Number
黑曜岩	Obsidian	1	0.12	5.00						
浮石	Pumice	9	3.29	36.19	3	0.57				
粗面岩	Trachyte	3	0.05	2.40						
铸石用粗面岩	Trachyte for Cast Stone	2	0.37	45.00						
霞石正长岩	Nepheline Syenite	10	6.41	401.00						
凝灰岩	Tuff	21	5.72	1123.15	1	0.03	3	931.99	139400.00	
水泥用凝灰岩	Tuff for Cement	8	2.25	46.75	1	0.02				
建筑用石料（凝灰岩）	Stone(Tuff) for Construction	545	110.16	34083.20	115	8.82	33	1873.14	160441.04	
火山灰	Volcanic Ash	2	0.21	5.70						
水泥用火山灰	Volcanic Ash for Cement	1	0.07	5.00						
火山渣	Cinder	5	3.86	55.48						
大理岩	Marble	155	74.34	1394.28	11	4.34	2	3.92	184.83	
饰面用石料（大理石）	Decorative Stone (Marble)	210	141.09	1803.58	22	8.99	7	73.00	2376.51	3
建筑用大理岩	Marble for Construction	122	35.75	1414.84	17	1.36	7	266.11	21118.95	
水泥用大理石	Marble for Cement	72	27.38	3445.99	2	0.16				
玻璃用大理石	Marble for Glass	2	0.41	7.50						
板岩	Slate	57	20.77	646.22	59	2.65	2	23.25	2598.50	
饰面用板岩	Decorative Slate	38	9.35	146.49	1	0.21	4	11.30	743.40	
水泥配料用板岩	Slate for Cement Batching	3	3.20	25.05						
片麻岩	Gneiss	80	7.86	1517.99	34	1.39	10	741.00	45320.00	
角闪岩	Amphibolite	14	4.10	276.11	2	1.86	1	19.60	333.00	
硼矿	Boron	22	279.94	471.00						
矿泉水	Mineral Water	484	353.96	4733.44	16	3.61	18	356.10	6713.64	6
地下水	Ground Water	8	3.43	321.70						
二氧化碳气	Carbon Dioxide	3	32.90	2.02						

转让情况——按矿种分列（2020年）续表7
and Transferred by Mineral（2020） Continued 7

采矿权出让 Mining Right Granted								采矿权转让 Mining Right Transferred	
探矿权转采矿权 Change of Exploration Right to Mining Right		协议出让 Granting through Agreement			"招拍挂"出让 Granting through Bidding, Auction and Listing				
生产能力/(万吨·年$^{-1}$) Capacity of Production/(10^4t·a^{-1})	出让收益/万元 Income from Exploration Right Granted/10^4 yuan	个 Number	生产能力/(万吨·年$^{-1}$) Capacity of Production/(10^4t·a^{-1})	出让收益/万元 Income from Exploration Right Granted/10^4 yuan	个 Number	生产能力/(万吨·年$^{-1}$) Capacity of Production/(10^4t·a^{-1})	出让收益/万元 Income from Exploration Right Granted/10^4 yuan	个 Number	转让金额/万元 Amount of Mining Right Transferred/10^4 yuan
					3	931.99	139400.00		
		7	180.86	3040.39	26	1692.28	157400.65	8	630.28
					2	3.92	184.83	1	125.26
37.00	1158.69				4	36.00	1217.82	2	96.14
					7	266.11	21118.95		
								1	22.89
					2	23.25	2598.50		
					4	11.30	743.40		
					10	741.00	45320.00		
					1	19.60	333.00		
196.37	388.60				12	159.73	6325.04	5	85.84

矿产资源采矿许可证发证及采矿权出让、
Mining Licenses Issued and Mining Rights Granted

企业经济类型	Economic Type of Enterprise	采矿许可证发证 Mining License Issued								
		许可证数/个 Number of License/ number	面积/千米^2 Area/km^2	生产能力/(万吨·年$^{-1}$) Capacity of Production/ (10^4t·a^{-1})	注销/个 Cancelled/ number	注销面积/千米^2 Cancelled Area/km^2	个 Number	生产能力/(万吨·年$^{-1}$) Capacity of Production/ (10^4t·a^{-1})	出让收益/万元 Income from Exploration Right Granted/ 10^4 yuan	个 Number
总 计	**Total**	**34874**	**296597.86**	**1480629.75**	**5600**	**2384.60**	**1553**	**96300.70**	**12213258.40**	**212**
国有企业	State-owned Enterprise	940	18706.53	104794.27	86	405.20	59	4590.53	540041.63	5
集体企业	Collective-owned Enterprise	584	401.58	7614.23	286	129.43	4	54.20	2435.60	
股份合作企业	Cooperative Stock Enterprise	155	4630.76	6037.66	37	9.95	4	183.28	845.56	
联营企业	Joint Ownership Enterprise	55	28.43	2170.58	9	1.70	4	64.20	13903.46	1
有限责任公司	Limited Liability Corporation	23319	67777.07	1058710.30	1854	1162.92	1264	85507.84	10807268.93	192
股份有限公司	Share Holding Company Limited	1801	196143.10	165449.31	70	225.06	59	3220.40	372821.51	12
私营企业	Private Enterprise	7371	2214.01	97213.20	3114	425.80	141	2364.08	459526.15	1
其他企业	Other Enterprise	354	61.35	5503.37	125	6.51	14	185.17	1065.56	
港、澳、台投资企业	Enterprise with Funds from Hong Kong, Macao and Taiwan	192	5786.40	21355.38	8	14.53	3	110.00	15350.00	
外商投资企业	Foreign-funded Enterprise	103	848.62	11781.45	11	3.49	1	21.00		

转让情况——按企业经济类型分列（2020年）
and Transferred by Economic Type of Enterprise（2020）

采矿权出让 Mining Right Granted								采矿权转让 Mining Right Transferred	
探矿权转采矿权 Change of Exploration Right to Mining Right		协议出让 Granting through Agreement			“招拍挂”出让 Granting through Bidding, Auction and Listing				
生产能力/(万吨·年$^{-1}$) Capacity of Production/(10^4t·a^{-1})	出让收益/万元 Income from Exploration Right Granted/10^4 yuan	个 Number	生产能力/(万吨·年$^{-1}$) Capacity of Production/(10^4t·a^{-1})	出让收益/万元 Income from Exploration Right Granted/10^4 yuan	个 Number	生产能力/(万吨·年$^{-1}$) Capacity of Production/(10^4t·a^{-1})	出让收益/万元 Income from Exploration Right Granted/10^4 yuan	个 Number	转让金额/万元 Amount of Mining Right Transferred/10^4 yuan
21493.05	**4599730.74**	**36**	**7859.12**	**895853.34**	**1305**	**66948.53**	**6717674.33**	**382**	**420736.18**
446.34	7613.46	4	254.31	10023.50	45	3889.88	522404.67	5	587.09
					4	54.20	2435.60		
		1	66.08	65.71	3	117.20	779.85	1	42.56
21.00	11448.65				3	43.20	2454.81	2	93.98
19377.71	4409269.62	29	6337.73	706511.50	1086	59792.40	5691487.82	299	239839.18
1605.00	171399.01	1	1200.00	179016.89	10	415.40	22405.61	5	13391.90
22.00		1	1.00	235.74	139	2341.08	459290.41	68	166781.47
					14	185.17	1065.56		
					1	110.00	15350.00		
21.00								2	

全国石油、天然气开发利用

National Oil and Natural Gas Exploitation

年份/地区	Year/Region	油气田总数/个 Number of Oil & Gas Field/number				从业人数/人 Employee/person	石油产量/万吨 Oil Production/10^4 t
			大型 Large	中型 Medium	小型 Small		
	2018	**1027**	**106**	**230**	**691**	**643467**	**18924.64**
	2019	**1040**	**108**	**240**	**692**	**624227**	**19096.91**
	2020	**1060**	**108**	**238**	**714**	**602232**	**19500.21**
天　津	Tianjin	25	2	7	16	21491	415.02
河　北	Hebei	65	1	15	49	34894	543.50
山　西	Shanxi	4	1	1	2	1235	
内蒙古	Inner Mongolia						8.57
辽　宁	Liaoning	41	4	10	27	39069	1049.37
吉　林	Jilin	51	4	10	37	24637	404.41
黑龙江	Heilongjiang	55	8	13	34	71962	3001.03
江　苏	Jiangsu	65		3	62	7544	150.04
浙　江	Zhejiang	3			3	490	2.01
山　东	Shandong	76	8	40	28	68604	2340.11
河　南	Henan	55	3	11	41	35612	263.21
湖　北	Hubei	32		2	30	10077	68.14
广　东	Guangdong	6			6	180	30.58
广　西	Guangxi	1			1	96	1.71
海　南	Hainan						
重　庆	Chongqing	2	1	1		467	
四　川	Sichuan	139	6	11	122	33883	7.90
陕　西	Shaanxi	71	16	22	33	176083	3601.14
甘　肃	Gansu	8		2	6	7704	51.02
青　海	Qinghai	32	4	6	22	16351	228.50
新　疆	Xinjiang	102	21	22	59	41619	2794.51
渤　海	Bo Hai	87	17	22	48	6090	2827.20
南　海	South China Sea	122	12	33	77	2787	1660.21
东　海	East China Sea	18		7	11	1357	52.03

注：①中国石油长庆、华北、大港和西南经济数据未按省份分列，本汇总表将中国石油长庆全部计入陕西省，中国石油华北全部计

②2020年全国新增探明油气田21个。

③内蒙古石油产量为地方小公司产量。

④本表不包括页岩气和煤层气。

Notes: ①The data of the Changqing, North China, Dagang and Southwest oil fields of China National Petroleum Corporation （CNPC） are not Southwest in Sichuan.

②21 Measured Oil and Gas Fields are Increased in 2020 in China.

③The oil output of Inner Mongolia is the output of local small companies.

④The data of shale gas and coal-bed methane are not included in the table.

情况—— 按地区分列
and Utilization by Region

天然气产量/亿米^3 Natural Gas Production /10^8m^3	工业总产值/万元 Gross Industrial Output Value/10^4 yuan	工业增加值/万元 Industrial Added Value/10^4yuan	销售收入/万元 Sales Revenue/10^4 yuan	年利税总额/万元 Total Amount of Annual Profit and Tax/10^4 yuan
1415.12	**84520273.27**		**97478630.21**	**30942905.42**
1508.84	**89985739.00**	**63028463.00**	**109943905.00**	**30983525.00**
1618.22	**70511879.47**	**47160300.86**	**93734793.86**	**12875143.48**
6.63	967782.00	689510.00	1009297.00	-107325.00
5.47	1412440.00	772852.00	1543196.85	-497219.70
23.96	200447.00	151655.00	256600.40	52847.85
7.24	2022216.00	1052631.00	2068980.00	-298353.00
20.03	1055564.00	590272.00	1084161.22	-1553229.25
46.56	7118951.00	4602334.00	8009613.00	-28680.00
0.40	512353.00	270838.00	511494.00	-84198.09
	201443.00	21037.00	201443.00	16400.00
5.68	4462649.00	2532935.00	4446015.40	-600764.88
112.23	2109162.00	1162915.00	2004529.98	-420387.52
1.00	257686.00	186777.00	1072109.44	84963.19
1.04	87382.43	53442.00	87132.63	11304.35
0.01	2612.95	783.88	1754.00	
35.42				919.51
242.99	5487489.00	3345554.00	6159028.08	1634944.77
508.58	21606843.00	13486662.00	44136523.08	6285429.50
0.02	1025739.00	519620.00	115315.00	-114235.00
64.01	1707266.00	1255476.00	1457571.36	513096.94
369.60	8179523.00	5657797.00	8514505.87	1450552.42
29.68	5870031.00	5476739.00	5761012.00	3895696.00
122.21	5981530.53	5169983.28	5058524.07	2612744.25
15.46	242769.56	160487.70	235987.48	20637.14

入河北省，中国石油大港全部计入天津市，中国石油西南全部计入四川省。

listed by province. In this table, the data of CNPC Changqing are included in Shaanxi, CNPC North China in Hebei, CNPC Dagang in Tianjin and CNPC

全国石油、天然气开发利用情况

National Oil and Natural Gas Exploitation and

企业经济类型	Economic Type of Enterprise	油气田总数/个 Number of Oil & Gas Field/number	大型 Large	中型 Medium	小型 Small	从业人数/人 Employee/person	石油产量/万吨 Oil Production/10^4 t
总 计	**Total**	**1060**	**108**	**238**	**714**	**602232**	**19500.21**
国有企业	State-owned Enterprise	25	1	9	15	105235	1230.54
国有联营企业	Joint State-owned Enterprise	1			1	96	1.71
股份有限公司	Share Holding Company Limited	1034	107	229	698	496901	18267.96

注：企业经济类型为企业在工商管理机关登记注册类型。

Note: The economic type of enterprise is the type of enterprise registered in the industrial and commercial administration.

——按企业经济类型分列（2020年）
Utilization by Economic Type of Enterprise（2020）

天然气产量/亿米3 Natural Gas Production/10^8m^3	工业总产值/万元 Gross Industrial Output Value/10^4 yuan	工业增加值/万元 Industrial Added Value/10^4yuan	销售收入/万元 Sales Revenue/10^4 yuan	年利税总额/万元 Total Amount of Annual Profit and Tax/10^4 yuan
1618.22	**70511879.47**	**47160300.86**	**93734793.86**	**12875143.48**
67.04	11395100.00	6199000.00	34584000.00	3410000.00
0.01	2612.95	783.88	1754.00	
1551.17	59114166.52	40960516.98	59149039.86	9465143.48

全国非油气矿产资源开发利用
National Non-petroleum Mineral Resources

年份/地区	Year/Region	矿山企业数/个 Number of Mine Enterprise/number	大型 Large	中型 Medium	从业人数/人 Employee/person	矿石产量/万吨 Ore Output/10^4 t
2018		**58599**	**4081**	**6413**	**3868661**	**875983.00**
2019		**53589**	**4303**	**6609**	**3697008**	**929406.84**
2020		**45989**	**6830**	**9112**	**3575245**	**983759.44**
						(1070274.28) ①
北　京	Beijing	144	32	54	6117	652.03
天　津	Tianjin	368	98	141	4337	4031.73
河　北	Hebei	2030	181	252	149654	34551.36
山　西	Shanxi	2806	394	682	782352	104185.41
内蒙古	Inner Mongolia	3393	346	609	222467	106286.75
辽　宁	Liaoning	1217	162	183	111668	31824.37
吉　林	Jilin	914	218	183	46383	10363.82
黑龙江	Heilongjiang	1612	145	159	115086	16470.31
上　海	Shanghai					
江　苏	Jiangsu	178	66	35	27779	10701.93
浙　江	Zhejiang	647	325	101	23520	44048.68
安　徽	Anhui	879	237	128	160984	58481.09
福　建	Fujian	762	143	145	28264	13425.17
江　西	Jiangxi	2413	131	296	81494	32762.88
山　东	Shandong	929	332	264	236781	39630.27
河　南	Henan	1343	327	203	274311	34588.86
湖　北	Hubei	1089	160	159	55605	29065.68
湖　南	Hunan	2494	369	368	102910	27268.15
广　东	Guangdong	1121	261	216	39582	37212.31
广　西	Guangxi	1952	669	584	75050	54108.20
海　南	Hainan	143	114	24	8300	5295.12
重　庆	Chongqing	824	277	215	45445	23232.60
四　川	Sichuan	3304	261	674	133981	32410.46
贵　州	Guizhou	3768	601	1623	211681	37567.70
云　南	Yunnan	3629	157	365	150050	34083.25
西　藏	Tibet	166	31	49	9562	4103.77
陕　西	Shaanxi	2182	236	368	200686	72315.51
甘　肃	Gansu	1919	112	189	98004	17289.43
青　海	Qinghai	530	83	99	31695	11862.59
宁　夏	Ningxia	323	85	105	36460	12499.58
新　疆	Xinjiang	2910	277	639	105037	43440.45

注：①根据国家统计局已公布的煤炭和铁矿石产量调整数据。

Note：①The data are adjusted according to the coal and iron ore production published by the National Bureau of statistics.

情况——按地区分列
Exploitation and Utilization by Region

实际采矿能力/（万吨·年$^{-1}$）Actual Mining Capacity/($10^4 t \cdot a^{-1}$)	工业总产值/万元 Gross Industrial Output Value/10^4 yuan	综合利用产值/万元 Output Value of Comprehensive Use/10^4 yuan	矿产品销售收入/万元 Sales Revenue of Mineral Commodities/10^4 yuan	利润总额/万元 Total Profit/10^4 yuan	年投资额/万元 Annual Investment/10^4yuan
	188291362.00	**8820190.97**	**167682290.05**	**35589368.85**	**35985853.21**
1186192.06	**198485844.60**	**10678935.18**	**172704966.90**	**36376312.49**	**37672389.48**
1444338.38	**197964819.01**	**9517608.96**	**189236157.36**	**33658869.46**	**50126850.64**
3830.37	108551.66	14704.00	105079.67	3058.69	9938.31
5539.71	68037.47	0.00	65600.23	3030.34	27840.80
45465.99	6548201.16	220353.57	6313811.96	1117498.29	1001973.13
131578.99	44777026.31	1977798.11	41800391.90	4192664.52	6360347.24
140160.16	24625726.39	920682.61	25030526.15	5303110.20	6112588.98
38513.68	5655234.58	500840.80	5323944.37	1191609.23	806745.81
17563.24	1159490.01	25515.87	1116623.86	124008.13	588595.29
25800.58	3396709.79	107318.05	3443649.27	513055.54	1167812.12
11186.16	1460535.64	131492.78	1384286.45	228380.13	187814.24
53363.69	2634415.24	44628.71	2179582.49	455828.22	1395615.93
70838.92	13426689.49	925204.21	12885659.26	3023802.75	1731699.69
24808.41	1472050.88	390244.78	1343088.02	271483.01	794015.53
53734.76	3655973.72	748139.87	6494863.09	486992.65	1570295.47
52159.47	11321732.65	346033.25	11219546.67	2468309.89	2059981.46
48169.17	8485623.98	421795.76	7745388.06	759678.68	2573252.61
39257.26	2842949.52	214055.53	2686406.25	409191.21	904953.39
39451.68	2997930.80	59409.92	2729495.37	419488.60	1441884.84
41344.05	2779155.35	55165.64	2237977.41	295182.46	1268478.66
72753.34	4435797.72	193141.73	2634963.72	329151.74	1664190.77
5478.00	476925.25	3224.60	471057.74	43536.64	179364.09
30078.14	1359201.69	15210.57	1278839.06	117641.51	699517.97
51438.06	5397034.32	501329.32	4752393.97	726977.57	1510656.83
76534.50	5527588.67	126812.46	4911550.82	889943.97	3161101.10
57710.32	6042669.92	392898.16	5076800.53	823293.31	2400950.97
7194.26	796727.34	213725.56	814832.47	185983.84	562749.61
95220.38	22156538.60	190593.59	21231675.82	6982749.42	5060036.84
24453.94	3356853.17	180869.72	3349424.21	931803.90	1260151.89
104996.11	2256161.31	281121.57	2207074.15	331760.47	705754.74
18384.80	2262167.78	633.66	2178624.15	169871.14	576905.16
57330.22	6481118.62	314664.57	6223000.24	859783.42	2341637.17

全国非油气矿产资源开发利用情况

National Non-petroleum Mineral Resources Exploitation

矿种名称	Mineral	矿山企业数/个 Number of Mine Enterprise/number			从业人数/人 Employee/person	矿石产量/万吨 Ore Output/10^4t
			大型 Large	中型 Medium		
锶矿	Strontium	8			261	8.35
重稀土矿	Heavy Rare Earth Elements	10	2		80	
稀土矿	Rare Earth Elements	3	1	2	199	335.07
轻稀土矿	Light Rare Earth Elements	64	6	10	1315	139.14
锗矿	Germanium	8	1		961	346.76
碲矿	Tellurium	2			5	
蓝晶石	Kyanite	4		2	130	
矽线石	Sillimanite	6		1	298	4.98
红柱石	Andalusite	7	3	2	185	34.80
菱镁矿	Magnesite	90	10	12	5466	1404.40
普通萤石	Common Fluorite	866	27	65	15768	565.08
熔剂用灰岩	Limestone for Flux	203	47	38	12681	10849.87
冶金用白云岩	Metallurgical Dolomite	201	29	25	4219	3253.77
冶金用石英岩	Metallurgical Quartzite	288	11	35	2889	611.84
冶金用砂岩	Metallurgical Sandstone	3		1	13	
铸型用砂岩	Foundry Sandstone	6		1	27	2.00
铸型用砂	Foundry Sand	36	2	18	803	182.10
冶金用脉石英	Metallurgical Vein Quartz	146	1	6	1064	117.24
耐火黏土	Refractory Clay	88	5	11	2311	159.71
铁矾土	Bauxite	6		2	93	12.88
铸型用黏土	Foundry Clay	3			9	
耐火用橄榄岩	Peridotite for Fire Resistance	5		1	127	22.10
熔剂用蛇纹岩	Serpentine for Flux	7	1	1	214	58.97
硫铁矿	Pyrite	132	19	17	11353	981.24
钠硝石	Nitratine	3	1	1	255	159.25
明矾石	Alunite	1		1	316	
芒硝	Mirabilite	64	26	14	4538	986.52
重晶石	Barite	324	13	112	4881	254.33
毒重石	Witherite	20		2	279	7.00
天然碱	Trona (Na_2CO_3)	13	3		2992	177.61
电石用灰岩	Limestone for Calcium Carbide	57	15	7	1610	2697.21
制碱用灰岩	Limestone for Alkali Production	23	7	6	2766	882.45
化肥用灰岩（化肥用石灰岩）	Limestone for Fertilizer	1			30	
化工用白云岩	Dolomite for Chemical Industry	19		3	377	129.07
化肥用石英岩	Quartzite for Fertilizer	8	1	1	56	9.31
化肥用砂岩	Sandstone for Fertilizer	12	1	6	164	17.03

——按矿种分列（2020年） 续表1

and Utilization by Mineral（2020） Continued 1

实际采矿能力/（万吨·年$^{-1}$）Actual Mining Capacity/(10^4t·a^{-1})	工业总产值/万元 Gross Industrial Output Value/10^4 yuan	综合利用产值/万元 Output Value of Comprehensive Use/ 10^4 yuan	矿产品销售收入/万元 Sales Revenue of Mineral Commodities/ 10^4 yuan	利润总额/万元 Total Profit/10^4 yuan	年投资额/万元 Annual Investment/10^4yuan
19.65	3167.15	263.20	3491.00	234.19	1093.00
38.75					496.89
338.03	66841.80	0.50	22856.80	9551.10	9628.00
476.00	96870.77	1921.93	89348.07	12206.40	31494.57
347.01	69220.27	2020.23	68594.64	8775.69	29952.73
					2.00
	8.00	625.00	705.00	8.23	119.15
6.98	100.00				1031.40
48.50	9810.10	617.93	9984.80	1002.89	926.91
1673.56	237531.41	5603.23	213120.20	47780.92	80176.44
1209.95	436725.76	42875.81	410413.34	78282.10	252374.95
13555.44	753833.06	115731.99	677617.93	129687.41	303941.43
4383.98	241848.73	51999.12	227886.84	27903.18	127161.44
1175.59	46868.01	2809.23	44972.60	2447.33	70192.36
					45.00
5.45	43.00		445.00	96.40	305.00
326.14	33561.41	345.00	33530.63	2059.42	7035.05
189.00	26858.38	5436.51	28598.01	4240.14	13112.04
322.93	52695.15	1048.00	45223.48	-1988.65	13478.42
34.60	2502.01	2116.01	2502.01	258.00	140.00
44.92	3224.00	3023.00	3177.00	12.00	233.00
74.31	9868.91	665.07	9489.22	1750.18	649.00
1895.42	448333.73	182260.54	451206.47	29776.47	133714.27
164.25	1734.00		12739.00	1009.00	783.00
	1471.00		1700.34	-1407.00	
1494.43	350192.93	21605.54	331178.85	4223.87	43051.51
737.73	68223.75	8822.20	70497.52	9284.30	54880.24
80.06	4345.10	45.00	3918.50	99.23	3176.00
181.25	219570.83	607.10	204569.00	36358.50	16209.52
3276.10	201369.93	27694.68	187830.52	63997.23	43166.43
1061.65	62792.77	30285.79	67036.62	11624.83	27019.16
					30.00
210.79	4188.37		4078.07	693.38	6328.42
43.00	431.98	8.65	392.48	54.65	407.00
110.50	812.99		886.24	-333.00	307.00

全国非油气矿产资源开发利用情况

National Non–petroleum Mineral Resources Exploitation

矿种名称	Mineral	矿山企业数/个 Number of Mine Enterprise/number			从业人数/人 Employee/person	矿石产量/万吨 Ore Output/10^4t
			大型 Large	中型 Medium		
含钾砂页岩	Potassium–bearing Sandy Shale	3		1	13	1.86
含钾岩石	Potassium–bearing Rock	5	2	2	23	
化肥用橄榄岩	Peridotite for Fertilizer	2			21	
化肥用蛇纹岩	Serpentine for Fertilizer	12			59	3.80
泥炭	Peat	30	4	3	191	5.05
矿盐	Mineral Salt	209	119	33	36735	7756.97
镁盐	Magnesium Salt	6	1	4	707	51.77
钾盐	Potash	21	7	8	11866	7876.54
溴矿	Bromine	44			1115	20.16
砷矿	Arsenic	3			10	
磷矿	Phosphate Rock	278	50	111	30032	6712.78
硼矿	Boron	26	5	1	774	15.85
金刚石	Diamond	1	1		15	
石墨	Graphite	145	86	25	5953	728.90
光学水晶	Optical Quartz Crystal	1			0	
工艺水晶	Technological Quartz	2			12	
硅灰石	Wollastonite	90	2	4	1546	154.64
滑石	Talc	83	5	14	3370	109.98
石棉	Asbestos	27	4	4	952	253.38
云母	Mica	13			81	8.00
长石	Feldspar	214	13	17	1941	238.61
电气石	Tourmaline	5			29	0.97
石榴子石	Garnet	13		2	110	5.95
叶蜡石	Pyrophyllite	50	2	17	589	81.80
透辉石	Diopside	13		5	235	29.28
蛭石	Vermiculite	3			22	
沸石	Zeolite	35	1	3	252	14.95
透闪石	Tremolite	3	1		44	
石膏	Gypsum	352	38	104	6846	1183.90
方解石	Calcite	420	19	28	4362	1175.86
冰洲石	Iceland Spar	1			21	
宝石	Gemstone	3	1	1	43	5.80
玉石	Jade	144		4	2076	4.42
玛瑙	Agate	5			12	
岩盐	Rock Salt	1	1		15	8.06
湖盐	Lake Salt	5	2	1	33	30.15
石灰岩	Limestone	224	22	38	3236	2621.97
玻璃用灰岩	Limestone for Glass	2			6	
水泥用灰岩	Limestone for Cement	1834	641	357	68140	162043.40

——按矿种分列（2020年） 续表2

and Utilization by Mineral（2020） Continued 2

实际采矿能力/（万吨·年$^{-1}$）Actual Mining Capacity/(10^4t·a^{-1})	工业总产值/万元 Gross Industrial Output Value/10^4 yuan	综合利用产值/万元 Output Value of Comprehensive Use/10^4 yuan	矿产品销售收入/万元 Sales Revenue of Mineral Commodities/10^4 yuan	利润总额/万元 Total Profit/10^4 yuan	年投资额/万元 Annual Investment/10^4yuan
1.86	48.00		48.00	27.40	2.00
12.00					520.81
5.00					
13.00					573.00
37.61	873.36	5.00	710.90	−68.49	825.30
8634.79	1739959.24	92438.47	1663094.40	146882.56	392243.40
124.27	31512.58	16656.17	15448.56	−608.55	6835.10
86845.24	1454218.80	72439.51	1569010.96	295037.34	169913.47
20.73	65329.80		58798.30	13351.86	10191.46
2.50					1.00
10674.10	1778948.55	123534.08	1332281.17	138446.34	309476.04
41.50	21068.94	11177.60	10599.10	308.42	3251.65
5892.34	88881.13	1653.42	63527.75	3111.82	47790.93
0.04					
255.02	34650.92	4568.27	29122.92	2133.76	23792.31
324.47	85943.63	9000.70	81212.94	14470.62	21831.03
313.09	20127.00	3824.37	20035.00	−323.00	985.36
26.01	878.10		946.46	−74.74	361.17
834.19	20637.05	2954.09	16291.21	1373.04	29504.03
2.67	111.56	3.50	25.52	−0.39	5015.00
121.45	91.00	20.76	83.30	35.00	66.00
179.40	13898.04	4462.18	13883.71	1978.81	6249.38
7.00	1388.30	1.00	1300.30	283.56	3312.40
38.78	1318.05	52.00	1318.05	281.90	391.50
2.00					6.00
3171.60	95341.65	9955.28	95560.66	11369.11	85137.99
2490.14	122390.51	28707.15	110440.42	12732.76	93239.71
5.80	2515.30	22.50	22.50	−204.00	1304.00
6.77	18392.94	1868.67	25361.30	−10148.97	18934.71
4.10					386.00
8.06	2207.01	15.00	1932.01	−1987.14	35.00
30.18	170.00		2155.80	1003.00	292.00
5486.27	189222.46	6320.61	184557.62	20501.05	109891.44
186827.21	12955121.58	940373.33	10606150.24	3289287.80	2036470.62

全国非油气矿产资源开发利用情况
National Non-petroleum Mineral Resources Exploitation

矿种名称	Mineral	矿山企业数/个 Number of Mine Enterprise/number	大型 Large	中型 Medium	从业人数/人 Employee/person	矿石产量/万吨 Ore Output/10^4t
建筑石料用灰岩	Limestone for Building Stone	6573	1718	1261	115910	149879.73
饰面用灰岩	Decorative Limestone	267	17	34	3776	651.84
制灰用石灰岩	Limestone for Ash Making	338	17	47	4712	5025.40
泥灰岩	Marl	12		1	114	29.32
白垩	Chalk	3	1	2	33	6.84
玻璃用白云岩	Dolomite for Glass	28	6	2	528	411.55
建筑用白云岩	Dolomite for Construction	533	116	119	7504	10850.23
玻璃用石英岩	Quartzite for Glass	265	25	34	3296	1778.61
砂岩	Sandstone	16	3	2	122	37.90
玻璃用砂岩	Sandstone for Glass	66	11	14	986	313.79
水泥配料用砂岩	Sandstone for Cement Batching	161	21	39	3983	2087.28
砖瓦用砂岩	Sandstone for Brick and Tile	151	7	38	2437	969.38
陶瓷用砂岩	Sandstone for Ceramics	33	3	9	345	65.20
建筑用砂岩	Sandstone for Construction	1074	172	172	15777	12646.42
玻璃用砂	Sand for Glass	41	17	9	1535	761.64
建筑用砂	Sand for Construction	2613	238	768	30311	17911.35
水泥配料用砂	Sand for Cement Batching	13	1	6	281	273.54
水泥标准砂	Cement Standard Sand	1		1	23	12.00
砖瓦用砂	Sand for Brick and Tile	28	3	5	338	77.30
玻璃用脉石英	Vein Quartz for Glass	130	5	12	1165	248.16
水泥配料用脉石英	Vein Quartz for Cement Batching	10	1	1	141	46.63
粉石英	Powder Quartz	27	1	5	265	24.47
天然油石	Natural Oilstone	1			8	
硅藻土	Diatomite	39	10	21	714	27.37
陶粒页岩	Shale for Ceramsite	17	2	5	189	34.93
砖瓦用页岩	Shale for Brick and Tile	2975	72	981	51853	7011.64
水泥配料用页岩	Shale for Cement Batching	105	22	25	886	722.98
建筑用页岩	Shale for Construction	99	1	23	1665	373.84
高岭土	Kaolin	302	45	63	4513	842.68
陶瓷土	Ceramic Clay	326	28	59	3791	1633.99
凹凸棒石黏土	Attapulgite Clay	26	3	5	226	25.06
海泡石黏土	Sepiolite Clay	4		1	37	
伊利石黏土	Illite Clay	33	3	15	470	18.59
累托石黏土	Rectorite Clay	3			50	0.80
膨润土	Bentonite	172	17	40	2984	208.57
砖瓦用黏土	Clay for Brick and Tile	2600	2	275	53406	4220.32
陶粒用黏土	Clay for Ceramsite	43	4	7	292	22.72
水泥配料用黏土	Clay for Cement Batching	89	17	13	2218	389.04

——按矿种分列（2020年） 续表3
and Utilization by Mineral（2020） Continued 3

实际采矿能力/（万吨·年$^{-1}$）Actual Mining Capacity/(10^4t·a^{-1})	工业总产值/万元 Gross Industrial Output Value/10^4 yuan	综合利用产值/万元 Output Value of Comprehensive Use/10^4 yuan	矿产品销售收入/万元 Sales Revenue of Mineral Commodities/10^4 yuan	利润总额/万元 Total Profit/10^4 yuan	年投资额/万元 Annual Investment/10^4yuan
208941.64	5642063.36	266801.31	5314312.25	907853.95	3662871.22
1425.84	170133.52	2276.30	47923.05	6214.18	92458.15
6973.91	186042.02	9304.59	178633.53	10778.28	92818.77
63.70	1612.00	76.30	1365.00	184.80	1414.00
11.70	663.00		663.00	56.80	55.00
458.34	15244.25	165.00	12099.30	819.56	10501.78
16067.17	344450.19	35298.07	322258.24	43619.32	163542.63
2548.34	161089.70	39816.77	156107.58	37558.93	61919.53
92.10	1099.59		1136.60	230.32	1701.60
598.25	70713.42	781.54	20386.40	2074.76	61641.39
2967.13	893683.75	3371.03	743691.28	300180.71	24762.33
1429.79	69793.43	8477.23	69210.81	9558.00	38166.94
221.37	2675.20	4.00	2779.81	137.89	11510.21
24694.27	656958.79	26729.18	3242379.43	106464.77	425761.78
859.99	98159.61	750.00	96777.72	24565.41	39664.68
27514.08	968283.69	28552.86	1370477.11	139402.70	1004445.23
342.38	5236.60		5095.97	-3214.20	1531.58
6.00	46.00	46.00	46.00		
259.71	5154.86	10.00	4745.86	398.30	4114.06
538.70	40717.21	2625.03	30849.84	2624.71	30179.43
55.93	3018.40		2929.20	88.20	1639.00
81.13	5474.00	1.00	464.00	35.00	8347.50
163.33	8124.45		7239.17	993.42	7619.01
136.55	3944.09		4142.36	711.38	2834.00
14664.72	863581.30	63994.53	814879.94	87901.52	513765.47
1080.30	33427.44	55.60	18912.28	5234.30	18341.32
777.93	34927.61	6690.37	31196.70	2916.16	15752.15
1585.17	117579.37	7544.71	103387.47	18153.70	83125.25
2318.43	3320921.87	17372.87	3313917.09	5845.96	63788.35
62.56	5249.50	7.50	5204.90	1271.53	4674.82
0.20				-4.00	4.00
73.46	1697.00		1737.56	13.78	2364.22
0.80	20.00		20.00	-18.30	40.00
428.33	162786.44	3707.81	161187.24	19289.80	18889.95
7769.90	399211.69	31434.21	370384.00	-26853.13	259791.52
112.73	2103.04	340.44	1925.91	195.95	2141.54
707.28	263691.49	55.06	191386.51	1236.68	21843.42

全国非油气矿产资源开发利用情况
National Non-petroleum Mineral Resources Exploitation

矿种名称	Mineral	矿山企业数/个 Number of Mine Enterprise/number	大型 Large	中型 Medium	从业人数/人 Employee/person	矿石产量/万吨 Ore Output/10^4t
水泥配料用红土	Laterite for Cement Batching	6	1		120	65.66
水泥配料用黄土	Loess for Cement Batching	7	1	1	51	89.86
水泥配料用泥岩	Mudstone for Cement Batching	25	6	5	644	304.42
保温材料用黏土	Clay for Thermal Insulation	2			12	
橄榄岩	Peridotite	1	1		20	
建筑用橄榄岩	Peridotite for Construction	4			7	
蛇纹岩	Serpentinite	1			5	
饰面用蛇纹岩	Decorative Serpentine	31		2	203	3.51
饰面用辉石岩	Decorative Pyroxenite	5			85	3.13
建筑用辉石岩	Pyroxenite for Construction	1			130	17.18
玄武岩	Basalt	16	2		193	9.30
铸石用玄武岩	Basalt for Cast Stone	11	3	2	158	42.36
岩棉用玄武岩	Basalt for Rock Wool	1			20	6.95
饰面用玄武岩	Decorative Basalt	14		2	222	28.71
水泥混合材玄武岩	Basalt for Cement Mixture	1	1		4	
建筑用玄武岩	Basalt for Construction	491	113	67	6695	5132.10
饰面用角闪岩	Decorative Amphibolite	4			26	26.39
建筑用角闪岩	Amphibolite for Construction	9	3	1	148	48.58
辉绿岩	Diabase	6		1	22	
水泥用辉绿岩	Diabase for Cement	1			10	1.44
饰面用辉绿岩	Decorative Diabase	70	4	8	1000	144.00
建筑用辉绿岩	Diabase for Construction	119	23	17	2047	1746.24
饰面用辉长岩	Decorative Gabbro	2			22	0.06
建筑用辉长岩	Gabbro for Construction	5	1		122	74.63
安山岩	Andesite	6			11	
饰面用安山岩	Decorative Andesite	1			2	
建筑用安山岩	Andesite for Construction	313	91	36	3225	4937.06
水泥混合材用安山岩	Andesite for Cement Mixture	1		1	9	20.88
耐酸碱用安山岩	Andesite for Acid and Alkali Resistance	1		1	20	14.73
闪长岩	Diorite	9	1	1	64	33.76
建筑用闪长岩	Diorite for Construction	138	34	17	2265	2187.06
水泥混合材用闪长玢岩	Diorite Porphyrite for Cement Mixture	1			15	9.86
饰面用闪长岩	Decorative Diorite	12		1	149	13.16
建筑用二长岩	Monzonite for Construction	1			15	
建筑用正长岩	Syenite for Construction	1			2	
花岗岩	Granite	19	5	5	412	246.51

——按矿种分列（2020年） 续表4
and Utilization by Mineral（2020） Continued 4

实际采矿能力/（万吨·年$^{-1}$）Actual Mining Capacity/(10^4t·a^{-1})	工业总产值/万元 Gross Industrial Output Value/10^4 yuan	综合利用产值/万元 Output Value of Comprehensive Use/10^4 yuan	矿产品销售收入/万元 Sales Revenue of Mineral Commodities/10^4 yuan	利润总额/万元 Total Profit/10^4 yuan	年投资额/万元 Annual Investment/10^4yuan
85.77	3586.58		3548.58	77.41	1581.85
123.36	1487.50		1487.50	747.75	626.50
410.07	116137.09	4649.00	98398.34	56374.95	16875.77
1.00					50.00
					60.00
2.00					
5.00					5.00
21.35	1091.80		942.94	178.35	5985.98
10.38	52.00		10.00	1.00	1372.00
2.00	960.16	910.16	88.00	-92.00	180.00
39.90	1058.80	14.00	1270.10	-50.59	7169.00
77.44	3841.79	5.00	3731.79	236.00	1198.00
7.00	369.02		369.02	0.10	75.00
69.31	1668.92	1074.46	1528.42	-1618.99	1058.00
7131.22	318402.82	58833.47	282507.75	25340.57	284245.42
7.15	182.00		376.20	-4.21	85.00
76.62	556.34	1.00	436.00	-3.44	333.15
0.89					3.00
1.54	21.60		21.60	15.68	43.50
465.25	23255.61	238.00	21744.72	3875.18	14904.95
2238.50	96086.10	6602.10	91913.38	5053.04	64363.30
0.12	82.50		82.50		
69.55	3114.40	1832.20	2357.40	480.80	163.00
					168.20
2.50					5.00
6478.89	155074.79	6449.48	150114.57	36269.21	61896.97
20.96	419.00		419.00	83.80	5.00
15.01	101.60		82.40	5.00	96.60
60.76	698.40		698.40	91.60	310.00
3353.67	117936.28	1647.45	115389.61	17247.86	104346.54
1.00	15.00	36.00	18.00	22.30	35.00
31.94	2918.60		3025.80	-217.06	190.00
1.00					
1.00					
369.55	14190.76		12596.10	1590.22	10008.00

全国非油气矿产资源开发利用情况

National Non-petroleum Mineral Resources Exploitation

矿种名称	Mineral	矿山企业数/个 Number of Mine Enterprise/number			从业人数/人 Employee/person	矿石产量/万吨 Ore Output/10^4t
			大型 Large	中型 Medium		
建筑用花岗岩	Granite for Construction	1624	405	285	29718	33258.66
饰面用花岗岩	Decorative Granite	805	61	77	17878	3871.49
麦饭石	Maifanite	9			28	
珍珠岩	Perlite	55	2	5	769	142.22
建筑用流纹岩	Rhyolite for Construction	1			5	6.24
黑耀岩	Obsidian	1			7	
浮石	Pumice	15		1	86	2.49
水泥用粗面岩	Trachyte for Cement	1			15	
铸石用粗面岩	Trachyte for Cast Stone	3			20	8.41
霞石正长岩	Nepheline Syenite	10	2	2	319	32.91
凝灰岩	Tuff	9		1	55	10.66
水泥用凝灰岩	Tuff for Cement	16	1		95	31.90
建筑用凝灰岩	Tuff for Construction	801	256	89	17326	33591.48
火山灰	Volcanic Ash	2			17	2.86
火山渣	Scoria	10	1		42	
大理石	Marble	10	1	1	198	516.50
饰面用大理岩	Decorative Marble	341	23	32	4923	1616.55
建筑用大理岩	Marble for Construction	221	28	37	3000	2167.61
水泥用大理岩	Marble for Cement	139	26	22	2415	3292.97
玻璃用大理岩	Marble for Glass	25		1	360	63.74
板岩	Slate	24	4	2	488	554.14
饰面用板岩	Decorative Slate	73		9	1272	79.84
水泥配料用板岩	Slate for Cement Batching	18	5	2	581	224.50
片石	Rubble	14		1	120	54.20
角闪岩	Amphibolite	3	1		101	29.80
片麻岩	Gneiss	131	12	26	2117	1468.88
千枚岩	Phyllite	6	2	1	97	22.14
砚石	Ink Stone	2			6	
矿泉水	Mineral Water	646	78	77	18083	4225.07
地下水	Ground Water	7	1	2	172	931.40
二氧化碳气	Carbon Dioxide	3		1	111	58.74

注：①根据国家统计局已公布的煤炭和铁矿石产量数据调整后的年产矿量总计，其他数据均按采矿权人统计。
②国家统计局已公布的煤炭产量数据，其他数据均按采矿权人统计。
③国家统计局已公布的铁矿石产量数据，其他数据均按采矿权人统计。

Notes: ① The total of ore output is adjusted according to the coal and iron ore output data published by the National Bureau of Statistics, and other
② The data are the coal production data published by the National Bureau of Statistics, and other data are calculated by mining right holder.
③ The data are the iron ore production data published by the National Bureau of Statistics, and other data are calculated by mining right holder.

——按矿种分列（2020年） 续表5

and Utilization by Mineral（2020） Continued 5

实际采矿能力/（万吨·年$^{-1}$）Actual Mining Capacity/(10^4t·a^{-1})	工业总产值/万元 Gross Industrial Output Value/10^4 yuan	综合利用产值/万元 Output Value of Comprehensive Use/10^4 yuan	矿产品销售收入/万元 Sales Revenue of Mineral Commodities/10^4 yuan	利润总额/万元 Total Profit/10^4 yuan	年投资额/万元 Annual Investment/10^4yuan
44794.95	1447257.29	35043.03	1370316.81	137431.14	1211894.30
6073.59	619148.01	38785.75	586827.29	91926.33	373143.11
13.00					47.20
193.87	30914.57	1698.07	30780.31	14504.95	2479.02
6.24					10.00
24.51	282.77		302.77	94.33	2187.57
					2.00
9.91	374.10		404.90	175.50	3.00
116.83	6083.76	418.00	5939.86	2096.53	112.00
34.56	298.00		294.00	14.00	22.00
99.40	2568.40	70.00	3068.40	711.40	1141.53
40798.33	1831657.71	26120.61	1484335.47	289246.55	962124.36
4.20	12.00		135.00	128.00	126.67
81.18					18.00
516.24	11122.35		11122.35	891.05	11493.52
3332.03	182008.34	17727.10	150220.33	8825.42	89202.88
4014.32	111761.78	22664.99	105728.29	10303.61	71861.61
4572.19	179520.93	24128.07	169299.37	18830.40	41423.37
78.74	5423.17	45.42	4829.77	−367.58	5280.64
705.28	14547.30	12.00	14274.30	1323.34	13812.20
374.40	15471.85	677.00	12254.54	361.11	48785.78
296.75	9950.80		9976.10	960.26	3780.05
82.20	1656.00	2.00	1666.00	−683.56	1777.00
31.80	180.00		165.00	5.00	20.00
2024.46	66751.94	3460.58	59644.77	8401.10	80320.39
77.00	1802.60	72.60	1802.60	288.12	55.00
0.50					
22316.60	645156.66	33275.05	619495.19	41622.52	285659.55
959.40	2928.78	20.00	2629.87	−197.94	653.00
58.74	11410.04		11410.04	2492.11	293.00

data are counted by mining right holder.

全国非油气矿产资源开发利用情况

National Non-petroleum Mineral Resources Exploitation

企业经济类型	Economic Type of Enterprise	矿山企业数/个 Number of Mine Enterprise/number			从业人数/人 Employee/person	矿石产量/万吨 Ore Output/10^4t
			大型 Large	中型 Medium		
总 计	**Total**	**45989**	**6830**	**9112**	**3575245**	**983759.44 (1070274.28)①**
内资企业	**Domestic Funded Enterprise**	**45573**	**6659**	**9021**	**3518161**	**955976.49**
国有企业	State-owned Enterprise	2024	719	501	820028	174160.65
集体企业	Collective-owned Enterprise	1211	41	162	39259	6543.92
股份合作企业	Cooperative Stock Enterprise	411	62	70	30171	8324.21
联营企业	Joint Ownership Enterprise	188	24	46	16447	2355.32
有限责任公司	Limited Liability Corporation	18051	3257	3891	1458468	415831.64
股份有限公司	Share Holding Company Limited	2485	590	523	653820	149237.32
私营企业	Private Enterprise	20179	1874	3620	482231	190590.29
其他企业	Other Enterprise	1024	92	208	17737	8933.13
港、澳、台商投资企业	**Enterprise with Funds from Hong Kong, Macao and Taiwan**	**224**	**92**	**39**	**18457**	**14482.72**
外商投资企业	**Foreign-funded Enterprise**	**192**	**79**	**52**	**38627**	**13300.23**

注：①根据国家统计局已公布的煤炭和铁矿石产量调整数据。

Note：①The data are adjusted according to the data of coal and iron ore production published by the National Bureau of Statistics.

——按企业经济类型分列（2020年）

and Utilization by Economic Type of Enterprise（2020）

实际采矿能力/（万吨·年$^{-1}$）Actual Mining Capacity/(10^4t·a^{-1})	工业总产值/万元 Gross Industrial Output Value/10^4 yuan	综合利用产值/万元 Output Value of Comprehensive Use/10^4 yuan	矿产品销售收入/万元 Sales Revenue of Mineral Commodities/10^4 yuan	利润总额/万元 Total Profit/10^4 yuan	年投资额/万元 Annual Investment/10^4yuan
1444338.38	**197964819.01**	**9517608.96**	**189236157.36**	**33658869.46**	**50126850.64**
1410178.00	**193335112.98**	**9250303.20**	**185093439.66**	**32604287.00**	**49297503.84**
209364.37	48682390.06	1668371.39	46813777.84	8487414.99	10147915.21
11346.42	1008717.58	33846.39	975489.66	130365.44	393755.15
10794.90	1784655.34	75704.53	1593322.63	446885.53	408576.33
3436.42	727398.02	45268.44	678293.48	107886.02	209046.30
645047.03	78858041.02	4220020.75	76600783.19	12209314.40	23768899.81
229229.07	41975156.72	1856287.38	38467992.09	8767667.32	6632589.45
287067.89	19755504.30	1323063.12	19443808.80	2363741.74	7426297.16
13891.90	543249.93	27741.20	519971.97	91011.56	310424.43
18105.69	**1473024.26**	**86388.41**	**1366181.08**	**197829.96**	**325384.82**
16054.68	**3156681.78**	**180917.34**	**2776536.62**	**856752.49**	**503961.98**

主要统计指标解释

勘查许可证数 指依法颁发的勘查许可证宗数或注销的勘查许可证宗数。

新立(勘查) 指在报告期内依法新批准的勘查许可证。

注销(勘查) 包括探矿权人申请注销、自然资源主管部门直接注销的勘查许可证。

探矿权出让 指在报告期内以申请在先、协议、招标、拍卖和挂牌等方式出让给探矿权申请人并新登记勘查许可证。

协议出让(探矿权) 指矿业权人以协议方式取得探矿权，并办理勘查许可证。

"招拍挂"出让(探矿权) 指矿业权人以招标、拍卖和挂牌方式取得探矿权，并办理勘查许可证。

招标(探矿权) 指主管部门发布招标公告，邀请特定或者不特定的投标人参加投标，根据投标结果确定探矿权中标人，探矿权人取得探矿权，并办理勘查许可证。

拍卖(探矿权) 指主管部门发布拍卖公告，由符合探矿权申请人资质条件的竞买人在指定时间、指定地点进行公开竞价，根据出价结果确定探矿权竞得人，探矿权人取得探矿权，并办理勘查许可证。

挂牌(探矿权) 指主管部门发布挂牌公告，在挂牌公告规定的期限和场所接受竞买人的报价申请并更新挂牌价格，根据挂牌期限截止时的出价结果，确定探矿权竞得人，探矿权人取得探矿权，并办理勘查许可证。

探矿权转让 指报告期内经探矿权人申请将探矿权转让给另一主体，并经自然资源主管部门审查批准的行为。

转让金额 指报告期内探矿权转让人与受让人之间签订的探矿权转让合同中约定的转让金额。

采矿许可证数 指依法颁发的采矿许可证个数或注销的采矿许可证个数。

新立(采矿) 指在报告期内依法新批准的采矿许可证。

注销(采矿) 包括采矿权人申请注销、自然资源主管部门直接注销的采矿许可证。

采矿权出让 指在报告期内矿业权人以探矿权转采矿权、协议、招标、拍卖和挂牌等方式取得采矿权，并办理采矿许可证。

探矿权转采矿权 指报告期内探矿权人在其勘查许可证范围内，将探矿权申请转为采矿权，并获得采矿许可证。

"招拍挂"出让(采矿权) 指采矿权人通过招标、拍卖、挂牌三种出让方式获得采矿权并取得采矿许可证。

协议出让(采矿权) 指出让方（采矿权管理机关）按照法律法规的规定采取非竞争性的方式，以协议方式出让采矿权给特定对象，采矿权人取得采矿权，并办理采矿许可证。

招标出让(采矿权) 指主管部门发布招标公告，邀请特定或者不特定的投标人参加投标，根据投标结果确定采矿权中标人，采矿权人取得采矿权，并办理采矿许可证。

拍卖出让(采矿权) 指主管部门发布拍卖公告，由符合采矿权申请人资质条件的竞买人在指定时间、指定地点进行公开竞价，根据出价结果确定采矿权竞得人，采矿权人取得采矿权，并办理采矿许可证。

挂牌出让(采矿权) 指主管部门发布挂牌公告，在挂牌公告规定的期限和场所接受竞买人的报价申请并更新挂牌价格，根据挂牌期限截止时的出价结果，确定采矿权竞得人，采矿权人取得采矿权，并办理采矿许可证。

采矿权转让 指报告期内经采矿权人申请将采矿权转让给另一主体，并经自然资源主管部门审查批准的行为。

转让金额 指报告期内采矿权转让人与受让人之间签订的采矿权转让合同中约定的转让金额。

从业人数 指当年度企业中从事矿业（即油气勘查开采，下同）生产劳动并取得劳动报酬或经营收入的全部劳动力的年平均人数。包括职工、再从业的离退休人员以及在企业中工作的外方人员和港、澳、台方人员。当年度在企业中从事矿业活动的临时工、轮换工，应加入此项统计。年平均人数=报告年内12个月平均人数之和/12 [月平均人数=（月初人数+月末人数）/2] 。非独立法人企业只填报本企业的从业人数。

矿石产量 指矿山当年度采矿作业实际生产的符合矿石产品质量要求的各类矿产数量的总和。盐湖矿、原地浸出和原地爆破浸出开采的矿产按其粗加工后的固态量计。

工业总产值 指以货币表现的矿山企业当年度生产的最终工业产品总价值量。包括当年度生产的成品价值、已完工的对外工业性作业价值和自制半成品、在产品期末期初差额价值。采用工厂法的计算原则。它是反映一定时间内工业生产总规模和总水平的重要指标，是计算工业生产发展速度和主要比例关系，计算工业产品销售率和其他经济指标的重要依据。

综合利用产值 指当年矿山综合利用共、伴生矿产及尾、残矿产的矿产品销售产值。

销售收入 指矿山企业当年度销售该矿产品（包括产成品、半成品及废品）所取得的收入。以销售实现为原则进行填报。

Explanatory Notes on Main Statistical Indicators

Number of Exploration License—the number of exploration licenses issued or cancelled in accordance with the law.

Newly Issued(Exploration License)—the exploration licenses newly approved in accordance with the law during the reporting period.

Cancelled(Exploration License)—the exploration license applied for cancellation by the exploration right owner and directly cancelled by the natural resources department.

Exploration Right Granted—various acts through which the mineral exploration right is granted by administration department to the applicant for the exploration right through the ways of first application, agreement, bidding, auction, and listing during the reporting period.

Granting through Agreement (Exploration Right)—the act through which the administration department grants the exploration right to the exploration right holder in the way of agreement, and the exploration right holder obtains the exploration license.

Granting through Bidding, Auction, and Listing (Exploration Right)—the acts through which the administration department grants the exploration right in the ways of bidding, auction, and listing, and the exploration right holder obtains the exploration license.

Granting through Bidding (Exploration Right)—the act through which the administrative authorities issue a notice of invitation for bid to invite specially or not specially designated bidders to participate in the bidding, and the warded bidder for the exploration right is determined according to the result of the bidding. The exploration right holder obtains the exploration license.

Granting through Auction (Exploration Right)—the act through which the administrative authorities issue a notice of invitation for auction, while the bidders qualified to be applicants for the exploration right may participate in open competition at the prescribed time and locality and the warded bidder for the exploration or mining right is determined according to the result of the price offer. The exploration right holder obtains the exploration license.

Granting through Listing (Exploration Right)—the act through which the administrative authorities issue a notice of listing, and receive the offer applications of the bidders and renew the listed prices in the time limit and locality prescribed by the notice, and the warded bidder for the exploration right is determined according to the price offer at the closing date of the listing time limit. The exploration right holder obtains the exploration license, and apply for exploration license.

Exploration Right Transferred—the act of transferring the exploration right to another subject upon the application of exploration right holder within the reporting period, and being examined and approved by natural resources authorities.

Amount of Exploration Right Transferred—the price of transfer agreed upon in the contract of exploration right transfer signed between the exploration right assignor and the exploration right assignee during the reporting period.

Number of Mining License—the number of mining licenses issued in accordance with the law or the number of cancelled mining licenses.

Newly Issued(Mining License)—the mining license newly approved according to law during the reporting period.

Cancelled(Mining License)—the mining license applied for cancellation by the exploration right owner and directly cancelled by the natural resources department.

Mining Right Granted—the royalty charged to the mining right holder according to relevant regulations, when the mineral resources administration department to the applicant for the mining right through the ways of change of the exploration right into the mining right, agreement, bidding, auction, and listing during the reporting period.

Change of Exploration Right to Mining Right—the exploration right holder applies for changing the exploration right into the mining right in his exploration license scope during the reporting period and obtains the mining license.

Granting through Bidding, Action, and Listing (Mining Right)—the acts through which the mining right holder obtains the mining right and the mining license in the ways of assigning through bidding, auction, and listing.

Granting through Agreement (Mining Right)—the act through which the assignor (mining right administration agency) grants the mining right to the particular individual or organization by adopting the noncompetitive way through agreement according to the provisions of law and the latter obtains the mining license.

Granting through Bidding (Mining Right)—the act through which the administrative authorities issue a notice of invitation for bid to invite specially or not specially designated bidders to participate in the bidding, and the warded bidder for the mining right is determined according to the result of the bidding. The mining right holder obtains the mining license.

Granting through Auction (Mining Right)—the act through which the administrative authorities issue a notice of invitation for auction, while the bidders qualified to be applicants for the mining right may participate in open competition at the prescribed time and locality and the warded bidder for the mining or mining right is determined according to the result of the price offer. The mining right holder obtains the mining license.

Granting through Listing (Mining Right)—the act through which the administrative authorities issue a notice of listing, and receive the offer applications of the bidders and renew the listed prices in the time limit and locality prescribed by the notice, and the warded bidder for the mining right is determined according to the price offer at the closing date of the listing time limit. The mining right holder obtains the mining license.

Mining Right Transferred—the act of transferring the mining right to another subject upon the application of the mining right holder and the approval of natural resources authorities within the reporting period.

Amount of Mining Right Transferred—the price of transfer agreed upon in the contract of mining right transfer signed between the mining right assignor and the mining right assignee during the reporting period.

Employee—refers to the annual average number of all labors engaged in mining (i.e. oil and gas exploration and exploitation, the same hereinafter) and receiving remuneration for their labor or business income in the current year. It includes employees, reemployed retirees, foreign personnel working in the enterprise and personnel from Hong Kong, Macao, Taiwan. Temporary workers and shift workers engaged in mining in enterprises in the current year are included in the statistics. Annual average number = sum of 12–month average number reported in the year /12 [Monthly average number = (number at the beginning of the month + number at the end of the month) /2]. The enterprises with non–independent legal entity only report employees of the enterprise.

Ore Output—the sum of all kinds of minerals actually produced by mining operations in the current year that meet the quality requirements of ore products. Minerals mined by salt lake ore, in–situ leaching and in–situ blasting leaching are measured by the solid quantities after rough processing.

Gross Industrial Output Value—the total value of final industrial products produced by mining enterprises in monetary terms in the current year. It includes the value of finished products produced in the current year, the value of finished foreign industrial operations and self–made semi–finished products, and value difference at the beginning and end of the product. The factory method is adopted for calculation. It is an important indicator reflecting the total scale and level of industrial production in a certain period of time. It is also an important basis for calculating development speed and main proportion of industrial production, sales rate of industrial products and other economic indicators.

Output Value of Comprehensive Use—the total sum of the values of final industrial products in the gross value of mining output due to the comprehensive use of co–products, by–products and three wastes (waste slag, waste gas, waste liquid).

Sales Revenue—the revenue obtained by mining enterprises from selling the mineral products (including finished products, semi–finished products and waste products) in the current year. It should be reported according to the actual sales.

海洋资源

Ocean Resources

海域使用权出让情况——按地区分列（2020年）
Granting of Sea Area Use Rights by Region（2020）

地 区	Region	新增宗海数量/宗 Number of Newly-added Sea/plot	新增宗海面积/公顷 Newly-added Sea Area/hm^2	海域使用金应缴金额/万元 Payable Fee for Using Sea Area/10^{4}yuan	海域使用金减免金额/万元 Reduction and Exemption of Fee for Using Sea Area/10^{4}yuan
总 计	**Total**	**2408**	**224583.43**	**1689450.59**	**149958.68**
辽 宁	Liaoning	365	69195.70	25330.55	233.07
河 北	Hebei	264	8260.95	123737.63	70879.85
天 津	Tianjin	12	334.92	18577.77	1103.54
山 东	Shandong	469	78233.25	237674.93	34057.78
江 苏	Jiangsu	92	15727.47	29945.81	3428.66
上 海	Shanghai	12	555.11	8431.75	924.75
浙 江	Zhejiang	230	13671.84	117041.60	16052.54
福 建	Fujian	212	9785.32	24799.24	4140.15
广 东	Guangdong	556	17631.83	940510.31	12078.39
广 西	Guangxi	164	10454.91	104784.91	3559.16
海 南	Hainan	25	469.87	51661.71	3500.80
省（自治区、直辖市）外	Excluding the Provinces (Autonomous Regions, Municipalities) above	7	262.27	6954.39	

注：海域使用权出让包括海域使用权申请审批、招标、拍卖、挂牌。

Note: The granting of sea area use right includes examination and approval of sea area use right application and bidding, auction and listing of sea area use right.

海域使用权出让情况——按海域使用类型分列（2020年）
Granting of Sea Area Use Rights by Type of Sea Area Use（2020）

海域使用类型	Type of Sea Area Use	新增宗海数量/宗 Number of Newly-added Sea/plot	新增宗海面积/公顷 Newly-added Sea Area/hm^2	海域使用金应缴金额/万元 Payable Fee for Using Sea Area/10^4yuan	海域使用金减免金额/万元 Reduction and Exemption of Fee for Using Sea Area/10^4yuan
总 计	**Total**	**2408**	**224583.43**	**1689450.59**	**149958.68**
渔业用海	Fishery Sea	1636	184371.65	91526.16	8408.18
工业用海	Industrial Sea	204	19497.27	740154.15	26231.05
交通运输用海	Sea for Transportation	308	7168.61	183257.25	16558.91
旅游娱乐用海	Sea for Tourism and Entertainment	75	1193.93	16310.47	2768.64
海底工程用海	Sea for Submarine Engineering	33	567.41	10172.33	648.47
排污倾倒用海	Sea for Sewage Dumping	6	186.22	2039.38	191.14
造地工程用海	Sea for Land Engineering	34	670.88	628981.49	87062.56
特殊用海	Sea for Special Use	60	5438.84	9127.32	5500.71
其他用海	Sea for Other Use	52	5488.63	7882.04	2589.03

无居民海岛有偿使用情况（2020年）

Paid Use of Uninhabited Island（2020）

地 区	Region	海岛数量/个 Number of Island/ number	无居民海岛用岛面积/公顷 Area of Uninhabited Island/hm^2	无居民海岛使用金应缴金额/万元 Payable Fee for Using Uninhabited Island/10^{4}yuan	无居民海岛使用金减免金额/万元 Reduction and Exemption of Fee for Using Uninhabited Island/10^{4}yuan
总 计	**Total**	**13**	**18.03**	**13724.96**	
辽 宁	Liaoning				
河 北	Hebei				
天 津	Tianjin				
山 东	Shandong				
江 苏	Jiangsu				
上 海	Shanghai				
浙 江	Zhejiang	2	0.07	30.25	
福 建	Fujian	3	0.01	13694.47	
广 东	Guangdong	1	0.004	0.24	
广 西	Guangxi	7	17.95		
海 南	Hainan				
省（自治区、直辖市）外	Excluding the Provinces（Autonomous Regions, Municipalities）above				

围填海情况——按地区分列（2020年）

Reclamation by Region（2020）

地 区	Region	合计 Total		新增围填海造地项目审批情况 Approval of New Reclamation Project		围填海历史遗留问题处理情况 Disposal of Problem Left over by Reclamation History	
		宗海数/宗 Number of Sea Plot/plot	宗海面积/公顷 Sea Area/hm^2	宗海数/宗 Number of Sea Plot/plot	宗海面积/公顷 Sea Area/hm^2	宗海数/宗 Number of Sea Plot/plot	宗海面积/公顷 Sea Area/hm^2
总 计	**Total**	**132**	**3452.10**	**2**	**314.00**	**130**	**3138.10**
辽 宁	Liaoning						
河 北	Hebei	57	899.36			57	899.36
天 津	Tianjin	7	67.78			7	67.78
山 东	Shandong	4	989.40			4	989.40
江 苏	Jiangsu	8	94.96			8	94.96
上 海	Shanghai						
浙 江	Zhejiang	32	400.16	1	28.50	31	371.67
福 建	Fujian	7	123.81			7	123.81
广 东	Guangdong	11	637.02	1	285.50	10	351.52
广 西	Guangxi	5	60.68			5	60.68
海 南	Hainan	1	178.92			1	178.92
省（自治区、直辖市）外	Excluding the Provinces（Autonomous Regions, Municipalities）above						

围填海情况——按海域使用类型分列（2020年）

Reclamation by Type of Sea Area Use（2020）

海域使用类型	Type of Sea Area Use	合计 Total		新增围填海造地项目审批情况 Approval of New Reclamation Project		围填海历史遗留问题处理情况 Disposal of Reclamation Problem Left over by History	
		宗海数/宗 Number of Sea Plot/plot	宗海面积/公顷 Sea Area/hm²	宗海数/宗 Number of Sea Plot/plot	宗海面积/公顷 Sea Area/hm²	宗海数/宗 Number of Sea Plot/plot	宗海面积/公顷 Sea Area/hm²
总 计	**Total**	**132**	**3452.10**	**2**	**314**	**130**	**3138.10**
渔业用海	Fishery Sea						
工业用海	Industrial Sea	72	2015.18	1	28.5	71	1986.69
交通运输用海	Sea for Transportation	27	744.84	1	285.5	26	459.34
旅游娱乐用海	Sea for Tourism and Entertainment	1	1.17			1	1.17
海底工程用海	Sea for Submarine Engineering						
排污倾倒用海	Sea for Sewage Dumping						
造地工程用海	Sea for Land Engineering	31	668.68			31	668.68
特殊用海	Sea for Special Use						
其他用海	Sea for Other Uses	1	22.23			1	22.23

全国海洋经济情况（2020年）

National Ocean Economy（2020）

指标名称	Indicator	数值 Value
海洋生产总值/亿元	Gross Ocean Product/10^8 yuan	79550.0
海洋生产总值增长率/%	Growth Rate of Gross Ocean Product/%	–5.2
海洋生产总值占国内生产总值比例/%	Proportion of Gross Ocean Product in GDP/%	7.8
海洋新兴产业增加值增速/%	Growth Rate of Added Value of Marine Emerging Industry/%	10.1
第三产业增加值增速/%	Growth Rate of Added Value of Tertiary Industry/%	–7.4

注：①海洋生产总值为再次核实数，核算范围为沿海地区，具体包括辽宁省、河北省、天津市、山东省、江苏省、上海市、浙江省、福建省、广东省、广西壮族自治区和海南省，未包括香港特别行政区、澳门特别行政区和台湾省。

②海洋生产总值增长率按可比价格计算。

Notes: ①Gross ocean product is a re–verified accounting figure, accounting for coastal areas, including Liaoning, Hebei, Tianjin, Shandong, Jiangsu, Shanghai, Zhejiang, Fujian, Guangdong, Guangxi and Hainan, excluding Hong Kong, Macao and Taiwan.

②The growth rate of gross ocean product is calculated at comparable price.

全国海洋生产总值（2020年）

National Gross Ocean Product（2020）

指标名称	Indicator	增加值/亿元 Added Value/10^8 yuan	增速/% Growth Rate/%
海洋生产总值	**Gross Ocean Product（GOP）**	**79550.00**	**-5.2**
海洋产业	**Ocean Industry**	52645.00	-4.6
主要海洋产业	**Major Ocean Industry**	29317.00	-11.4
海洋渔业	Marine Fishery Industry	4788.00	4.6
海洋油气业	Offshore Oil and Gas Industry	1157.00	7.2
海洋矿业	Marine Mining Industry	184.00	-2.2
海洋盐业	Sea Salt Industry	34.00	-4.5
海洋化工业	Marine Chemical Industry	524.00	9.5
海洋生物医药业	Marine Biomedicine Industry	418.00	7.2
海洋电力业	Marine Electric Power Industry	237.00	16.2
海水利用业	Seawater Utilization Industry	20.00	7.2
海洋船舶工业	Marine Shipbuilding Industry	1180.00	4.0
海洋工程建筑业	Marine Engineering Architectrue Industry	1296.00	10.4
海洋交通运输业	Marine Communication and Transportation Industry	5989.00	7.9
滨海旅游业	Coastal Tourism	13492.00	-27.0
海洋科研教育管理服务业	**Ocean Scientific Research, Education, Management and Service Industry**	23327.00	6.0
海洋相关产业	**Ocean-related Industry**	26905.00	-6.5

注：①海洋生产总值、各海洋产业增加值按现价计算，增长速度按可比价格计算。

②部分数据因四舍五入的原因，存在着总计与分项合计不等的情况。

③数据均为再次核实数。各项数据来自沿海地区自然资源（海洋）行政主管部门、统计机构和国务院有关部门。其中，沿海地区包括辽宁省、河北省、天津市、山东省、江苏省、上海市、浙江省、福建省、广东省、广西壮族自治区和海南省，未包括香港特别行政区、澳门特别行政区和台湾省。

Notes: ① The gross ocean product and the added value of each marine industry are calculated according to the current price, and the growth rate is comparable price calculation.

② Some data are not equal to the total and itemized due to rounding.

③ The data are re-verified accounting figure. The data come from the natural resources (Marine) administrative departments in coastal areas, statistical institutions and relevant departments of the State Council. The coastal areas include Liaoning, Hebei, Tianjin, Shandong, Jiangsu, Shanghai, Zhejiang, Fujian, Guangdong, Guangxi and Hainan, excluding Hong Kong, Macao and Taiwan.

主要统计指标解释

新增宗海数量 指统计报告期内由国务院或有批准权的人民政府首次批准的海域使用宗海数量，以用海批准时间为准。不包括由于海域使用权续期、转让、变更而重新批准的宗海数量。

新增宗海面积 指统计报告期内由国务院或有批准权的人民政府首次批准的海域使用宗海面积，以用海批准时间为准。不包括由于海域使用权续期、转让、变更而重新批准的宗海面积。

海域使用金应缴金额 指统计报告期内按各级自然资源（海洋）主管部门开具缴款通知书或海域使用权招标、拍卖、挂牌合同（方案），用海单位或个人应当缴纳的海域使用金数额。海域使用金逐年缴纳或分期缴纳的，应缴金额应分年或分期统计。

海域使用金减免金额 指统计报告期内按规定经财政部门、自然资源（海洋）主管部门批准减缴和免缴的海域使用金金额。

无居民海岛用岛面积 指统计报告期内由国务院或省级人民政府批准的无居民海岛用岛面积。

无居民海岛使用金应缴金额 指统计报告期内按各级自然资源（海洋）主管部门开具缴款通知书要求用岛单位或个人应当缴纳的无居民使用金数额。

无居民海岛使用金减免金额 指统计报告期内按规定经财政部门、自然资源（海洋）主管部门批准减免的无居民海岛使用金金额。

海洋生产总值 是海洋经济生产总值的简称，指按市场价格计算的沿海地区常住单位在一定时期内海洋经济活动的最终成果，是海洋产业和海洋相关产业增加值之和。

海洋生产总值增长率 以不变价格计算，海洋生产总值增长率=（报告期的海洋生产总值-上一年的海洋生产总值）/上一年的海洋生产总值×100%。

海洋生产总值占国内生产总值比例 海洋生产总值占国内生产总值比例=全国海洋生产总值/国内生产总值×100%。

海洋新兴产业增加值增速 以不变价格计算，海洋新兴产业增加值增速=（报告期的海洋新兴产业增加值-上一年的海洋新兴产业增加值）/上一年的海洋新兴产业增加值×100%。

Explanatory Notes on Main Statistical Indicators

Number of Newly-added Sea—the quantity of seas firstly approved by the State Council or the people' s government with the right of approval during the statistical period, which is subject to the time of approval. It does not include the quantity of seas re-approved due to renewal, transfer or change of the sea area use right.

Newly-added Sea Area—the area of seas firstly approved by the State Council or the people' s government with the right of approval during the statistical period, which is subject to the time of approval. It does not include the area of seas re-approved due to renewal, transfer or change of the sea area use right.

Payable Fee for Using Sea Area—the amount required to be paid by units and individuals who use sea areas according to the payment notice issued by natural resources (ocean) authorities at all levels or determined in the contract (scheme) on bidding, auction, listing of the sea area use right during the statistical period. If the fee for using sea area is paid annually or by installments, the payable amount shall be counted annually or by installments.

Reduction and Exemption of Fee for Using Sea Area—the amount of deduction and exemption for using sea areas approved by financial and natural resources (ocean) authorities within the statistical period.

Area of Uninhabited Island—the area of uninhabited islands approved by the State Council or provincial people's government during the statistical period.

Payable Fee for Using Uninhabited Island—the amount required to be paid by units and individuals who use uninhabited islands according to the payment notice issued by natural resources (ocean) authorities at all levels during the statistical period.

Reduction and Exemption of Fee for Using Uninhabited Island—the amount of deduction or exemption for using uninhabited islands approved by financial and natural resources (ocean) authorities within the statistical period.

Gross Ocean Product（GOP）—the abbreviation of gross ocean economic production. It refers to the final gains from ocean economic activities of permanent residents in coastal areas at market price in a certain period， and it is the sum of added values of ocean and ocean related industries.

Growth Rate of Gross Ocean Product—calculated at constant price. Grouth rate of Gross Ocean Product = (Gross Ocean Product of the reporting period – Gross Ocean Product of the previous year)/ Gross Ocean Product of the previous year × 100%.

Proportion of Gross Ocean Product in GDP—Proportion of Gross Ocean Product in GDP=national Gross Ocean Product/ GDP × 100%.

Growth Rate of Added Value of Marine Emerging Industry—calculated at constant price. Growth rate of added value of ocean emerging industries= (added value of ocean emerging industries in the reporting period – added value of ocean emerging industries of the previous year) / added value of ocean emerging industries of the previous year × 100%.

地质勘查投入及成果

Investment and Achievements of Geological Exploration

地质勘查企业单位

Revenue and Expenditure of

单位：万元

地 区	Region	总收入 Total Income							
			地质勘查收入 Income from Geological Exploration				矿业权转让收入 Income from Mining Right Transfer	工程勘察与施工收入 Income from Project Investigation and Construction	矿产开发收入 Income from Mining Exploration
				中央财政 Central Finance	地方财政 Local Finance	非财政 Non-financial			
总　计	**Total**	**24032292.56**	**2535890.69**	**152978.49**	**592539.94**	**1790372.26**	**51779.33**	**14209304.50**	**1142133.77**
北　京	Beijing	2388330.15	140318.7	9119.80	27816.97	103381.93	123.07	1427064.86	48511.38
天　津	Tianjin	50741.11	5590.12			5590.12		44313.25	
河　北	Hebei	1434813.43	324018.33	27528.96	22164.92	274324.45	25419.73	461705.12	15.00
山　西	Shanxi	236230.84	84501.07	7625.18	6655.26	70220.63		57749.29	18728.67
内蒙古	Inner Mongolia	360495.94	111003.94	9811.86	27343.39	73848.69	4400.39	99688.64	57282.64
辽　宁	Liaoning	625122.24	81744.72	322.06	15174.00	66248.66	19.06	363468.79	105670.25
吉　林	Jilin	70330.91	25140.21	6199.60	12153.70	6786.91		10315.13	317.90
黑龙江	Heilongjiang	119028.12	15504.13		125.25	15378.88	345.00	79212.09	
上　海	Shanghai	204504.31	51441.51			51441.51		105858.42	
江　苏	Jiangsu	480272.59	78956.43	7622.00	10275.91	61058.52		313066.98	
浙　江	Zhejiang	3180433.82	220501.23		106162.82	114338.41	4180.43	2589126.67	39118.04
安　徽	Anhui	202288.81	20500.11	59.00	1408.75	19032.36		33494.96	
福　建	Fujian	104113.63	6121.43			6121.43		21961.99	69483.51
江　西	Jiangxi	4142858.28	164755.60	6669.15	44101.27	113985.18	207.55	3251147.01	
山　东	Shandong	294746.87	88799.80		25683.43	63116.37	1886.79	72560.12	
河　南	Henan	206817.06	78655.06	664.00	87.00	77904.06		106011.76	1699.18
湖　北	Hubei	751054.84	32607.60	6267.91	3495.14	22844.55	207.02	656652.35	12.50
湖　南	Hunan	116372.72	12826.02	150.00	541.92	12134.10		100603.96	
广　东	Guangdong	128675.33	31023.00	3795.94	7801.18	19425.88		92231.07	
广　西	Guangxi	440327.80	67854.31	3942.84	3126.01	60785.46		184198.74	25993.83
海　南	Hainan	13678.07	3241.01			3241.01		10327.02	
重　庆	Chongqing	178328.69	66066.82	550.34	53298.53	12217.95	1475.00	101535.07	
四　川	Sichuan	475260.85	76832.94	7800.75	22138.73	46893.46		313460.40	44541.65
贵　州	Guizhou	96141.55	43331.65		258.34	43073.31		18240.25	136.00
云　南	Yunnan	1997964.59	113009.76	20029.67	15068.65	77911.44	437.04	236923.84	410643.63
西　藏	Tibet	1827.43	1303.24		497.98	805.26		452.00	
陕　西	Shaanxi	5452170.08	524116.71	32745.43	170470.12	320901.16	5211.05	3336289.48	293739.59
甘　肃	Gansu	103611.48	13927.08	260.00	4162.42	9504.66	347.00	69041.52	
青　海	Qinghai	76786.82	26441.76	1814.00	1902.75	22725.01	7520.20	19227.20	
宁　夏	Ningxia	4701.53	3768.73			3768.73		707.42	
新　疆	Xinjiang	94262.67	21987.67		10625.50	11362.17		32669.10	26240.00

经费收支情况（2020年）

Geological Exploration Enterprise Units（2020）

Unit: 10^4 yuan

营业外收入 Non-operating Income			投资收益 Income from Investment	其他收入 Other Income	成本总额 Total Cost		
	中央财政补助收入 Subsidy Income from Central Finance	地方财政补助收入 Subsidy Income from Local Finance				地质勘查成本 Cost of Geological Exploration	矿产开发成本 Cost of Mining Exploration
110517.66	**15950.87**	**20114.72**	**178954.53**	**5803712.08**	**22314310.52**	**2136334.49**	**743645.31**
5231.03	2313.56	657.97	17344.86	749736.25	2271509.41	125822.48	30770.91
4.52			161.04	672.18	51764.31	1951.08	
6673.10	3559.58	227.74	-2103.01	619085.16	1320591.65	258723.12	653.13
2656.41	1967.51	35.83	3157.76	69437.64	223799.26	79389.79	15785.19
2718.44	200.25	220.16	43383.59	42018.30	329028.88	90779.80	30667.64
7236.50	2363.52	1659.53	3237.76	63745.16	598383.16	66953.51	56601.01
11.60	0.46	0.74		34546.07	78490.04	16450.27	297.42
509.14		94.84	-68.09	23525.85	114609.97	11353.60	
1657.29			-8.99	45556.08	195079.25	45473.91	
1627.17		570.00	129.19	86492.82	459189.98	63267.19	
12196.62	3801.00	6084.03	1199.98	314110.85	2978410.32	179211.82	19289.73
9864.22		31.11	645.56	137783.96	67071.75	16729.36	213.00
854.79		65.70	2538.88	3153.03	87117.48	3396.40	40302.46
4434.81	851.40	950.94	6270.21	716043.10	4102473.74	132285.12	109.00
3080.02	0.92	206.72	3191.95	125228.19	285326.55	80210.30	
3147.99		2744.88	3098.95	14204.12	192265.46	65529.38	1250.86
2938.88	557.25	590.08	814.00	57822.49	661442.75	23449.75	12.00
138.00			376.00	2428.74	115422.36	11067.67	
35.94			27.62	5357.70	128824.72	23446.61	17.00
1027.51	30.81	44.33	1998.68	159254.73	342794.94	70251.42	20360.34
42.66				67.38	12496.18	1651.29	
631.22		341.49	-3711.58	12332.16	171214.00	58002.15	
5838.03		0.38	2409.92	32177.91	454172.50	61200.70	21344.58
2398.67			1200.49	30834.49	89154.36	37318.62	115.00
1126.43	1.22	423.38	15542.55	1220281.34	1642921.84	94043.98	253312.63
15.47				56.72	2956.94	841.49	
33068.68	299.99	5159.56	69652.96	1190091.61	5074904.88	463603.79	238747.65
27.16			3414.41	16854.31	107701.84	10917.31	
464.11	3.40			23133.55	73352.84	21837.56	8083.21
73.25				152.13	6203.50	3313.00	
788.00		5.31	5049.84	7528.06	75635.66	17862.02	5712.55

地质勘查事业单位

Revenue and Expenditure of

单位：万元

地 区	Region	总收入 Total Income					
			事业收入 Unit Income	经营收入 Operating Income	地质勘查业收入 Income from Geological Exploration		
					小计 Subtotal	地质专项拨款 Geological Special Fund	
						中央财政 Central Finance	地方财政 Local Finance
总 计	**Total**	**8976982.84**	**2870031.85**	**2565912.87**	**6142669.22**	**542730.58**	**551496.58**
北 京	Beijing	479769.38	73006.43	14989.52	419136.73	146921.31	6165.09
天 津	Tianjin	122833.23	30358.07	11497.19	112701.17	17689.82	2907.71
河 北	Hebei	409466.45	135341.17	62194.12	379149.93	25714.24	32791.48
山 西	Shanxi	194564.16	48976.06	99732.60	145722.03	908.90	7495.02
内蒙古	Inner Mongolia	79554.40	34680.78	23224.93	65508.18	21593.72	20769.63
辽 宁	Liaoning	62322.04	8366.91	14291.56	38829.47	12564.42	15.00
吉 林	Jilin	179297.51	590457.32	212134.14	139898.07	2044.13	2815.94
黑龙江	Heilongjiang	165410.01	78289.76	137997.95	135433.32	3030.80	16581.38
上 海	Shanghai	28091.00	12837.00	5505.00	20734.00	77.00	4913.00
江 苏	Jiangsu	338855.81	76307.36	166661.23	158885.57	21094.10	31969.25
浙 江	Zhejiang	360217.50	37655.34	120780.98	149952.18	1431.69	19825.10
安 徽	Anhui	640680.69	94791.33	132956.63	275024.18	1329.07	14219.15
福 建	Fujian	193748.27	62289.69	17750.13	129179.72	3456.08	10248.71
江 西	Jiangxi	435022.18	170056.95	148345.96	315033.29	459.46	11891.96
山 东	Shandong	667733.62	308426.00	46920.64	548069.90	4380.12	27236.53
河 南	Henan	382999.62	152081.41	169548.09	255569.52	5997.72	11418.32
湖 北	Hubei	412584.75	94138.40	101526.87	240315.15	4150.60	32810.94
湖 南	Hunan	490833.48	147020.27	186140.95	293915.89	9376.01	19734.84
广 东	Guangdong	841349.57	111508.73	103347.09	593274.30	143074.19	13014.05
广 西	Guangxi	207987.76	52199.81	14582.30	139866.52	7377.50	14292.22
海 南	Hainan	36406.54	15358.98	8228.02	28206.09	437.44	3221.50
重 庆	Chongqing	88102.93	37445.67	37545.31	62127.78		22870.82
四 川	Sichuan	599170.99	94403.67	204162.43	412475.04	39681.08	43094.91
贵 州	Guizhou	333070.00	88287.13	87174.67	253428.34	13402.47	48818.32
云 南	Yunnan	95051.71	29474.04	50487.21	74621.91	3304.65	7392.50
西 藏	Tibet	53732.35	18007.47	21627.33	39991.14		4387.20
陕 西	Shaanxi	117575.17	27439.00	32744.68	68129.58	28650.22	12482.25
甘 肃	Gansu	393882.15	73790.08	137201.74	242396.72	2580.00	42396.33
青 海	Qinghai	227391.98	93141.76	32255.61	190428.10	9031.48	41862.44
宁 夏	Ningxia	89868.55	25623.20	38517.98	52866.77	83.14	8384.47
新 疆	Xinjiang	249409.04	48272.06	125840.01	161798.63	12889.22	15470.52

经费收支情况（2020年）

Geological Exploration Units（2020）

Unit: 10^4 yuan

地质勘探费 Geological Exploration Fee		矿产勘查劳务收入 Income from Mineral Exploration Service	矿业权转让收入 Income from Mining Right Transfer	工程勘察与施工收入 Income from Project Investigation and Construction	矿产开发收入 Income from Mining Exploration	其他收入 Other Income	总费用 Total Cost		
中央 Central Finance	地方 Local Finance						小计 Subtotal	地质勘查费用 Cost of Geological Exploration	矿产开发费用 Cost of Mining Exploration
852115.64	**2745680.93**	**1450645.49**	**33642.03**	**1891471.74**	**105576.71**	**803623.14**	**8403849.25**	**2966997.37**	**92991.73**
182106.62	45940.19	38003.52		18800.71		41831.94	405665.40	225987.05	
58349.11	20099.05	13655.48		9365.99		766.07	117983.40	68688.36	
47918.40	209034.10	63691.71		13504.55		16811.97	414673.44	168400.68	
3990.83	61950.42	71376.86		36430.80	321.42	12089.91	179395.13	128609.15	121.99
11665.74	2962.56	8516.53		9760.47	111.41	4174.34	70908.98	47157.78	124.70
8916.87	3622.60	13710.58		16208.00		7284.57	55222.52	29001.07	
10222.30	111797.90	13017.80	2861.07	31892.26		4646.11	164267.34	29311.86	
20783.31	85393.56	9644.27		11543.74		18432.95	160928.30	49950.24	
	6649.00	9095.00				7357.00	28639.00	13356.00	
2165.70	91144.30	12512.22		135182.39	5789.00	38998.85	314492.73	101171.08	2598.00
2852.00	68844.79	56998.60	32.00	195184.72		15048.60	339988.31	72358.71	
4187.08	200636.92	54651.96	6445.00	300291.27	1259.79	57660.45	617543.46	101988.67	1285.24
28324.76	56203.76	30946.41		30911.97	1596.72	32059.86	182886.94	67208.38	
	221881.16	80800.71	4622.54	73636.72	6400.00	35329.63	406047.66	114470.58	145.63
113926.59	212536.54	189990.12		31759.10		87904.62	596755.29	240097.44	
5632.39	171220.17	61300.92	670.32	93189.44		33570.34	346437.41	113884.85	
58848.93	67601.46	76903.22	375.17	133272.40	1535.00	37087.03	353589.69	150175.29	1275.00
27287.10	154128.24	83389.70	1274.79	124159.53	11181.20	60302.07	463440.32	126358.52	8518.22
130852.99	233114.78	73218.29		198736.71	9919.54	39419.02	824777.95	232061.51	8823.98
9349.30	81582.96	27264.54	11560.27	44292.36		12268.61	205925.19	59013.48	
9007.89	10561.86	4977.40		570.45		7630.00	33645.23	12743.73	
	26511.19	12745.77		11671.25		14303.90	77223.67	35799.84	
35915.81	157675.85	136107.39		111144.09	16.00	75535.86	539533.91	167923.71	120.00
2249.00	114056.85	74901.70	1185.08	48429.15	9186.51	20840.92	316828.78	156171.34	11849.83
17657.97	17119.41	29147.38	84.90	11561.05		8783.85	85832.38	37514.25	532.54
	25373.10	10230.84		7004.40		6736.81	45190.03	9862.46	
18231.87	2712.28	6052.96		24479.00		24966.59	113673.34	33087.66	
16098.44	106004.76	75317.19		56428.32	56105.12	38951.99	382385.16	128779.18	56010.34
15327.29	86338.49	37868.40		27528.30		9435.58	218795.44	107910.48	
451.00	37395.16	6553.00		32052.25		4949.53	89916.18	23449.53	
9796.35	55587.52	68055.02	4530.89	52480.35	2155.00	28444.17	251256.67	114504.49	1586.26

地质勘查单位人员及
Employees and Assets of Geological

地区	Region	年末在职职工/人 On-the-job Employee at the Year End/person								平均从业人员/人 Average Employee/person	劳动者报酬/万元 Remuneration of Labor/10^4 yuan
			地质勘查人员 Geological Exploration Personnel				工程勘察与施工人员 Personnel Engaging in Project Investigation and Construction	矿产开发人员 Personnel Engaging in Mining Exploration	其他人员 Other Personnel		
				技术人员 Technical Personnel							
					高级 Senior	中级 Intermediate					
总　计	**Total**	**405593**	**162879**	**139722**	**43640**	**66600**	**74509**	**17876**	**150329**	**418082**	**4477353.53**
北　京	Beijing	21010	8309	7235	2529	2656	2824	659	9218	21860	301225.71
天　津	Tianjin	3216	1596	1582	643	833	355	121	1144	3415	63763.04
河　北	Hebei	31803	14995	12027	3552	5111	3897	768	12143	31505	300692.28
山　西	Shanxi	14207	5224	4815	1477	2652	2692	1397	4894	14644	117660.15
内蒙古	Inner Mongolia	13453	6279	4822	1344	2379	1655	674	4845	17923	197893.01
辽　宁	Liaoning	12879	4213	3590	1121	1992	2670	2291	3705	12945	107835.03
吉　林	Jilin	7821	3424	2684	976	1145	837	275	3285	7832	75237.02
黑龙江	Heilongjiang	9271	4838	3180	1190	1330	1051	131	3251	9034	65902.13
上　海	Shanghai	2558	863	853	292	350	528	579	588	2529	32252.84
江　苏	Jiangsu	7375	3865	3400	1306	1559	1894	84	1532	7402	119596.43
浙　江	Zhejiang	30779	6240	5152	1488	2691	13750	460	10329	34711	326568.16
安　徽	Anhui	14408	6247	5479	1721	2746	2071	228	5862	14908	167217.65
福　建	Fujian	5773	2193	2024	783	1096	928	510	2142	5899	74636.63
江　西	Jiangxi	31671	9736	8199	2050	4013	9008	189	12738	31476	346738.66
山　东	Shandong	15404	9258	6337	2195	3026	1578	260	4308	15019	225444
河　南	Henan	16081	8504	7991	2167	3701	2368	770	4439	16375	156260.55
湖　北	Hubei	14303	5554	5320	1501	2663	3962	263	4524	14589	161743.23
湖　南	Hunan	15072	4480	4393	1326	2360	2968	306	7318	15375	145577
广　东	Guangdong	9020	4428	4306	1639	1990	1371	327	2894	9169	195485.44
广　西	Guangxi	10723	3812	3554	1002	1907	1459	413	5039	10612	119414.4
海　南	Hainan	1211	673	557	234	202	86	5	447	1217	13748.93
重　庆	Chongqing	5076	3020	2649	988	1182	840	211	1005	5055	58105.04
四　川	Sichuan	21067	9873	9111	2678	4302	3175	1166	6853	20971	220705.78
贵　州	Guizhou	7931	3756	3639	1345	1684	1093	352	2730	7931	85953.28
云　南	Yunnan	11860	5325	4345	1606	2001	1408	2267	2860	12159	117233.73
西　藏	Tibet	989	642	492	133	223	72	60	215	1073	16378.62
陕　西	Shaanxi	44218	11884	10068	3311	5070	7337	2389	22608	44246	383426.45
甘　肃	Gansu	10979	4969	4741	1007	2248	969	464	4577	11724	99324.34
青　海	Qinghai	5170	2922	2549	672	1295	580	56	1612	5604	68054.49
宁　夏	Ningxia	2366	1360	865	213	419	282	18	706	2444	29669.37
新　疆	Xinjiang	7899	4397	3763	1151	1774	801	183	2518	8436	83610.14

资产情况（2020年）
Exploration Units（2020）

离退休人员 Retiree		总资产/万元 Total Asset/10^4 yuan			总负债/万元 Total Debt/10^4 yuan	净资产/万元 Net Asset/10^4 yuan	存货/万元 Stock/10^4 yuan	固定资产原价/万元 Fixed Asset Cost/10^4 yuan	累计折旧/万元 Accumulated Depreciation/10^4 yuan	
年末人数/人 Number of Retiree at the Year End/person	总费用/万元 Total Expenditure/10^4 yuan		地勘专用仪器设备原值 Original Value of Special Instrument and Equipment for Geological Exploration	地勘专用仪器设备净值 Net Value of Special Instrument and Equipment for Geological Exploration						本年折旧/万元 Deprecia-tion in This Year/10^4 yuan
369155	**1063301.50**	**60078373.40**	**2824216.05**	**1292519.02**	**30830184.57**	**29248188.83**	**4678971.64**	**12117489.25**	**3566005.58**	**954828.58**
8173	18017.26	5475330.18	217883.20	83225.78	2334201.61	3141128.57	343562.53	962258.53	567421.58	213553.03
3082	7625.11	497767.02	52523.41	17263.57	70500.10	427266.92	6035.91	335972.35	11970.47	3785.55
24105	86419.72	2885628.32	199559.56	65797.15	1575498.00	1310130.32	290240.73	536521.59	321289.73	87320.82
9233	10653.53	926907.70	61375.31	25552.72	527100.68	399807.02	33818.24	176135.64	52694.44	13404.53
13369	22815.10	2296464.92	64078.06	26616.83	1413366.35	883098.57	122572.58	365739.77	260737.74	62983.69
17788	21850.88	1515411.87	198795.76	88301.01	1081157.63	434254.24	52943.63	476542.59	219596.82	22471.30
11545	53177.40	2085742.30	215964.13	134371.85	457123.02	1628619.28	49264.69	1103781.38	26209.29	12461.61
13304	58190.87	730547.23	58824.45	26857.94	271703.82	458843.41	33757.73	276624.60	88154.15	15032.68
721	507.16	425639.02	55973.45	31614.55	240781.82	184857.20	33863.09	97100.08	51237.58	15903.89
7769	33323.59	1238431.96	71254.79	29925.48	559517.03	678914.93	125863.48	192009.65	49104.86	11498.02
9942	22640.14	3836773.14	93547.89	51466.85	2387396.70	1449376.44	349091.69	338734.11	219569.11	69206.49
17604	42452.50	2179183.66	77280.61	28683.90	798065.74	1381117.92	73110.61	308770.30	26301.26	2795.08
7594	18624.77	996312.74	41339.99	14675.69	303893.75	692418.99	5703.94	133268.36	1338.80	149.20
25195	52363.17	5282063.82	77638.13	35079.90	3236120.13	2045943.69	492230.85	826672.22	237580.97	65118.37
14216	67089.39	2661606.85	174718.87	76623.30	901857.72	1759749.13	94991.81	662662.79	48015.38	9510.36
16319	14314.02	910402.40	95971.86	21727.15	717178.23	193224.17	71850.28	287558.37	35316.10	9331.38
16640	41154.82	1882072.74	99176.19	62985.35	1079051.49	803021.25	159776.32	215433.87	51186.80	21081.99
19028	73523.81	933433.34	55409.21	20941.45	457259.50	476173.84	51578.57	213168.43	7325.50	1470.69
12749	107230.76	891134.64	199998.99	109949.81	281272.80	609861.84	21184.96	322299.78	10491.65	2420.48
12703	11285.45	886287.42	48027.21	19671.11	516209.77	370077.65	115231.94	917624.23	54244.07	24657.34
682	2701.51	87674.27	5047.78	713.62	19019.81	68654.46	1192.13	26644.14	1418.82	149.50
3959	5005.01	372758.78	30862.41	15412.26	156272.62	216486.16	16779.39	72604.54	18739.76	5326.03
19086	22423.02	2198877.86	115188.76	59125.68	1425240.38	773637.48	230395.06	399314.04	95517.18	18289.70
13386	39552.61	1399052.39	36643.98	10707.70	686191.37	712861.02	112700.16	231066.19	26160.95	10356.90
11784	46039.33	2465775.96	43688.12	12212.79	1485498.18	980277.78	268975.56	717232.83	293107.91	62172.34
36	51.15	634020.73	3606.17	1904.21	41140.41	592880.32	2365.66	67268.19	1098.67	138.25
22599	73302.23	9617783.22	203431.92	124775.84	6219792.56	3397990.66	1115580.57	1062282.69	706113.68	168058.57
13564	46294.69	1763131.95	56907.44	22993.95	824451.33	938680.62	154342.30	200692.12	29865.20	13732.14
9001	48465.50	1244485.88	77819.06	44246.65	345272.40	899213.48	181483.60	211595.40	12046.53	1906.44
3715	1621.17	156534.16	15189.64	5168.80	44909.55	111624.61	12545.04	84425.65	6851.89	869.11
10264	14585.83	1601136.93	76489.70	23926.13	373140.07	1227996.86	55938.59	295484.82	35298.69	9673.10

地质勘查投入和新发现矿产

Input in Geological Exploration and Newly

地 区	Region	地质勘查经费/万元 Geological Exploration Fund/10^4 yuan				
		合计 Total	中央财政 Central Finance	地方财政 Local Finance	小计 Subtotal	国内企事业资金 Fund from Domestic Enterprise and Institution
	2018	**8153095.62**	**827597.50**	**537705.38**	**6787792.74**	**6643232.98**
	2019	**9941655.18**	**836433.95**	**530715.80**	**8574505.43**	**8548249.84**
	2020	**8718585.05**	**644383.00**	**638691.82**	**7435510.23**	**7288915.52**
北 京	Beijing	34183.02	10483.59	9921.80	13777.63	13054.00
天 津	Tianjin	520424.47	3847.54	2159.81	514417.12	512308.00
河 北	Hebei	1134785.53	35980.80	31054.31	1067750.42	1059725.52
山 西	Shanxi	218294.49	2321.71	46570.04	169402.74	150545.30
内蒙古	Inner Mongolia	263895.89	50317.13	59062.92	154515.84	148509.32
辽 宁	Liaoning	154683.29	8585.68	15629.37	130468.24	125088.02
吉 林	Jilin	165944.50	10394.09	6633.28	148917.13	148432.08
黑龙江	Heilongjiang	266206.89	18683.89	24033.94	223489.06	222833.06
上 海	Shanghai	95477.82	1661.00	1821.82	91995.00	91995.00
江 苏	Jiangsu	118813.75	2862.62	11211.83	104739.30	100675.80
浙 江	Zhejiang	32447.43	3206.69	20153.47	9087.27	6566.47
安 徽	Anhui	48444.08	24272.68	7668.53	16502.87	13830.47
福 建	Fujian	31938.21	8725.79	18700.88	4511.54	2499.71
江 西	Jiangxi	76659.30	19517.40	17310.96	39830.94	38042.79
山 东	Shandong	633020.17	8492.98	30850.44	593676.75	588911.98
河 南	Henan	196709.89	6645.18	16890.39	173174.32	172892.99
湖 北	Hubei	133979.09	14850.06	37510.56	81618.47	78276.55
湖 南	Hunan	41191.57	11866.00	15071.82	14253.75	7255.64
广 东	Guangdong	67445.05	12861.76	31486.15	23097.14	11194.95
广 西	Guangxi	54765.26	11438.17	32265.85	11061.24	4864.83
海 南	Hainan	172888.13	142518.11	4387.62	25982.40	25803.00
重 庆	Chongqing	265591.48	1751.00	16307.68	247532.80	245820.00
四 川	Sichuan	882876.40	22348.97	21516.09	839011.34	820796.08
贵 州	Guizhou	89946.03	11106.27	28195.78	50643.98	46847.46
云 南	Yunnan	74821.71	14427.10	13696.10	46698.51	40987.16
西 藏	Tibet	30227.80	14121.00	9921.73	6185.07	4391.12
陕 西	Shaanxi	452081.33	13944.54	18011.18	420125.61	410660.08
甘 肃	Gansu	297425.45	10192.81	27836.67	259395.97	257915.15
青 海	Qinghai	205267.44	19919.43	32804.29	152543.72	149596.84
宁 夏	Ningxia	122518.87	2541.00	9554.37	110423.50	109048.48
新 疆	Xinjiang	1753996.35	42863.65	20452.14	1690680.56	1679547.67
其 他①	Others	81634.36	81634.36			

注：① 包括中国地质调查局海域油气调查等。

Note：① Including the oil and gas survey in sea area of China Geological Survey.

地情况——按地区分列

Discovered Mineral Prospects by Region

企事业资金 Fund from Enterprise and Institution			机械岩芯钻探工作量/米 Footage of Core Drilling/m	坑探工作量/米 Footage of Pitting/m	新发现矿产地/个 Newly Discovered Mineral Prospect/ number
港、澳、台商投资 Investment from Hong Kong, Macao and Taiwan	外商投资 Foreign Investment	其他投资 Other Investment			
	1199.09	**143360.67**	**6253884.54**	**213417.43**	**153**
179.00	**585.30**	**25491.29**	**5717256.49**	**132447.20**	**94**
179.00		**146415.71**	**5280506.24**	**118884.70**	**96**
		723.63			
		2109.12			
		8024.90	82271.00	8102.00	1
		18857.44	306900.50		
		6006.52	794403.77	1406.00	
		5380.22	111279.30	775.00	3
		485.05	77852.80	2726.30	4
		656.00	132635.80		2
		4063.50	24257.00		
		2520.80	64329.30	2825.40	1
		2672.40	202796.40		5
		2011.83	90705.00	5534.50	2
		1788.15	443862.60	18341.70	31
		4764.77	169141.00		4
		281.33	101842.10		5
		3341.92	102419.70	306.00	12
		6998.11	144005.10	508.90	2
		11902.19	128334.50		
		6196.41	160787.60	3528.50	12
		179.40	7694.30		1
		1712.80	8851.00		
		18215.26	155604.70	14832.60	
		3796.52	554005.40	758.00	2
179.00		5532.35	289875.30	25975.50	
		1793.95	14464.30		
		9465.53	158810.97	17630.90	
		1480.82	147159.60	10590.30	1
		2946.88	160174.37	127.60	2
		1375.02	33032.00		
		11132.89	613010.83	4915.50	6

地质勘查投入和新发现矿产地

Input in Geological Exploration and Newly

矿种名称	Mineral	地质勘查经费/万元 Geological Exploration Fund/10^4 yuan				
			中央财政 Central Finance	地方财政 Local Finance		
					小计 Subtotal	国内企事业资金 Fund from Domestic Enterprise and Institution
总 计	**Total**	**8718585.05**	**644383.00**	**638691.82**	**7435510.23**	**7288915.52**
煤炭	Coal	122260.55		24406.64	97853.91	92637.38
石油天然气	Oil and Gas	7102446.67	181791.00		6920655.67	6920655.67
天然沥青	Natural Asphalt	70.00			70.00	70.00
油页岩	Oil Shale	1251.34	1020.00		231.34	231.34
石煤	Bone Coal	5028.04		375.19	4652.85	2644.15
铀矿	Uranium	74351.50	73989.00	362.50		
钍矿	Thorium					
地热	Geothermal	25609.91		11197.39	14412.52	13684.59
铁矿	Iron	24767.21	760.00	9148.87	14858.34	13707.25
锰矿	Manganese	15388.83	1450.00	10474.68	3464.15	3012.78
铬矿	Chromium	2041.00		140.00	1901.00	1901.00
钒矿	Vanadium	3713.23		1900.49	1812.74	1812.74
钛矿	Titanium	1201.05		752.91	448.14	448.14
铜矿	Copper	61285.81	2650.00	25882.28	32753.53	32002.12
铅锌矿	Lead & Zinc	64127.50	1120.00	11490.99	51516.51	49497.07
铝土矿	Bauxite	28752.13	280.00	25639.62	2832.51	2832.51
镁矿	Magnesium	82.07			82.07	82.07
镍矿	Nickel	4338.57	660.00	2240.94	1437.63	1437.63
钴矿	Cobalt	903.86	430.00	394.86	79.00	79.00
钨矿	Tungsten	15903.01		3474.65	12428.36	12428.36
锡矿	Tin	7657.65	3658.73	2003.81	1995.11	1995.11
钼矿	Molybdenum	5933.98		3111.51	2822.47	2822.47
锑矿	Antimony	6670.53	184.00	168.00	6318.53	6318.53
铋矿	Bismuth	1015.39		55.67	959.72	959.72
金矿	Gold	104530.35	10807.20	40919.34	52803.81	51016.66
银矿	Silver	13677.21		8321.66	5355.55	5045.55
铌钽矿	Niobium–Tantalum	3174.23		2950.16	224.07	224.07
铍矿	Beryllium	2739.41		2439.41	300.00	300.00
锂矿	Lithium	22422.97	3720.00	5413.05	13289.92	10991.92
锶矿	Strontium	448.64		18.64	430.00	430.00
铷矿	Rubidium	821.58		821.58		
铯矿	Caesium	42.00			42.00	42.00

情况——按矿种分列（2020年）

Discovered Mineral Prospects by Mineral（2020）

企事业资金 Fund from Enterprise and Institution			机械岩芯钻探工作量/米 Footage of Core Drilling/m	坑探工作量/米 Footage of Pitting/m	新发现矿产地/个 Newly Discovered Mineral Prospect/number
港、澳、台商投资 Investment from Hong Kong, Macao and Taiwan	外商投资 Foreign Investment	其他投资 Other Investment			
179.00		**146415.71**	**5280506.24**	**118884.70**	**96**
		5216.53	981368.20		1
			823.80		
		2008.70	39539.50		
			560888.74		
		727.93	97636.40		7
		1151.09	198924.90	810.00	1
		451.37	78044.60	6389.90	3
			510.40		
			18408.80		
			3755.90		
		751.41	337422.60	7710.50	6
		2019.44	464114.80	21095.10	
			323845.70		1
			550.00		
			20124.30	180.00	1
			586.00		
			124728.90	29288.90	5
			37207.60		1
			44363.30	73.10	
			36363.60	4244.40	
			1570.10		
		1787.15	704243.00	21014.80	7
		310.00	89494.60	11616.90	
			6103.20		1
			18768.60		1
		2298.00	88180.20	6091.00	2
			2027.00		
			3761.40		1

地质勘查投入和新发现矿产地情况

Input in Geological Exploration and Newly Discovered

矿种名称	Mineral	地质勘查经费/万元 Geological Exploration Fund/10[4] yuan				
			中央财政 Central Finance	地方财政 Local Finance	小计 Subtotal	国内企事业资金 Fund from Domestic Enterprise and Institution
稀土	Rare Earths	4920.05	915.00	3818.05	187.00	27.00
锗	Germanium	40.00		40.00		
镓	Gallium	76.00		76.00		
硒	Selenium	148.41		148.41		
蓝晶石	Kyanite	285.00		285.00		
矽线石	Sillimanite	43.80		43.80		
红柱石	Andalusite	185.53			185.53	185.53
菱镁矿	Magnesite	241.53			241.53	241.53
普通萤石	Common Fluorite	12871.91	915.00	5070.57	6886.34	6560.58
熔剂用灰岩	Limestone for Flux	4223.15		4045.56	177.59	177.59
冶金用白云岩	Metallurgical Dolomite	1686.21		477.21	1209.00	1209.00
冶金用石英岩	Metallurgical Quartzite	397.25	67.50	33.55	296.20	296.20
冶金用砂岩	Metallurgical Sandstone	10.00			10.00	10.00
冶金用脉石英	Metallurgical Vein Quartz	731.93	67.50	184.97	479.46	479.46
自然硫	Native Sulfur	442.90		442.90		
硫铁矿	Pyrite	727.74		171.74	556.00	556.00
磷矿	Phosphate Rock	12298.22		2814.85	9483.37	9280.07
钾盐	Potash	8437.45	950.00	3339.79	4147.66	4147.66
钠硝石	Nitratine	180.00			180.00	180.00
明矾石	Alunite	10.00			10.00	10.00
重晶石	Barite	1566.67		1020.10	546.57	546.57
电石用灰岩	Limestone for Calcium Carbide	720.23		630.23	90.00	90.00
制碱用灰岩	Limestone for Alkali Production	228.00			228.00	228.00
化工用白云岩	Dolomite for Chemical Industry	172.22		172.22		
含钾砂页岩	Potassium-bearing Sandy Shale	27.37		27.37		
含钾岩石	Potassium-bearing Rock	78.34			78.34	78.34
盐矿	Mineral Salt	5519.01		1196.21	4322.80	4322.80
硼	Boron	140.00	140.00			
金刚石	Diamond	240.00	127.00	95.00	18.00	18.00
电气石	Tourmaline	93.81			93.81	93.81
石榴子石	Garnet	30.00			30.00	30.00
方解石	Calcite	4676.78		672.96	4003.82	4003.82
宝石	Gemstone	24.00		24.00		

——按矿种分列（2020年）续表1

Mineral Prospects by Mineral（2020） Continued 1

企事业资金 Fund from Enterprise and Institution			机械岩芯钻探工作量/米 Footage of Core Drilling/m	坑探工作量/米 Footage of Pitting/m	新发现矿产地/个 Newly Discovered Mineral Prospect/ number
港、澳、台商投资 Investment from Hong Kong, Macao and Taiwan	外商投资 Foreign Investment	其他投资 Other Investment			
		160.00	26071.40		
			1188.30		
			938.10		
			1523.10		
			1473.00		
			14170.20		
		325.76	77477.40	2797.40	4
			21112.20		5
			7576.90		
			4767.50		1
			748.00		
			3058.90	663.00	
			5465.70		
			3464.80	775.00	
		203.30	90808.80		1
			16862.60	180.00	
			560.00	290.00	
			2110.00		
			15313.00	1240.00	
			2310.60		
			2449.00		
			1016.00		
			24150.70		
			742.50		
			5731.00		

地质勘查投入和新发现矿产地情况

Input in Geological Exploration and Newly Discovered

矿种名称	Mineral	地质勘查经费/万元 Geological Exploration Fund/10^4 yuan				
			中央财政 Central Finance	地方财政 Local Finance	小计 Subtotal	国内企事业资金 Fund from Domestic Enterprise and Institution
玉石	Jade	164.06		134.06	30.00	30.00
玛瑙	Agate	21.87		21.87		
硅灰石	Wollastonite	2347.00		2017.00	330.00	330.00
滑石	Talc	2064.83		1930.83	134.00	134.00
长石	Feldspar	555.65		204.65	351.00	351.00
叶蜡石	Pyrophyllite	990.70	110.00	154.00	726.70	726.70
高岭土	Kaolin	1304.79		460.55	844.24	815.16
陶瓷用砂岩	Sandstone for Ceramics	224.00		224.00		
陶瓷土	Ceramic Clay	1455.43		355.93	1099.50	760.33
玻璃用石英岩	Quartzite for Glass	1285.52	67.50	726.04	491.98	456.98
玻璃用砂岩	Sandstone for Glass	323.85		191.44	132.41	132.41
玻璃用砂	Sand for Glass	485.90		470.90	15.00	15.00
玻璃用脉石英	Vein Quartz for Glass	1538.45	67.50	1350.95	120.00	120.00
粉石英	Powder Quartz	311.00		311.00		
玻璃用大理岩	Marble for Glass	89.21		15.71	73.50	73.50
水泥用灰岩	Limestone for Cement	13299.42		6410.61	6888.81	6452.01
制灰用灰岩	Limestone for Ash Making	688.48		688.48		
泥灰岩	Marl					
水泥配料用砂岩	Sandstone for Cement Batching	1645.30		666.00	979.30	787.30
水泥配料用脉石英	Vein Quartz for Cement Batching	34.90			34.90	34.90
水泥配料用页岩	Shale for Cement Batching	429.82		363.33	66.49	66.49
水泥用凝灰岩	Tuff for Cement	363.00		104.00	259.00	259.00
水泥用大理岩	Marble for Cement	1216.50		400.00	816.50	816.50
砖瓦用页岩	Shale for Brick and Tile	88.00		29.00	59.00	59.00
砖瓦用黏土	Clay for Brick and Tile	8.00		8.00		
砖瓦用砂岩	Sandstone for Brick and Tile	20.00			20.00	20.00
凹凸棒石黏土	Attapulgite Clay	30.00			30.00	30.00
伊利石黏土	Illite Clay	3.00			3.00	3.00
膨润土	Bentonite	403.80		100.00	303.80	303.80
硅藻土	Diatomite	886.56		854.12	32.44	32.44
建筑用砂	Sand for Construction	2059.02		1742.02	317.00	111.00
建筑用灰岩	Limestone for Construction	7055.02		6383.97	671.05	355.05
建筑用辉绿岩	Diabase for Construction	93.80		13.00	80.80	80.80

——按矿种分列（2020年）续表2
Mineral Prospects by Mineral（2020） Continued 2

企事业资金 Fund from Enterprise and Institution			机械岩芯钻探工作量/米 Footage of Core Drilling/m	坑探工作量/米 Footage of Pitting/m	新发现矿产地/个 Newly Discovered Mineral Prospect/ number
港、澳、台商投资 Investment from Hong Kong, Macao and Taiwan	外商投资 Foreign Investment	其他投资 Other Investment			
			560.00		
			35955.40		
			19622.30		1
			5133.00		1
			8152.70		
		29.08	20637.40		1
			1273.00		
		339.17	20602.10	56.10	5
		35.00	6636.80		
			2744.70		1
			5007.60		
			6127.30		
			750.60		
179.00		257.80	118115.00	2490.60	5
			1674.00		1
			960.80		
		192.00	12156.80		2
			320.00		
			2694.30		
			3683.80		
			9739.10		1
			250.50	55.00	
			53.00		
			181.00		
			430.00		
			5799.80		
			4630.50		1
		206.00	8742.40		
		316.00	39740.90		4
			184.00		1

地质勘查投入和新发现矿产地情况
Input in Geological Exploration and Newly Discovered

矿种名称	Mineral	地质勘查经费/万元 Geological Exploration Fund/10^4 yuan				
			中央财政 Central Finance	地方财政 Local Finance	小计 Subtotal	国内企事业资金 Fund from Domestic Enterprise and Institution
建筑用安山岩	Andesite for Construction	135.00		135.00		
建筑用凝灰岩	Tuff for Construction	1303.82		1303.82		
建筑用玄武岩	Basalt for Construction	1379.81		1349.81	30.00	
建筑用闪长岩	Diorite for Construction					
建筑用花岗岩	Granite for Construction	3548.58		2821.63	726.95	726.95
建筑用大理岩	Marble for Construction	174.60		128.00	46.60	46.60
建筑用白云岩	Dolomite for Construction	513.16		209.30	303.86	303.86
建筑用砂岩	Sandstone for Construction	1683.24		1402.94	280.30	111.30
建筑用页岩	Shale for Construction	208.47		178.47	30.00	30.00
饰面用石材	Decorative Stone	35.00			35.00	35.00
饰面用辉长岩	Decorative Gabbro	300.00			300.00	300.00
饰面用辉绿岩	Decorative Diabase	132.80		66.60	66.20	66.20
饰面用辉石岩	Decorative Pyroxenite	468.00		188.00	280.00	280.00
饰面用花岗岩	Decorative Granite	6170.72		2908.33	3262.39	3262.39
饰面用安山岩	Decorative Andesite	20.00			20.00	20.00
饰面用灰岩	Decorative Limestone	2225.59		1359.39	866.20	846.20
饰面用大理岩	Decorative Marble	2812.86		1485.22	1327.64	1327.64
饰面用蛇纹岩	Decorative Serpentine	130.00		130.00		
饰面用板岩	Decorative Slate	185.39		185.39		
片麻岩	Gneiss	256.92		256.92		
珍珠岩	Perlite	30.00			30.00	30.00
陶粒用黏土	Clay for Ceramsite	242.55		197.55	45.00	45.00
石墨	Graphite	15814.63	100.00	13098.40	2616.23	2616.23
石棉	Asbestos	298.00			298.00	298.00
碎云母	Scrap Mica	43.56		43.56		
透闪石	Tremolite					
石膏	Gypsum	1282.05		999.09	282.96	282.96
岩棉用玄武岩	Basalt for Rock Wool	767.20		731.20	36.00	36.00
矿泉水	Mineral Water	1966.69		1310.54	656.15	562.71
地下水	Underground Water	5951.96		2702.75	3249.21	2250.32
其他（多矿种）	Other Minerals	53484.00	53484.00			
基础地质、科技、水环及地灾调查、信息化等	Basic Geology, Science and Technology, Water and Disaster Investigation, Information, etc.	791403.84	304852.07	360233.12	126318.65	

——按矿种分列（2020年）续表3
Mineral Prospects by Mineral（2020） Continued 3

企事业资金 Fund from Enterprise and Institution			机械岩芯钻探工作量/米 Footage of Core Drilling/m	坑探工作量/米 Footage of Pitting/m	新发现矿产地/个 Newly Discovered Mineral Prospect/number
港、澳、台商投资 Investment from Hong Kong, Macao and Taiwan	外商投资 Foreign Investment	其他投资 Other Investment			
			1368.00		
			12447.10		1
		30.00	5538.00		
			305.00		
			23211.40		3
			9468.90		
			2805.40		1
		169.00	10098.20		2
			742.00		
			294.70		
			5837.00		
			2312.90		
			2447.50		
			38219.20		3
		20.00	13179.30		1
			41265.50	1517.00	2
			3204.60		
			2004.10	306.00	
			1562.40		
			107779.70		3
			1948.60		
					1
			10466.20		
			2970.10		
		93.44	5963.60		4
		998.89	18062.20		2
		126318.65			

全国非油气地质勘查

Completion of National Non–petroleum

地 区	Region	区域地质调查 Regional Geological Survey	区域地球物理调查 Regional Geophysical Survey		
		1：5万区域地质调查/千米² 1：50000 Regional Geological Survey/km²	1：25万区域重力调查/千米² 1：250000 Regional Gravity Survey/km²	1：5万重力测量/千米² 1：50000 Gravity Measurement/km²	航空物探/测线千米 Aerogeophysical Prospecting/line km
总 计	**Total**	**54834.40**	**59500.00**	**5215.50**	**203000.00**
北 京	Beijing				
天 津	Tianjin	400.00			
河 北	Hebei	2426.00			
山 西	Shanxi	2717.60		1695.50	
内蒙古	Inner Mongolia	8273.00			38000.00
辽 宁	Liaoning	1160.00		400.00	
吉 林	Jilin	360.00			
黑龙江	Heilongjiang	6005.20	10000.00		23000.00
上 海	Shanghai				
江 苏	Jiangsu	450.00			
浙 江	Zhejiang	610.00			8000.00
安 徽	Anhui	40.00			
福 建	Fujian	2686.00			
江 西	Jiangxi	400.00			
山 东	Shandong	2537.70		2520.00	
河 南	Henan				
湖 北	Hubei	1200.00			
湖 南	Hunan				
广 东	Guangdong	300.00			
广 西	Guangxi	600.00			
海 南	Hainan	1000.00			48000.00
重 庆	Chongqing	4807.00			15000.00
四 川	Sichuan	2587.00	9500.00		
贵 州	Guizhou	150.00			
云 南	Yunnan	4907.00			
西 藏	Tibet	4638.00			
陕 西	Shaanxi				11000.00
甘 肃	Gansu	2834.90	20000.00		
青 海	Qinghai	850.00			
宁 夏	Ningxia	1200.00	20000.00		
新 疆	Xinjiang	1695.00		600.00	
其 他	Others				60000.00

工作完成情况（2020年）
Geological Exploration（2020）

区域地球化学调查 Regional Geochemical Survey				矿产地质调查 Mineral Geological Survey
1：25万地球化学调查/千米^2 1：250000 Geochemical Survey/km^2	1：5万地球化学调查/千米^2 1：50000 Geochemical Survey/km^2	1：5万土地质量化学调查/千米^2 1：50000 Land Quality Chemical Survey/km^2	1：25万土地质量化学调查/千米^2 1：250000 Land Quality Chemical Survey/km^2	1：5万矿产地质调查/千米^2 1：50000 Mineral Geological Survey/km^2
	45939.40	**38349.90**	**46572.00**	**54451.60**
	510.00	1800.00		
	1621.20			
	2223.00	2300.00	18000.00	5125.00
	3818.00	4800.00		758.00
	4206.50			5996.60
				120.00
				563.00
	8430.00	1270.00		180.00
	587.00	4952.80		2822.00
	710.00	1354.00	1940.00	1613.00
	840.00	10116.00		3800.00
	1100.00	340.00	4000.00	
		5806.00		
	926.00	2111.10		1150.00
		70.00		200.00
				300.00
		960.00		
	5682.60			
	978.00	650.00	3100.00	6349.00
			1830.00	1445.00
		450.00	10202.00	2320.20
	4027.00	300.00		2070.00
	4716.00			5515.00
	4664.10	70.00		9820.80
				1404.00
	900.00			
		750.00	7500.00	2900.00
		250.00		

全国油气地质勘查
Completion of National Oil and Natural

地 区	Region	探井/口 Exploratory/well
总 计	**Total**	**2916**
北 京	Beijing	
天 津	Tianjin	114
河 北	Hebei	211
山 西	Shanxi	216
内蒙古	Inner Mongolia	100
辽 宁	Liaoning	46
吉 林	Jilin	57
黑龙江	Heilongjiang	150
上 海	Shanghai	9
江 苏	Jiangsu	55
浙 江	Zhejiang	
安 徽	Anhui	4
福 建	Fujian	
江 西	Jiangxi	
山 东	Shandong	281
河 南	Henan	86
湖 北	Hubei	29
湖 南	Hunan	2
广 东	Guangdong	2
广 西	Guangxi	
海 南	Hainan	17
重 庆	Chongqing	23
四 川	Sichuan	70
贵 州	Guizhou	22
云 南	Yunnan	8
西 藏	Tibet	
陕 西	Shaanxi	544
甘 肃	Gansu	378
青 海	Qinghai	53
宁 夏	Ningxia	159
新 疆	Xinjiang	280

工作完成情况（2020年）
Gas Geological Exploration（2020）

工作量 Workload		
进尺/千米 Footage/km	二维地震/千米 2D Earthquake/km	三维地震/千米^2 3D Earthquake/km^2
8236.15	**28852.00**	**41468.42**
311.87	773.00	1188.00
709.22	4020.00	15336.00
346.49	316.50	548.27
295.51	658.00	181.00
157.16		155.00
197.51	406.00	145.00
289.49	153.00	300.00
33.13		2280.00
158.49	355.00	518.00
4.20	460.00	
819.61	301.00	1999.00
236.11	200.00	221.00
77.11	165.00	469.00
3.00	150.00	
6.29		
	200.00	
58.46	13623.50	1010.15
132.54		19.00
330.79	2040.00	4418.00
21.25	60.00	4.00
9.53	100.00	
1270.62		700.00
1015.16	700.00	2480.00
196.20	1100.00	800.00
395.15		1053.00
1161.28	3071.00	7644.00

主要统计指标解释

总收入 指报告期内填报单位从事各种经济活动所取得的收入总额。

矿业权转让收入 指报告期内，填报单位通过矿业权转让取得的收入，包括通过合资、合作方式成立矿业公司获得的矿产资源开发收入。

工程勘察与施工收入 指报告期内，填报单位凭建设主管部门发放的建设工程勘察设计、岩土施工、建筑施工企业等专业资质，从事建设工程勘察、工程设计、工程施工等经营活动取得的各项收入。

矿产开发收入 指报告期内，填报单位从事矿产资源开发活动所取得的收入，包括通过合资、合作方式成立矿业公司获得的矿产资源开发收入。

其他收入 指报告期内，填报单位在总收入中除去从事地质勘查、矿业权转让、矿产开发、工程勘察施工等经济活动收入以外的收入。

地质勘查业收入 指报告期内填报单位从事地质勘查经济活动所取得的各种收入总和，包括地质勘探费、地质专项拨款、矿产勘查劳务收入等。

地质专项拨款 指在报告期内地勘单位取得的中央和地方地质专项拨款费用，包括自然资源大调查项目、矿产资源补偿费项目、财政补贴项目、危机矿山项目、地勘基金项目等，也包括市、县政府设立的各类地质勘查专项项目，按中央和地方的各类专项分别统计。

地质勘探费 指以1998年为基数，由中央财政划转给省财政单列，继续用于地质勘查单位离退休人员、地质勘查工作和经常性费用支出，该指标按照中央财政投入和地方财政投入分别统计。

总费用 指报告期内，填报单位为开展业务活动和其他活动所发生的各项资金耗费及损失，以及用于基本建设项目的开支。

矿产开发费用 指报告期内，填报单位从事矿产资源开发活动而发生的各项成本、费用支出总额。

年末在职职工 指事业单位在编人员，企业在册人员，与单位签订聘用合同、劳动合同或符合劳动保障部门关于认定形成事实劳动关系条件的人员，不含外方及港澳台人员、实习在校生、参军人员以及未经聘用、留用的离退休人员。

地质勘查人员 指年末在职职工中，从事地质勘查工作的人员，包括从事基础地质调查、矿产资源调查、资源潜力评价、水文地质、工程地质、环境地质、物探、化探、遥感、岩矿鉴定测试、地质测量等工作的在职职工。

技术人员 指在地勘单位中从事工作并取得劳动报酬的，具有初级及初级以上地质勘查专业技术职称的在职职工，包括已取得专业技术职称，现从事技术管理和行政管理工作的行政人员。

工程勘察与施工人员 指填报单位中专业从事建筑工程勘察、设计、施工工作的人员。

矿产开发人员 指填报单位中从事矿产资源开发利用的人员。

劳动者报酬 指在报告期内直接支付给本单位使用的全部劳动报酬（生活费）总额。包括职工工资总额，聘用人员报酬，聘用、留用的离退休人员劳动报酬，外籍及港澳台人员的劳动报酬以及人事档案保留在原单位人员的劳动报酬。

地质勘查经费 指报告期完成的来自各方面的地质勘查资金，包括完成的中央财政、地方财政地质勘查拨款，企事业单位、港澳台商、外商投入的地质勘查工作的资金以及其他资金。

中央财政 指报告期实际完成的由国家预算收支科目安排的直接用于地质勘查的经费。

地方财政 指报告期实际完成的地方财政拨付的地质勘查经费。

企事业资金 指报告期完成的各类企事业单位投入的地质勘查工作的资金，包括内资企事业资金、港澳台商投资和外商投资。

国内企事业资金 指报告期完成的国有、集体企事业单位和私营企业投入地质勘查工作的资金。

港、澳、台商投资 指港、澳、台企业和经济组织或个人按我国有关政策、法规，用现汇、实物（折资）和技术等投入地质勘查工作资金。

外商投资 指报告期内完成境外投入地质勘查工作的资金，包括外商直接投资、对外借贷（外国政府贷款、国际金融组织贷款、出口信贷、外国银行商业贷款、对外发行债券和股票）及外商其他投资（包括补偿贸易和加工装配由外商提供的设备价款、国际租赁）。不包括我国自有外汇资金（包括国家外汇、地方外汇、流程外汇、调剂外汇和中国银行自有资金发行的外汇贷款等）。

机械岩芯钻探工作量 指用动力机械带动，回转或冲击回转钻进，并以取出岩芯了解和研究地下地质情况为目的的钻探工作的工作量。如手轮给进钻机、油压钻机、石油钻机、海洋石油钻机、水文水井钻机以及汽车钻等。以米计量，取整数。

新发现矿产地 指报告期内通过各类地质调查工作，或者根据群众报矿、群众采矿线索新发现的，并经过矿产调查工作证实为有进一步工作意义或具有工业价值，具有一定规模，作出初步评价的矿区。

二维地震 指在地面上布置一条条测线，沿各条测线进行地震勘探施工，采集地下地层反射回地面的地震波信息。

三维地震 指一种面积地震勘探方法。野外的观测系统有多种形式，如用48个激发点和48道检波器，构成互相垂直的观测系统，对每个反射面可得到2000多个均匀分布的深度点。

Explanatory Notes on Main Statistical Indicators

Total Income—the total amount of income obtained by the reporting unit engaged in various economic activities during the reporting period.

Income from Mining Right Transfer—the income obtained by the reporting unit through mining right transfer during the reporting period, including mineral resources development income from establishing mining companies through joint ventures or cooperation.

Income from Project Investigation and Construction—the income derived by the reporting unit from project investigating, designing and constructing with professional qualifications issued by construction authorities such as construction project investigation and design, geotechnical construction and construction enterprises, etc.

Income from Mining Exploration—the income derived by the reporting unit from mineral resources development during the reporting period, including mineral resources development income from establishing mining companies through joint ventures or cooperation.

Other Income—the income of the reporting unit during the reporting period excluding the income from geological exploration, mining right transfer, mineral development, project exploration and construction, etc.

Income from Geological Exploration—the sum of all kinds of income obtained by the reporting unit engaged in geological exploration activities during the reporting period, including geological exploration fee, geological special fund, income from mineral exploration service etc.

Geological Special Fund—the central and local geological special funds obtained by the geological exploration units during the reporting period, including large-scale natural resources investigation projects, mineral resources compensation projects, financial subsidy projects, crisis mine projects, geological exploration fund projects, etc., as well as all kinds of special geological exploration projects set up by the municipal and county governments, which are respectively counted according to special projects of central and local governments.

Geological Exploration Fee—the expenses transferred from central finance to provincial finance separately based on 1998, which continue to be used for retired personnel, geological exploration work and recurrent expenses of geological exploration units. This index is calculated separately according to the central and local financial inputs.

Total Cost—expenses and losses of various funds spent by the reporting unit in carrying out business activities and other activities, as well as expenditure for basic construction projects during the reporting period.

Cost of Mining Exploration—the total amount of costs and expenses spent by the reporting unit in mineral resources development during the reporting period.

On-the-job Employee at the Year End—the employees in the public institutions, the registered employees in the enterprises, the employees who sign employment contracts or labor contracts with the units or meet the requirements of the labor and social security department for determining the formation of a factual labor relationship, excluding the foreign party, Hong Kong, Macao and Taiwan personnel, interns, military personnel and retirees who have not been employed or retained.

Geological Exploration Personnel—those who are engaged in geological exploration among the on–the–job staff at the end of the year, including those who are engaged in basic geological survey, mineral resources survey, resource potential assessment, hydrogeology, engineering geology, environmental geology, geophysical exploration, geochemical exploration, remote sensing, rock and mineral identification test, geological survey, etc.

Technical Personnel—the on–the–job workers who are engaged in work and get remuneration in geological exploration units and have professional and technical titles of primary or above, including administrative personnel who have obtained professional and technical titles and are now engaged in technical management and administrative management.

Personnel Engaging in Project Investigation and Construction—those who are specialized in construction engineering investigation, design and construction in the reporting unit.

Personnel Engaging in Mining Exploration—the personnel engaged in the development and utilization of mineral resources in the reporting unit.

Remuneration of Labor—the total amount of labor remuneration (living expenses) directly paid to the unit during the reporting period, including total wages of employees, remuneration of employed personnel, remuneration of employed and retained retirees, remuneration of foreign, Hong Kong, Macao and Taiwan personnel and remuneration of personnel whose files retain in the original unit.

Geological Exploration Fund—the geological exploration funds from all sides completed during the reporting period, including the funds allocated by the central and local governments for geological exploration, the funds invested by enterprises and institutions, Hong Kong, Macao and Taiwan businessmen, and foreign businessmen, as well as other funds.

Central Finance—expenditures directly used for geological exploration and arranged by the state budgeted revenue and expenditure account, which are actually completed during the reporting period.

Local Finance—expenditures for geological exploration and allocated by local finance, which are actually completed during the reporting period.

Fund from Enterprise and Institution—the funds invested in geological exploration by all kinds of enterprises and institutions during the reporting period, including investment from domestic enterprises and institutions, Hong Kong, Macao and Taiwan businessmen as well as foreign investment.

Fund from Domestic Enterprise and Institution—the funds invested in geological exploration by state–owned, collective enterprises and institutions and private enterprises in the reporting period.

Investment from Hong Kong, Macao and Taiwan—the investment of Hong Kong, Macao and Taiwan enterprises, economic organizations or individuals in geological exploration in cash, in kind (capital converted) and technology in accordance with relevant policies and regulations of China.

Foreign Investment—the funds invested abroad in geological exploration during the reporting period, including foreign direct investment, foreign loans (foreign government loans, loans from international financial organizations, export credits, commercial loans from foreign banks, foreign issuance of bonds and stocks) and other foreign investments (including compensation trade and equipment price and international lease provided by foreign investors for processing and assembling). It excludes China's own foreign exchange funds (including national foreign exchange, local foreign exchange, process foreign exchange, foreign exchange adjustment and foreign exchange loans issued by the Bank of China's own funds).

Footage of Core Drilling—the penetration of rotary or percussive drilling driven by power machinery that recovers the core in order to study the underground geology. The drills include hand-lever feed drills, hydraulic feed drills, oil drills, marine oil drills, hydrological water well drills, and truck-mounted drills. It is calculated in meters and rounded off.

Newly Discovered Mineral Prospect—mineral occurrences that are newly found through all kinds of geological survey or on the basis of the ore information and clues reported by the broad masses of people, demonstrated through mineral surveys to be of value for further work or of industrial value and have certain sizes, and evaluated preliminarily during the reporting period.

2D Earthquake—arrange a line on the ground, carry out seismic exploration along each line, and collect seismic wave information reflected from underground strata back to the ground.

3D Earthquake—a kind of area seismic exploration method. There are many forms of field observation system, such as using 48 excitation points and 48 geophones to form a mutually perpendicular observation system. For each reflector, more than 2000 uniform depth points can be obtained.

测绘与地理信息

Surveying and Mapping and Geographic Information

测绘资质单位数量

Number and Total Service Value of Surveying

地区	Region	合计 Total		甲级 Grade A	
		单位数量/个 Number of Unit/number	服务总值/万元 Total Service Value/10^4 yuan	单位数量/个 Number of Unit/number	服务总值/万元 Total Service Value/10^4 yuan
总计	**Total**	**22105**	**14643986.01**	**1365**	**8401163.58**
北京	Beijing	524	2074849.79	156	1803255.79
天津	Tianjin	239	320422.00	22	227986.26
河北	Hebei	1067	468902.96	67	250331.06
山西	Shanxi	741	222486.92	32	82623.33
内蒙古	Inner Mongolia	721	193930.74	27	53650.50
辽宁	Liaoning	629	328239.66	45	203985.86
吉林	Jilin	654	171966.23	30	76559.61
黑龙江	Heilongjiang	653	195942.45	42	112304.17
上海	Shanghai	248	493047.29	35	245034.28
江苏	Jiangsu	1400	775187.40	80	420902.92
浙江	Zhejiang	841	851502.85	51	410680.64
安徽	Anhui	719	282931.21	34	103213.72
福建	Fujian	774	379305.36	47	231973.71
江西	Jiangxi	773	311824.81	39	174676.27
山东	Shandong	1264	731070.18	65	383505.26
河南	Henan	1038	486617.92	63	185281.85
湖北	Hubei	1150	962633.97	88	579969.76
湖南	Hunan	749	414996.38	52	214446.73
广东	Guangdong	1140	1679003.59	103	1140070.08
广西	Guangxi	790	352783.60	24	148771.03
海南	Hainan	303	81666.12	11	21056.13
重庆	Chongqing	349	323588.69	7	123325.54
四川	Sichuan	1609	871876.22	68	469635.11
贵州	Guizhou	678	243551.37	20	100912.02
云南	Yunnan	963	341494.63	28	98702.05
西藏	Tibet	55	25178.67	3	5673.81
陕西	Shaanxi	726	602130.05	62	338355.05
甘肃	Gansu	508	157324.67	25	78755.68
青海	Qinghai	149	81738.19	14	42434.18
宁夏	Ningxia	170	50962.32	4	13718.65
新疆	Xinjiang	481	166829.77	21	59372.53

和服务总值（2020年）
and Mapping Qualification Units（2020）

按测绘资质等级分 Grouped by Surveying and Mapping Qualification Grade					
乙级 Grade B		丙级 Grade C		丁级 Grade D	
单位数量/个 Number of Unit/number	服务总值/万元 Total Service Value/10^4 yuan	单位数量/个 Number of Unit/number	服务总值/万元 Total Service Value/10^4 yuan	单位数量/个 Number of Unit/number	服务总值/万元 Total Service Value/10^4 yuan
5407	**3890973.21**	**9252**	**1817284.01**	**6081**	**534565.21**
246	241295.54	64	18825.19	58	11473.27
90	63861.93	108	26339.42	19	2234.39
206	110091.53	465	80390.89	329	28089.48
102	61426.58	285	51185.33	322	27251.68
221	82523.79	335	50238.79	138	7517.66
182	80780.87	235	33494.51	167	9978.42
144	61043.60	188	21821.99	292	12541.03
151	55793.85	234	21238.72	226	6605.71
91	197356.99	79	37856.46	43	12799.56
296	192995.67	735	133144.02	289	28144.79
197	227864.63	317	167459.10	276	45498.48
121	94111.52	267	58111.55	297	27494.42
182	84964.81	370	49356.10	175	13010.74
99	61683.27	300	49341.47	335	26123.80
255	184980.08	429	102255.61	515	60329.23
337	210973.31	369	68546.41	269	21816.35
452	271207.14	477	99946.97	133	11510.10
140	115946.20	266	57704.26	291	26899.19
266	334039.17	427	154900.10	344	49994.24
202	111964.33	390	75432.81	174	16615.43
48	24968.95	155	25847.03	89	9794.01
87	133878.00	234	64747.18	21	1637.97
328	248891.38	939	133989.35	274	19360.38
128	78702.41	318	53530.11	212	10406.83
276	172071.02	433	58143.91	226	12577.65
24	14273.34	22	4660.25	6	571.27
255	212380.18	303	43479.18	106	7915.64
90	44510.33	205	25577.52	188	8481.14
36	23013.42	86	15791.94	13	498.65
38	23197.72	83	10894.79	45	3151.16
117	70181.65	134	23033.05	209	14242.54

测绘资质单位
Employees of Surveying and

地区	Region	测绘从业人员年末人数/人 Employee of Surveying and Mapping Qualification Unit at the End of the Year/person							测绘从业人员年平均人数/人 Annual Average Employee of Surveying and Mapping/person
		合计 Total	按资质等级分 Grouped by Qualification Grade				#测绘作业证持证人数 Person with Surveying and Mapping Operation Certificate	#年内录用应届毕业生 Employment of Fresh Graduate During the Year	
			甲级 Grade A	乙级 Grade B	丙级 Grade C	丁级 Grade D			
总计	**Total**	**520511**	**169623**	**188946**	**118307**	**43635**	**212358**	**19139**	**505211**
北京	Beijing	34406	24770	7880	1186	570	6485	1413	34375
天津	Tianjin	8339	3078	3689	1419	153	3099	225	8251
河北	Hebei	22857	7061	7487	5928	2381	7975	663	22343
山西	Shanxi	15357	3773	4344	4780	2460	5986	416	14596
内蒙古	Inner Mongolia	13563	2552	6796	3392	823	4639	393	13161
辽宁	Liaoning	13366	4495	5373	2551	947	5639	237	13084
吉林	Jilin	10729	2657	4306	1971	1795	4226	236	10509
黑龙江	Heilongjiang	12745	4596	4567	2380	1202	5573	237	12628
上海	Shanghai	9013	3807	3221	1567	418	2116	270	8650
江苏	Jiangsu	29523	9503	9786	8310	1924	13404	964	28301
浙江	Zhejiang	22531	6190	7650	6041	2650	10104	832	21921
安徽	Anhui	14881	3633	4961	4016	2271	7015	757	14553
福建	Fujian	15802	4923	5725	4050	1104	6936	565	15376
江西	Jiangxi	12226	3614	3139	3442	2031	5078	564	11695
山东	Shandong	28426	8640	9167	6359	4260	12304	1036	27667
河南	Henan	25572	5749	12725	5108	1990	12142	890	25271
湖北	Hubei	35613	12989	16420	5303	901	10445	1412	34782
湖南	Hunan	16359	5507	5097	3474	2281	7412	338	15721
广东	Guangdong	33090	15208	9640	5879	2363	12124	2088	31902
广西	Guangxi	15481	3749	6125	4370	1237	6852	452	14916
海南	Hainan	4285	680	1380	1651	574	2033	143	4109
重庆	Chongqing	9401	2021	3618	3625	137	3692	373	8976
四川	Sichuan	36643	9332	12071	12902	2338	19923	1023	35695
贵州	Guizhou	11366	2410	4344	3407	1205	5264	435	10897
云南	Yunnan	19592	3004	9477	5306	1805	10439	891	18669
西藏	Tibet	1156	150	712	259	35	544	101	1105
陕西	Shaanxi	23278	8872	10032	3561	813	9812	1438	21988
甘肃	Gansu	9777	2816	3150	2576	1235	4687	315	9466
青海	Qinghai	3609	1486	1114	933	76	1630	138	3519
宁夏	Ningxia	2714	300	1261	880	273	1440	69	2655
新疆	Xinjiang	8811	2058	3689	1681	1383	3340	225	8430

从业人员数量（2020年）
Mapping Qualification Units（2020）

合计 Total	专业技术人员年末人数/人 Number of Professional and Technical Personnel at the End of the Year/person										技能人才/人 Skilled Personnel/ person
	测绘专业技术人员 Surveying and Mapping Professional and Technical Personnel					测绘相关专业技术人员 Surveying and Mapping Related Professional and Technical Personnel					
	小计 Subtotal	高级 Senior	中级 Intermediate	初级 Junior	其他 Other	小计 Subtotal	高级 Senior	中级 Intermediate	初级 Junior	其他 Other	
438033	**266366**	**39229**	**101214**	**108972**	**16951**	**156935**	**27117**	**54262**	**62958**	**12598**	**35144**
23256	12443	2383	4304	4866	890	8863	1562	2703	3737	861	1532
6562	4813	1022	2026	1628	137	1677	424	611	582	60	1047
19358	11004	1696	4639	4256	413	7907	1225	2792	3497	393	1876
12012	7235	808	2921	3087	419	4387	658	1735	1814	180	1680
12257	7456	1093	3048	2931	384	4414	902	1606	1679	227	814
11713	7181	1200	3222	2445	314	4317	967	1691	1436	223	621
9679	5822	1096	2222	2303	201	3119	686	992	1268	173	532
11325	7224	1371	2620	2751	482	3804	784	1325	1376	319	591
7470	3777	697	1388	1567	125	3489	746	1120	1416	207	867
25350	15580	2322	5785	6119	1354	9256	1536	3216	3872	632	1903
18165	11428	1724	4606	4396	702	6217	948	2049	2682	538	831
12427	7652	1000	3033	3094	525	4467	721	1511	1703	532	1024
14099	9022	1070	3533	4010	409	4759	678	1496	2270	315	822
10292	6281	885	2349	2781	266	3622	557	1325	1519	221	834
24546	14768	2028	5845	6067	828	8993	1453	3131	3947	462	1183
21587	14120	1586	5065	6805	664	6614	1152	2542	2455	465	2042
30862	16864	2746	6370	6587	1161	13170	2192	4452	4995	1531	2606
14020	8338	1252	3282	3346	458	5006	939	2094	1663	310	1554
25545	15197	2236	5456	5891	1614	9718	1840	2829	3806	1243	1879
13956	8679	1104	3525	3501	549	4921	703	1779	1993	446	589
3716	2303	262	796	1118	127	1301	187	402	564	148	271
7910	4902	918	1969	1708	307	2748	528	997	906	317	825
32420	19413	2004	6800	9312	1297	11931	1377	3841	5894	819	2929
10013	6089	861	2305	2561	362	3500	572	1212	1410	306	815
17016	11067	1576	4065	4376	1050	5255	1176	1768	1687	624	1200
1077	604	96	221	223	64	442	94	134	195	19	59
19253	13143	1952	4336	6029	826	5646	1020	2160	2083	383	2181
8449	5278	798	2007	2083	390	2870	601	1056	945	268	1181
3203	2088	309	831	813	135	935	189	370	285	91	250
2490	1369	167	596	554	52	1021	183	342	433	63	237
8005	5226	967	2049	1764	446	2566	517	981	846	222	369

测绘基准
Surveying and Mapping

地 区	Region	本年卫星定位连续运行基准站建设/座 Construction of Satellite Navigation and Position Continuous Operation Reference Base Station in This Year/unit	#自建/座 Self Built/unit	GNSS大地控制点测量/点 GNSS Geodetic Control Point Surveying/spot
总 计	**Total**	**382**	**248**	**11099**
北 京	Beijing			
天 津	Tianjin			
河 北	Hebei	3	2	426
山 西	Shanxi			206
内蒙古	Inner Mongolia	40	4	367
辽 宁	Liaoning			
吉 林	Jilin	1		147
黑龙江	Heilongjiang	27	26	24
上 海	Shanghai			
江 苏	Jiangsu	17	17	612
浙 江	Zhejiang	6	4	1783
安 徽	Anhui	6	6	57
福 建	Fujian	2	1	863
江 西	Jiangxi	2		154
山 东	Shandong	8	5	125
河 南	Henan	19	10	242
湖 北	Hubei	19	7	745
湖 南	Hunan			
广 东	Guangdong	46	32	2322
广 西	Guangxi	16	1	398
海 南	Hainan			76
重 庆	Chongqing	19	16	257
四 川	Sichuan	12	7	431
贵 州	Guizhou	57	51	404
云 南	Yunnan	40	36	607
西 藏	Tibet			
陕 西	Shaanxi	1	1	109
甘 肃	Gansu	11	4	123
青 海	Qinghai	18	18	
宁 夏	Ningxia			1
新 疆	Xinjiang	12		620

注：统计范围为县级及以上自然资源主管部门（其中陕西省、黑龙江省、四川省、海南省数据由自然资源部派出机构陕西测绘地理

Note: The statistic range is the natural resources management departments at and above county level (the data of Shaanxi, Heilongjiang, Sichuan Information, Sichuan Bureau of Surveying, Mapping and Geoinformation and Hainan Administration of Surveying Mapping and Geoinformation, which are

建设情况（2020年）
Datum Construction（2020）

水准测量 Leveling		重力测量/点 Gravity Measurement/spot	本地似大地水准面精化/千米^2 Local Quasi Geoid Refinement/km^2
点数/点 Point/spot	观测长度/千米 Observation Length/km		
11266	**90168.37**	**120**	**187003.00**
478	3683.58		
17	380.00		
263	3022.00	5	
10	70.00		
46	720.00		
5	589.14		
2033	9540.40		
2132	4671.70		
6	248.00	1	
75	227.80		
522	210.00		
164	3052.00	30	7500.00
21	85.00		
119	2510.00		3972.00
599	19511.03		172931.00
172	498.21		
660	1547.00		
1337	1231.00	6	
459	298.70		
1018	24170.90	62	
546	716.00		2600.00
26	28.00		
		15	
558	13157.91	1	

信息局、黑龙江测绘地理信息局、四川测绘地理信息局和海南测绘地理信息局提供）。

and Hainan are provided by Shaanxi Bureau of Surveying, Mapping and Geoinformation, Heilongjiang Bureau of Surveying and Mapping Geographic dispatched by the Ministry of Natural Resources).

航空摄影
Aerial Photography

单位：平方千米

地区	Region	合计 Total	按航摄类型分 Grouped by Aerial Photography Type			
			数码航空摄影 Digital Aerial Photography	机载LIDAR Airborne Lidar	机载雷达SAR Airborne Radar SAR	倾斜摄影 Tilt Photography
总 计	**Total**	**2931906.19**	**1650111.36**	**449257.33**	**113364.84**	**578622.49**
北 京	Beijing	390918.82	329966.67	27555.22	0.78	30005.27
天 津	Tianjin	786052.55	78978.99	153306.42	100000.00	453754.14
河 北	Hebei	82778.35	58840.16	21952.00	2.10	1837.35
山 西	Shanxi	20032.91	17487.34	147.00		1661.59
内蒙古	Inner Mongolia	8286.49	5198.13	1845.31	200.00	586.76
辽 宁	Liaoning	19017.28	5077.04	428.40		526.84
吉 林	Jilin	73976.45	36998.22	35558.00	10.00	628.90
黑龙江	Heilongjiang	90142.09	26692.40	51245.00	3000.00	787.04
上 海	Shanghai	21995.29	19868.71	14.90		1758.88
江 苏	Jiangsu	43031.67	33160.43	736.00	30.00	6819.33
浙 江	Zhejiang	100521.59	92950.10	185.36	163.00	3153.20
安 徽	Anhui	30065.70	24108.45	2020.03		3789.24
福 建	Fujian	15708.28	13574.82	400.00		1364.04
江 西	Jiangxi	10544.10	9174.23	11.80		1271.62
山 东	Shandong	313146.95	277655.78	24146.40		9699.90
河 南	Henan	61722.16	51536.13	779.31	14.33	8163.60
湖 北	Hubei	311044.47	235240.35	62190.32	807.00	10939.93
湖 南	Hunan	118011.18	20179.01	593.61		2194.41
广 东	Guangdong	79987.13	56226.95	11694.29	503.40	11151.85
广 西	Guangxi	22797.15	17765.53	467.35	311.00	3257.80
海 南	Hainan	1670.00	1150.64	457.42		61.94
重 庆	Chongqing	10389.16	7305.31	600.70	246.30	1943.30
四 川	Sichuan	52963.01	39747.19	9331.35	23.00	3232.69
贵 州	Guizhou	43385.52	29230.94	1483.70	7894.00	3836.94
云 南	Yunnan	27587.60	22097.23	1341.00	23.00	2866.18
西 藏	Tibet	989.53	450.00			539.53
陕 西	Shaanxi	85878.81	75317.39	5796.73	136.05	3284.97
甘 肃	Gansu	24135.08	16331.07	356.00		7134.37
青 海	Qinghai	7707.53	7194.88	101.00		297.70
宁 夏	Ningxia	53623.79	23511.05	30000.00		102.74
新 疆	Xinjiang	23795.55	17096.22	4512.71	0.88	1970.44

注：统计范围为具有航空摄影资质的测绘资质单位。

Note: The range of statistics is surveying and mapping units with aerial photography qualification.

获取情况（2020年）
Acquisition（2020）

Unit：km^2

	按分辨率分 Grouped by Resolution			按飞行器类型分 Grouped by Aircraft Type	
其他 Other	0.2米以内（含） Within 0.2m（Including）	0.2～0.5米（含） 0.2～0.5m（Including）	0.5米以上 above 0.5m	一般航摄 General Aerial Photography	无人飞行器航摄 UAV Aerial Photography
140550.17	**1350498.78**	**1130781.64**	**450625.77**	**1844308.64**	**1087597.55**
3390.88	275992.93	103913.70	11012.19	345895.58	45023.24
13.00	146240.95	230177.60	409634.00	327704.30	458348.25
146.74	11022.10	71712.10	44.15	76160.11	6618.24
736.98	15669.28	3337.20	1026.43	10045.61	9987.30
456.29	4278.35	1846.59	2161.55	36.17	8250.32
12985.00	5425.21	13547.07	45.00	14563.80	4453.48
781.33	46177.62	27499.53	299.30	66142.03	7834.42
8417.65	34899.17	55210.97	31.95	85296.00	4846.09
352.80	21870.29	41.00	84.00	20301.10	1694.19
2285.91	32328.10	7961.88	2741.69	28117.09	14914.58
4069.93	98153.86	2315.51	52.22	67234.30	33287.29
147.98	17232.04	12763.66	70.00	12585.86	17479.84
369.42	12717.48	2499.94	490.86	4914.62	10793.66
86.45	9390.36	545.31	608.43	1419.01	9125.09
1644.87	111917.77	199496.44	1732.74	276662.32	36484.63
1228.79	59398.19	2096.87	227.10	2662.50	59059.66
1866.87	126389.32	180554.14	4101.01	206786.20	104258.27
95044.15	17730.31	100055.37	225.50	105008.70	13002.48
410.64	43731.33	31573.56	4682.24	43503.60	36483.53
995.47	22095.06	663.39	38.70	1310.57	21486.58
	1199.74	30.35	439.91	130.63	1539.37
293.55	4785.55	4465.01	1138.60	730.70	9658.46
628.78	47651.46	3207.13	2104.42	9769.70	43193.31
939.94	32728.95	9161.69	1494.88	15930.66	27454.86
1260.19	23250.43	3512.90	824.27	1864.68	25722.92
	856.33	133.20		480.00	509.53
1343.67	53105.89	29115.62	3657.30	62261.80	23617.01
313.64	20545.55	1980.13	1609.40	874.00	23261.08
113.95	7548.81	124.09	34.63		7707.53
10.00	23416.03	30207.76		52100.00	1523.79
215.30	22750.32	1031.93	13.30	3817.00	19978.55

卫星影像获取
Satellite Image

单位：平方千米

地区 / 单位	Region/Unit	合计 Total	按影像类型分 Grouped by Image Type			
			全色影像 Panchromatic Image	多光谱影像 Multispectral Image	雷达影像 Radar Image	其他 Other
总　计	**Total**	**8910467554.31**	**1988472061.91**	**6920189950.15**	**973392.70**	**832149.55**
北　京	Beijing	104.00				104.00
天　津	Tianjin	161546.00	48000.00	113546.00		
河　北	Hebei	14330.30	97.00	548.30		13685.00
山　西	Shanxi	192488.86	370.29	191000.00		1118.57
内蒙古	Inner Mongolia	2085779.50	911173.50	1152212.00	4666.00	17728.00
辽　宁	Liaoning	172124.00	709.00	171415.00		
吉　林	Jilin	81778.00	8120.00	73658.00		
黑龙江	Heilongjiang	134155.00		134155.00		
上　海	Shanghai	8000.00	8000.00			
江　苏	Jiangsu	34329.42	17973.87	9464.00		6891.55
浙　江	Zhejiang	479279.03	198385.23	270384.23		10509.57
安　徽	Anhui	346298.50	32962.50	306618.00	5750.00	968.00
福　建	Fujian	558551.13	9479.63	325327.50	124000.00	99744.00
江　西	Jiangxi	29053.76	14027.93	3862.30	294.70	10868.83
山　东	Shandong	50808.68	11934.08	25619.80	1616.00	11638.80
河　南	Henan	513285.00	12245.00	501040.00		
湖　北	Hubei	65835.31	34268.30	31567.01		
湖　南	Hunan	2063894.08	38398.10	1484793.98	270300.00	270402.00
广　东	Guangdong	251248.10	53384.80	189744.00	3286.00	4833.30
广　西	Guangxi	3680658.32	1456696.43	1983140.46	228869.70	11951.73
海　南	Hainan	70702.00	4702.00	66000.00		
重　庆	Chongqing	184688.36	106647.96	73908.00		4132.40
四　川	Sichuan	59328.38	21124.08	20909.00	4150.00	13145.30
贵　州	Guizhou	905309.47	202457.71	20386.76	328600.00	353865.00
云　南	Yunnan	571703.53	141691.77	427913.96	1860.30	237.50
西　藏	Tibet					
陕　西	Shaanxi	218761.00	18300.00	200135.00		326.00
甘　肃	Gansu	28885.73	24141.73	4744.00		
青　海	Qinghai	50000.00		50000.00		
宁　夏	Ningxia	185597.85		185597.85		
新　疆	Xinjiang	160935.00	43735.00	117200.00		
自然资源部国土卫星遥感应用中心	Land Satellite Remote Sensing Application Center, MNR	8897108096.00	1985053036.00	6912055060.00		

注：统计范围为县级及以上自然资源主管部门（其中陕西省、黑龙江省、四川省、海南省数据由自然资源部派出机构陕西测绘地理

Note: The statistic range covers the management departments of natural resources at or above the county level (the data of Shaanxi, Heilongjiang, Information, Sichuan Bureau of Surveying, Mapping and Geoinformation and Hainan Administration of Surveying Mapping and Geoinformation) , and the

情况（2020年）
Acquisition（2020）

Unit：km²

按分辨率分 Grouped by Resolution				
0.5 米以内(含) Within 0.5m (Including)	0.5 ~ 1 米(含) 0.5 ~ 1m (Including)	1 ~ 2.5 米(含) 1 ~ 2.5m (Including)	2.5 ~ 10 米(含) 2.5 ~ 10m (Including)	10 米以上 above 10m
2154738.86	**278065931.11**	**1658726865.07**	**2000725038.49**	**4970794980.78**
104.00				
70736.00	66810.00	24000.00		
278.30	14006.00	46.00		
270.69	1068.57		191000.00	149.60
456895.50	805090.00	248209.00	575585.00	
148000.00	13709.00	10415.00		
65720.00	16058.00			
3750.00		130405.00		
8000.00				
20083.98	5960.36	7123.08	1162.00	
140107.00	125124.98	143285.16	61396.31	9365.58
54682.00	141278.50	150338.00		
92121.00	137729.30	104902.00	99798.83	124000.00
11546.00	5808.83	10166.23	1298.00	234.70
32439.58	16101.70	2267.40		
2527.50	174950.00	167503.49	1304.01	167000.00
3248.78	38906.53	14507.00	9173.00	
218899.60	431815.68	871200.60	324300.00	217678.20
210655.10	21124.00	17946.00	1523.00	
291954.11	709663.56	1337037.73	1337450.22	4552.70
65902.00	4800.00			
21221.96	81064.40	82400.00	2.00	
21177.18	5463.30	15521.30	17166.60	
19113.00	187426.92	15988.14	682781.41	
26209.58	442677.73	35727.84	35088.38	32000.00
1006.00	203120.00	14635.00		
860.00	6500.00	20176.00	1349.73	
50000.00				
	185597.85			
117230.00	29310.90	14394.10		
	274194765.00	1655288671.00	1997384660.00	4970240000.00

信息局、黑龙江测绘地理信息局、四川测绘地理信息局和海南测绘地理信息局负责）、自然资源部国土卫星遥感应用中心。

Sichuan and Hainan are in the charge of Shaanxi Bureau of Surveying, Mapping and Geoinformation, Heilongjiang Bureau of Surveying and Mapping Geographic Land Satellite Remote Sensing Application Center of the Ministry of Natural Resources.

1：1万基础地理信息

1：10000 Basic Geographic Information

地 区	Region	数字线划地图（DLG） Digital Line Graphic			
		累计覆盖面积/千米^2 Cumulative Coverage Area/km^2	本年更新 Updated This Year	累计覆盖图幅数/幅 Cumulative Number of Covered Maps/sheet	本年更新 Updated This Year
总 计	**Total**	**6126797**	**1869427**	**245276**	**76575**
北 京	Beijing	16410	9140	933	459
天 津	Tianjin	11900		700	
河 北	Hebei	188000	65000	8108	2610
山 西	Shanxi	156700	39600	6319	1584
内蒙古	Inner Mongolia	704975	18600	28199	744
辽 宁	Liaoning	148000	28778	6516	1133
吉 林	Jilin	187400		8636	
黑龙江	Heilongjiang	454000	454000	21644	21644
上 海	Shanghai	6341	6341	390	390
江 苏	Jiangsu	103200	42525	4157	1531
浙 江	Zhejiang	105000	105000	4336	4336
安 徽	Anhui	140139	108744	5474	4531
福 建	Fujian	124000	30900	4689	1075
江 西	Jiangxi	166900	126000	6197	4437
山 东	Shandong	157900	91375	6432	3655
河 南	Henan	167000	65313	6562	2833
湖 北	Hubei	183162		6809	
湖 南	Hunan	211800	211800	7834	7834
广 东	Guangdong	179800	179800	6599	6599
广 西	Guangxi	236700	94005	8502	3193
海 南	Hainan	34000	34000	1854	1854
重 庆	Chongqing	82400	82400	3263	3263
四 川	Sichuan	350645		13162	
贵 州	Guizhou	110459		3917	
云 南	Yunnan	394000	36396	13878	1282
西 藏	Tibet	107126		3694	
陕 西	Shaanxi	205625	20275	8237	811
甘 肃	Gansu	317537	19175	13139	767
青 海	Qinghai	84578	260	3279	10
宁 夏	Ningxia	51900		2249	
新 疆	Xinjiang	739200		29568	

数据覆盖与更新情况（2020年）
Data Coverage and Update（2020）

数字高程模型（DEM）Digital Elevation Model				数字正射影像（DOM）Digital Orthophoto Map			
累计覆盖面积/千米^2 Cumulative Coverage Area/km^2		累计覆盖图幅数/幅 Cumulative Number of Covered Maps/sheet		累计覆盖面积/千米^2 Cumulative Coverage Area/km^2		累计覆盖图幅数/幅 Cumulative Number of Covered Maps/sheet	
	本年更新 Updated This Year		本年更新 Updated This Year		本年更新 Updated This Year		本年更新 Updated This Year
5931222	**378223**	**237291**	**15349**	**6152061**	**1923752**	**244715**	**79382**
16410		933		16410		933	
11900		700		11900		700	
138100		5524		188000		8108	
156700		6319		156025	13700	6241	548
610500	18600	24420	744	610500	18600	24420	744
148000		6516		148000	148000	6516	6516
130000		6974		187400		8695	
292928	66369	13202	3000	454000	454000	21644	21644
103200	7157	4158	421	103200	7157	4158	421
105000	38313	4336	1368	105000	105000	4336	4336
140139		5474		140139	140139	5474	5474
124000		4689		124000	124000	4689	4689
166900	126000	6197	4437	166900	126000	6197	4437
157900		6432		157900	157900	6432	6432
167000		6562		167000	167000	6562	6562
185900		7174		185900		7174	
211800	11624	7834	441	211800	211800	7834	7834
179800	79000	6600	3518	179800	179800	6599	6599
236700		8502		236700		8502	
34000	12000	1854	654	34000	34000	1854	1854
82400		3263		82400		3263	
350645		13162		350646		13185	
196781		9128		160113		4256	
394000		13878		394000	36396	13878	1282
131109		4521		130413		4497	
205525	18900	8248	756	206050		8242	
413348		17174		425800		17693	
162162	260	6229	10	165490	260	6357	10
51900		2249		51900		2249	
626475		25039		600675		24027	

地形图

Provision of

单位：张

单 位	Department	总数 Total
总 计	**Total**	**267275**
北京市规划和自然资源委员会	Beijing Municipal Commission of Planning and Natural Resources	1192
天津市规划和自然资源局	Tianjin Municipal Bureau of Planning and Natural Resources	
河北省自然资源厅	Department of Natural Resources of Hebei Province	1692
山西省自然资源厅	Department of Natural Resources of Shanxi Province	84
内蒙古自治区自然资源厅	Department of Natural Resources of Inner Mongolia Autonomous Region	1444
辽宁省自然资源厅	Department of Natural Resources of Liaoning Province	7758
吉林省自然资源厅	Department of Natural Resources of Jilin Province	1054
黑龙江测绘地理信息局	Heilongjiang Bureau of Surveying and Mapping Geographic Information	2777
上海市规划和自然资源局	Shanghai Municipal Bureau of Planning and Natural Resources	204174
江苏省自然资源厅	Department of Natural Resources of Jiangsu Province	298
浙江省自然资源厅	Department of Natural Resources of Zhejiang Province	69
安徽省自然资源厅	Department of Natural Resources of Anhui Province	376
福建省自然资源厅	Department of Natural Resources of Fujian Province	16
江西省自然资源厅	Department of Natural Resources of Jiangxi Province	10940
山东省自然资源厅	Department of Natural Resources of Shandong Province	655
河南省自然资源厅	Department of Natural Resources of Henan Province	1218
湖北省自然资源厅	Department of Natural Resources of Hubei Province	14
湖南省自然资源厅	Department of Natural Resources of Hunan Province	
广东省自然资源厅	Department of Natural Resources of Guangdong Province	4688
广西壮族自治区自然资源厅	Department of Natural Resources of Guangxi Zhuang Autonomous Region	629
海南测绘地理信息局	Hainan Administration of Surveying Mapping and Geoinformation	
重庆市规划和自然资源局	Chongqing Municipal Bureau of Planning and Natural Resources	703
四川测绘地理信息局	Sichuan Bureau of Surveying, Mapping and Geoinformation	642
贵州省自然资源厅	Department of Natural Resources of Guizhou Province	
云南省自然资源厅	Department of Natural Resources of Yunnan Province	3972
西藏自治区自然资源厅	Department of Natural Resources of Tibet Autonomous Region	201
陕西测绘地理信息局	Shaanxi Bureau of Surveying, Mapping and Geoinformation	519
甘肃省自然资源厅	Department of Natural Resources of Gansu Province	7422
青海省自然资源厅	Department of Natural Resources of Qinghai Province	87
宁夏回族自治区自然资源厅	Department of Natural Resources of Ningxia Hui Autonomous Region	1760
新疆维吾尔自治区自然资源厅	Department of Natural Resources of Xinjiang Uygur Autonomous Region	773
新疆生产建设兵团自然资源局	Natural Resources Bureau of Xinjiang Production and Construction Corps	1905
青岛市自然资源和规划局	Qingdao Natural Resources and Planning Bureau	
大连市自然资源局	Bureau of Natural Resources, Dalian	
宁波市自然资源和规划局	Ningbo Bureau of Natural Resources and Planning	641
深圳市规划和自然资源局	Shenzhen Municipal Bureau of Planning and Natural Resources	1972
厦门市自然资源和规划局	Xiamen Municipal Natural Resources and Planning Bureau	4773
国家基础地理信息中心	National Geomatics Center of China	2827

提供情况（2020年）

Topographic Maps（2020）

Unit：sheet

地形图 Topographic Map	
#1：10000	#1：50000
38402	**12372**
89	
1548	144
1	83
647	722
7270	
	1054
2333	444
254	44
42	16
38	261
	16
10610	278
	655
901	308
	14
3790	751
96	345
33	23
106	536
2914	816
	187
120	399
5875	1530
	87
1627	133
60	713
48	57
	2756

数字测绘成果

Provision of Digital Surveying and

单　位	Department	数字线划地图(DLG) Digital Line Graphic					
		合计 Total		#1：10000		#1：50000	
		图幅数/幅 Number of Sheet/ sheet	数据量/GB Data Volume/ GB	图幅数/幅 Number of Sheet/ sheet	数据量/GB Data Volume/ GB	图幅数/幅 Number of Sheet/ sheet	数据量/GB Data Volume/ GB
总　计	**Total**	**2106304**	**15498.06**	**655611**	**11253.33**	**69176**	**2004.64**
北京市规划和自然资源委员会	Beijing Municipal Commission of Planning and Natural Resources	4883	4.53	379	0.74		
天津市规划和自然资源局	Tianjin Municipal Bureau of Planning and Natural Resources	18979	6.88	862	1.96		
河北省自然资源厅	Department of Natural Resources of Hebei Province	11825	914.81	11460	908.11	365	6.70
山西省自然资源厅	Department of Natural Resources of Shanxi Province	7273	156.43	7032	151.76	241	4.67
内蒙古自治区自然资源厅	Department of Natural Resources of Inner Mongolia Autonomous Region	76147	579.34	53271	521.72	22680	55.40
辽宁省自然资源厅	Department of Natural Resources of Liaoning Province	35395	545.55	34166	540.69	1121	3.57
吉林省自然资源厅	Department of Natural Resources of Jilin Province	35462	1203.30	34604	1193.86	808	8.99
黑龙江测绘地理信息局	Heilongjiang Bureau of Surveying and Mapping Geographic Information	34276	383.38	33819	378.47	280	3.01
上海市规划和自然资源局	Shanghai Municipal Bureau of Planning and Natural Resources	28520	44.66	191	1.02		
江苏省自然资源厅	Department of Natural Resources of Jiangsu Province	25104	160.15	25076	160.03	28	0.12
浙江省自然资源厅	Department of Natural Resources of Zhejiang Province	55346	229.52	32883	86.97	155	0.83
安徽省自然资源厅	Department of Natural Resources of Anhui Province	8349	85.03	8316	84.48	33	0.54
福建省自然资源厅	Department of Natural Resources of Fujian Province	24684	484.32	23720	469.23	644	11.81
江西省自然资源厅	Department of Natural Resources of Jiangxi Province	10915	200.81	10624	191.67	285	9.05
山东省自然资源厅	Department of Natural Resources of Shandong Province	13498	226.05	12709	220.92	789	5.12
河南省自然资源厅	Department of Natural Resources of Henan Province	29071	126.90	25478	108.37	828	5.02
湖北省自然资源厅	Department of Natural Resources of Hubei Province	4069	19.14	3558	17.37	511	1.77
湖南省自然资源厅	Department of Natural Resources of Hunan Province	1267687	2538.46	71201	720.73	4740	38.50
广东省自然资源厅	Department of Natural Resources of Guangdong Province	26869	258.68	25828	246.25	973	11.92
广西壮族自治区自然资源厅	Department of Natural Resources of Guangxi Zhuang Autonomous Region	95082	1200.10	92751	767.31	1868	339.56
海南测绘地理信息局	Hainan Administration of Surveying Mapping and Geoinformation	4290	32.17	4259	26.06	31	6.11
重庆市规划和自然资源局	Chongqing Municipal Bureau of Planning and Natural Resources	28456	85.96	15706	54.01	561	2.53
四川测绘地理信息局	Sichuan Bureau of Surveying, Mapping and Geoinformation	10721	375.31	9976	364.63	745	10.68
贵州省自然资源厅	Department of Natural Resources of Guizhou Province	17187	1900.14	16864	1898.18	323	1.96
云南省自然资源厅	Department of Natural Resources of Yunnan Province	10345	277.35	8549	254.97	611	7.77
西藏自治区自然资源厅	Department of Natural Resources of Tibet Autonomous Region	9517	1450.14	3339	329.19	6178	1120.95
陕西测绘地理信息局	Shaanxi Bureau of Surveying, Mapping and Geoinformation	23030	512.49	22135	500.03	455	10.07
甘肃省自然资源厅	Department of Natural Resources of Gansu Province	22707	519.59	18986	452.63	3574	63.81
青海省自然资源厅	Department of Natural Resources of Qinghai Province	9153	165.32	6774	130.24	1785	30.16
宁夏回族自治区自然资源厅	Department of Natural Resources of Ningxia Hui Autonomous Region	176	2.97	164	2.85	12	0.12
新疆维吾尔自治区自然资源厅	Department of Natural Resources of Xinjiang Uygur Autonomous Region	36682	476.49	35588	465.16	1065	11.21
新疆生产建设兵团自然资源局	Natural Resources Bureau of Xinjiang Production and Construction Corps	2174	6.88	47	0.42	1103	6.06
青岛市自然资源和规划局	Qingdao Natural Resources and Planning Bureau	7801	13.00	794	1.84		
大连市自然资源局	Bureau of Natural Resources, Dalian	2	0.001				
宁波市自然资源和规划局	Ningbo Bureau of Natural Resources and Planning	53331	17.36	4502	1.46		
深圳市规划和自然资源局	Shenzhen Municipal Bureau of Planning and Natural Resources	25287	29.67				
厦门市自然资源和规划局	Xiamen Municipal Natural Resources and Planning Bureau	15198	29.80				
国家基础地理信息中心	National Geomatics Center of China	16813	235.39			16384	226.64

提供情况（2020年）

Mapping Achievements（2020）

数字高程模型(DEM) Digital Elevation Model						数字栅格地图(DRG) Digital Raster Graphic					
合计 Total		#1：10000		#1：50000		合计 Total		#1：10000		#1：50000	
图幅数/幅 Number of Sheet/sheet	数据量/GB Data Volume/GB	图幅数/幅 Number of Sheet/sheet	数据量/GB Data Volume/GB	图幅数/幅 Number of Sheet/sheet	数据量/GB Data Volume/GB	图幅数/幅 Number of Sheet/sheet	数据量/GB Data Volume/GB	图幅数/幅 Number of Sheet/sheet	数据量/GB Data Volume/GB	图幅数/幅 Number of Sheet/sheet	数据量/GB Data Volume/GB
527707	**8432.82**	**412765**	**7472.98**	**68064**	**458.61**	**49889**	**8000.29**	**43702**	**7917.36**	**6009**	**81.98**
18959	181.98	18905	181.01	54	0.97						
208	0.74	154	0.58	54	0.16						
59327	291.58	44480	227.61	14847	63.97	3445	32.40			3445	32.40
36569	183.09	35537	179.92	1015	3.07						
13117	1812.22	11911	1739.18	1206	73.05						
63022	657.84	42300	490.59	20722	167.25						
17638	473.25	17630	473.12	8	0.13	4188	1139.83	4165	1139.59	23	0.24
46552	459.54	5420	50.43	32	0.12						
8358	303.24	8358	303.24			106	8.59	106	8.59		
17698	370.86	17360	369.83	338	1.03	13	0.36			9	0.28
11854	346.67	11840	346.64	10	0.03	1320	6.79	1320	6.79		
8750	235.17	8697	234.96	53	0.21						
7800	50.67	7775	49.62	24	0.50						
11725	107.80	10352	101.09	1373	6.70						
40907	821.59	39353	816.39	1554	5.20	14162	6349.16	12618	6320.80	1544	28.37
15941	244.76	15941	244.76			5065	50.82	5013	50.53	52	0.28
47984	1045.05	47963	1044.78	21	0.27						
3277	105.73	3276	105.45			14	0.29			14	0.29
68	0.16					19	0.04	19	0.04		
7112	82.95	4046	27.30	3066	55.66	6396	190.05	5803	175.19	588	14.67
7232	28.06	7006	23.06	226	5.00	5607	152.04	5476	151.37	131	0.68
4667	73.01	3534	46.91			9323	62.41	9161	61.75		
1338	5.12	959	3.96	379	1.16	12	1.68	8	1.61	4	0.07
19354	239.05	18205	232.72	709	1.87						
11461	94.33	11252	92.98	209	1.35	199	4.70			199	4.70
8468	28.00	6008	18.47	2442	9.50	7	0.07	7	0.07		
6	0.04	6	0.04			6	1.03	6	1.03		
18938	79.98	14491	66.48	4447	13.50	2	0.004				
40	0.12			40	0.12						
4	0.11	4	0.11								
60	2.00	2	1.76								
4024	8.68										
15249	99.41			15235	47.81	5	0.01				

数字测绘成果

Provision of Digital Surveying and

单 位	Department	数字正射影像 (DOM)			
		合计 Total		#1：10000	
		图幅数/幅 Number of Sheet/ sheet	数据量/GB Data Volume/GB	图幅数/幅 Number of Sheet/ sheet	数据量/GB Data Volume/GB
总 计	**Total**	**3530859**	**425907.27**	**243065**	**71584.32**
北京市规划和自然资源委员会	Beijing Municipal Commission of Planning and Natural Resources				
天津市规划和自然资源局	Tianjin Municipal Bureau of Planning and Natural Resources	50020	2930.82	5	0.29
河北省自然资源厅	Department of Natural Resources of Hebei Province	5349	659.07	5349	659.07
山西省自然资源厅	Department of Natural Resources of Shanxi Province	89	29.04	69	22.27
内蒙古自治区自然资源厅	Department of Natural Resources of Inner Mongolia Autonomous Region	792	51.74	790	50.84
辽宁省自然资源厅	Department of Natural Resources of Liaoning Province	13583	1112.98	13360	1027.56
吉林省自然资源厅	Department of Natural Resources of Jilin Province	19187	13527.78	17726	1929.81
黑龙江测绘地理信息局	Heilongjiang Bureau of Surveying and Mapping Geographic Information	262245	21609.06	2376	710.26
上海市规划和自然资源局	Shanghai Municipal Bureau of Planning and Natural Resources	40719	9304.93		
江苏省自然资源厅	Department of Natural Resources of Jiangsu Province	27042	16763.35	25434	16302.87
浙江省自然资源厅	Department of Natural Resources of Zhejiang Province	365646	49309.73	473	414.21
安徽省自然资源厅	Department of Natural Resources of Anhui Province	20622	4320.14	20622	4320.14
福建省自然资源厅	Department of Natural Resources of Fujian Province	489331	39141.17	12067	4021.97
江西省自然资源厅	Department of Natural Resources of Jiangxi Province	8691	3119.55	7498	2354.24
山东省自然资源厅	Department of Natural Resources of Shandong Province	29196	9262.16	29196	9262.16
河南省自然资源厅	Department of Natural Resources of Henan Province	4859	8008.84	4636	5020.54
湖北省自然资源厅	Department of Natural Resources of Hubei Province	1973	57.80	1973	57.80
湖南省自然资源厅	Department of Natural Resources of Hunan Province	1517245	152022.34	61670	19340.43
广东省自然资源厅	Department of Natural Resources of Guangdong Province	27651	2710.04	1023	168.30
广西壮族自治区自然资源厅	Department of Natural Resources of Guangxi Zhuang Autonomous Region	521311	53229.53	584	19.09
海南测绘地理信息局	Hainan Administration of Surveying Mapping and Geoinformation	25507	1978.80	3371	524.65
重庆市规划和自然资源局	Chongqing Municipal Bureau of Planning and Natural Resources				
四川测绘地理信息局	Sichuan Bureau of Surveying, Mapping and Geoinformation	3262	1009.16	3133	965.91.00
贵州省自然资源厅	Department of Natural Resources of Guizhou Province	14261	1672.14	1950	457.30
云南省自然资源厅	Department of Natural Resources of Yunnan Province	35235	15028.97	791	39.29
西藏自治区自然资源厅	Department of Natural Resources of Tibet Autonomous Region	1400	525.95	42	0.94
陕西测绘地理信息局	Shaanxi Bureau of Surveying, Mapping and Geoinformation	7023	1048.73	6579	845.43
甘肃省自然资源厅	Department of Natural Resources of Gansu Province	8590	996.83	8376	873.69
青海省自然资源厅	Department of Natural Resources of Qinghai Province	5566	945.54	5341	869.97
宁夏回族自治区自然资源厅	Department of Natural Resources of Ningxia Hui Autonomous Region	5960	11791.61	3045	892.80
新疆维吾尔自治区自然资源厅	Department of Natural Resources of Xinjiang Uygur Autonomous Region	4875	233.56	4875	233.56
新疆生产建设兵团自然资源局	Natural Resources Bureau of Xinjiang Production and Construction Corps	1885	2778.32		
青岛市自然资源和规划局	Qingdao Natural Resources and Planning Bureau	1400	285.51	702	198.81
大连市自然资源局	Bureau of Natural Resources, Dalian				
宁波市自然资源和规划局	Ningbo Bureau of Natural Resources and Planning	3106	32.41		
深圳市规划和自然资源局	Shenzhen Municipal Bureau of Planning and Natural Resources	853	395.86	9	0.12
厦门市自然资源和规划局	Xiamen Municipal Natural Resources and Planning Bureau	6385	13.82		
国家基础地理信息中心	National Geomatics Center of China				

提供情况（2020年）续表

Mapping Achievements (2020) Continued

Digital Orthophoto Map		其他地理信息数据 Other Geographic Information Data					
#1 : 50000		合计 Total		#1 : 10000		#1 : 50000	
图幅数/幅 Number of Sheet/ sheet	数据量/GB Data Volume/GB	图幅数/幅 Number of Sheet/ sheet	数据量/GB Data Volume/GB	图幅数/幅 Number of Sheet/ sheet	数据量/GB Data Volume/GB	图幅数/幅 Number of Sheet/ sheet	数据量/GB Data Volume/GB
11180	**36015.43**	**692519**	**81860.36**	**7947**	**13558.50**	**833**	**15.47**
20	6.77						
2	0.89						
223	85.42						
1461	11597.96						
1608	460.48	257	13302.87	256	13302.87	1	0.003
4631	21308.31						
		484824	35156.15	7202	30.00	358	6.95
		10723	3555.39			474	8.52
		82	3.94	81	3.91		
1	0.26	9119	23.21				
251	80.96	177452	27626.31				
178	2.36						
119	39.86						
55	11.84						
1035	499.21						
6	2.53						
198	122.67						
225	75.57	122	1967.63				
1167	1720.32	1	0.02				
		9798	3.19	267	0.09		
		141	221.64	141	221.64		

测绘基准成果

Provision of Surveying and Mapping

单位：点

单　位	Department	合计 Total
总　计	**Total**	**155687**
北京市规划和自然资源委员会	Beijing Municipal Commission of Planning and Natural Resources	3618
天津市规划和自然资源局	Tianjin Municipal Bureau of Planning and Natural Resources	83
河北省自然资源厅	Department of Natural Resources of Hebei Province	2726
山西省自然资源厅	Department of Natural Resources of Shanxi Province	706
内蒙古自治区自然资源厅	Department of Natural Resources of Inner Mongolia Autonomous Region	20003
辽宁省自然资源厅	Department of Natural Resources of Liaoning Province	5969
吉林省自然资源厅	Department of Natural Resources of Jilin Province	2794
黑龙江测绘地理信息局	Heilongjiang Bureau of Surveying and Mapping Geographic Information	1982
上海市规划和自然资源局	Shanghai Municipal Bureau of Planning and Natural Resources	10405
江苏省自然资源厅	Department of Natural Resources of Jiangsu Province	4136
浙江省自然资源厅	Department of Natural Resources of Zhejiang Province	1352
安徽省自然资源厅	Department of Natural Resources of Anhui Province	3060
福建省自然资源厅	Department of Natural Resources of Fujian Province	906
江西省自然资源厅	Department of Natural Resources of Jiangxi Province	2504
山东省自然资源厅	Department of Natural Resources of Shandong Province	547
河南省自然资源厅	Department of Natural Resources of Henan Province	576
湖北省自然资源厅	Department of Natural Resources of Hubei Province	1110
湖南省自然资源厅	Department of Natural Resources of Hunan Province	4440
广东省自然资源厅	Department of Natural Resources of Guangdong Province	3183
广西壮族自治区自然资源厅	Department of Natural Resources of Guangxi Zhuang Autonomous Region	21890
海南测绘地理信息局	Hainan Administration of Surveying Mapping and Geoinformation	3221
重庆市规划和自然资源局	Chongqing Municipal Bureau of Planning and Natural Resources	368
四川测绘地理信息局	Sichuan Bureau of Surveying, Mapping and Geoinformation	2053
贵州省自然资源厅	Department of Natural Resources of Guizhou Province	6809
云南省自然资源厅	Department of Natural Resources of Yunnan Province	4583
西藏自治区自然资源厅	Department of Natural Resources of Tibet Autonomous Region	2854
陕西测绘地理信息局	Shaanxi Bureau of Surveying, Mapping and Geoinformation	3465
甘肃省自然资源厅	Department of Natural Resources of Gansu Province	7324
青海省自然资源厅	Department of Natural Resources of Qinghai Province	404
宁夏回族自治区自然资源厅	Department of Natural Resources of Ningxia Hui Autonomous Region	389
新疆维吾尔自治区自然资源厅	Department of Natural Resources of Xinjiang Uygur Autonomous Region	10426
新疆生产建设兵团自然资源局	Natural Resources Bureau of Xinjiang Production and Construction Corps	229
青岛市自然资源和规划局	Qingdao Natural Resources and Planning Bureau	89
大连市自然资源局	Bureau of Natural Resources, Dalian	
宁波市自然资源和规划局	Ningbo Bureau of Natural Resources and Planning	249
深圳市规划和自然资源局	Shenzhen Municipal Bureau of Planning and Natural Resources	544
厦门市自然资源和规划局	Xiamen Municipal Natural Resources and Planning Bureau	34
国家基础地理信息中心	National Geomatics Center of China	20656

提供情况（2020年）

Benchmark Achievements（2020）

Unit：point

测绘基准成果 Measuring Basis						
GPS点 Global Position System Point		三角点 Triangular Point	导线点 Traverse Point	水准点 Benchmark	高程异常点 Elevation Anomaly	其他 Other
小计 Subtotal	卫星定位连续运行基准站点 Satellite Positioning Continuous Operation Reference Station					
34786	**1842**	**28836**	**2801**	**81742**	**1979**	**5543**
369	369		2639	610		
		2		81		
273		1865		588		
434		2		270		
1273		12631		6099		
1634		210		4125		
996		855		943		
149		471		1362		
709				9696		
173				3963		
579	16	16		757		
1592		4		1464		
676		70		160		
1072		26		1406		
337	27			210		
331						245
1004				106		
1793	780			2647		
1906		96		1181		
3470	591			18419	1	
127	10			3075		19
120		19		229		
1105				948		
4516				698	1595	
1474		116		2993		
1470		349	62	973		
1769		380		1316		
21		6148		1155		
34		253		117		
144		62		183		
2166		1257		7003		
218	2	4		7		
13	13			27		49
23			100	126		
264				280		
34	34					
2518		4000		8525	383	5230

航摄成果

Provision of Aerial

单 位	Department	底片 Negative	
		片 Sheet	平方千米 km²
总 计	**Total**	**67**	**488430.00**
北京市规划和自然资源委员会	Beijing Municipal Commission of Planning and Natural Resources		
天津市规划和自然资源局	Tianjin Municipal Bureau of Planning and Natural Resources		
河北省自然资源厅	Department of Natural Resources of Hebei Province		
山西省自然资源厅	Department of Natural Resources of Shanxi Province		
内蒙古自治区自然资源厅	Department of Natural Resources of Inner Mongolia Autonomous Region		
辽宁省自然资源厅	Department of Natural Resources of Liaoning Province		
吉林省自然资源厅	Department of Natural Resources of Jilin Province		
黑龙江测绘地理信息局	Heilongjiang Bureau of Surveying and Mapping Geographic Information		
上海市规划和自然资源局	Shanghai Municipal Bureau of Planning and Natural Resources		
江苏省自然资源厅	Department of Natural Resources of Jiangsu Province		
浙江省自然资源厅	Department of Natural Resources of Zhejiang Province		
安徽省自然资源厅	Department of Natural Resources of Anhui Province		
福建省自然资源厅	Department of Natural Resources of Fujian Province		
江西省自然资源厅	Department of Natural Resources of Jiangxi Province		
山东省自然资源厅	Department of Natural Resources of Shandong Province		
河南省自然资源厅	Department of Natural Resources of Henan Province		
湖北省自然资源厅	Department of Natural Resources of Hubei Province		
湖南省自然资源厅	Department of Natural Resources of Hunan Province		
广东省自然资源厅	Department of Natural Resources of Guangdong Province		
广西壮族自治区自然资源厅	Department of Natural Resources of Guangxi Zhuang Autonomous Region	67	488430.00
海南测绘地理信息局	Hainan Administration of Surveying Mapping and Geoinformation		
重庆市规划和自然资源局	Chongqing Municipal Bureau of Planning and Natural Resources		
四川测绘地理信息局	Sichuan Bureau of Surveying, Mapping and Geoinformation		
贵州省自然资源厅	Department of Natural Resources of Guizhou Province		
云南省自然资源厅	Department of Natural Resources of Yunnan Province		
西藏自治区自然资源厅	Department of Natural Resources of Tibet Autonomous Region		
陕西测绘地理信息局	Shaanxi Bureau of Surveying, Mapping and Geoinformation		
甘肃省自然资源厅	Department of Natural Resources of Gansu Province		
青海省自然资源厅	Department of Natural Resources of Qinghai Province		
宁夏回族自治区自然资源厅	Department of Natural Resources of Ningxia Hui Autonomous Region		
新疆维吾尔自治区自然资源厅	Department of Natural Resources of Xinjiang Uygur Autonomous Region		
新疆生产建设兵团自然资源局	Natural Resources Bureau of Xinjiang Production and Construction Corps		
青岛市自然资源和规划局	Qingdao Natural Resources and Planning Bureau		
大连市自然资源局	Bureau of Natural Resources, Dalian		
宁波市自然资源和规划局	Ningbo Bureau of Natural Resources and Planning		
深圳市规划和自然资源局	Shenzhen Municipal Bureau of Planning and Natural Resources		
厦门市自然资源和规划局	Xiamen Municipal Natural Resources and Planning Bureau		
国家基础地理信息中心	National Geomatics Center of China		

提供情况（2020年）

Photography Achievements（2020）

像片 Photograph		拷贝片 Copy Film		航摄数据 Aerial Photography Data	
片 Sheet	平方千米 km^2	片 Sheet	平方千米 km^2	GB	平方千米 km^2
3886	**3118.51**	**60418**	**31183.10**	**602695.41**	**1121434.70**
593	0.51			9.33	0.51
3216	2348.00			28951.39	30711.00
				1083.98	4271.37
				4631.73	108800.00
				134566.08	112752.00
				66.23	1271.00
				2246.04	17343.00
				171.80	2100.00
77	770.00	2	20.00	3.01	495751.82
				1301.84	9099.00
				6452.38	1669.00
		46065	261.10		
				95641.60	67671.00
				13496.32	22991.00
				32280.88	32055.00
				305.00	5682.00
		14351	30902.00	10526.68	30902.00
				170.00	11282.00
				270791.12	167083.00

卫星影像

Provision of

单 位	Department	合计 Total	
		GB	平方千米 km²
总 计	**Total**	**2309537.23**	**14602676262.62**
北京市规划和自然资源委员会	Beijing Municipal Commission of Planning and Natural Resources		
天津市规划和自然资源局	Tianjin Municipal Bureau of Planning and Natural Resources	1528.76	106000.00
河北省自然资源厅	Department of Natural Resources of Hebei Province		
山西省自然资源厅	Department of Natural Resources of Shanxi Province	2905.66	1686090.00
内蒙古自治区自然资源厅	Department of Natural Resources of Inner Mongolia Autonomous Region	157073.79	2368815.60
辽宁省自然资源厅	Department of Natural Resources of Liaoning Province	3386.49	3767096.00
吉林省自然资源厅	Department of Natural Resources of Jilin Province	5947.94	39895.00
黑龙江测绘地理信息局	Heilongjiang Bureau of Surveying and Mapping Geographic Information	84001.76	68432228.47
上海市规划和自然资源局	Shanghai Municipal Bureau of Planning and Natural Resources		
江苏省自然资源厅	Department of Natural Resources of Jiangsu Province	11.80	23149.00
浙江省自然资源厅	Department of Natural Resources of Zhejiang Province	6553.60	5870000.00
安徽省自然资源厅	Department of Natural Resources of Anhui Province	25514.50	3318159.00
福建省自然资源厅	Department of Natural Resources of Fujian Province	50660.45	9861926.20
江西省自然资源厅	Department of Natural Resources of Jiangxi Province	9005.64	166900.00
山东省自然资源厅	Department of Natural Resources of Shandong Province		
河南省自然资源厅	Department of Natural Resources of Henan Province	80000.95	5389700.98
湖北省自然资源厅	Department of Natural Resources of Hubei Province	147.75	76009.00
湖南省自然资源厅	Hainan Administration of Surveying Mapping and Geoinformation	8740.30	688739.00
广东省自然资源厅	Department of Natural Resources of Guangdong Province		
广西壮族自治区自然资源厅	Department of Natural Resources of Guangxi Zhuang Autonomous Region	387967.33	36156683.06
海南测绘地理信息局	Hainan Administration of Surveying Mapping and Geoinformation	15239.13	558562.36
重庆市规划和自然资源局	Chongqing Municipal Bureau of Planning and Natural Resources	3215.71	238844.00
四川测绘地理信息局	Sichuan Bureau of Surveying, Mapping and Geoinformation		
贵州省自然资源厅	Department of Natural Resources of Guizhou Province	198111.88	97780842.00
云南省自然资源厅	Department of Natural Resources of Yunnan Province	3631.00	86520.00
西藏自治区自然资源厅	Department of Natural Resources of Tibet Autonomous Region		
陕西测绘地理信息局	Shaanxi Bureau of Surveying, Mapping and Geoinformation	6443.73	5323356.00
甘肃省自然资源厅	Department of Natural Resources of Gansu Province	20239.00	4612472.00
青海省自然资源厅	Department of Natural Resources of Qinghai Province	16909.24	3105141.00
宁夏回族自治区自然资源厅	Department of Natural Resources of Ningxia Hui Autonomous Region	295.63	1024514.00
新疆维吾尔自治区自然资源厅	Department of Natural Resources of Xinjiang Uygur Autonomous Region	4596.00	260693.22
新疆生产建设兵团自然资源局	Natural Resources Bureau of Xinjiang Production and Construction Corps		
青岛市自然资源和规划局	Qingdao Natural Resources and Planning Bureau	172.33	11282.00
大连市自然资源局	Bureau of Natural Resources, Dalian		
宁波市自然资源和规划局	Ningbo Bureau of Natural Resources and Planning	182.40	61971.00
深圳市规划和自然资源局	Shenzhen Municipal Bureau of Planning and Natural Resources	1251.19	9537.73
厦门市自然资源和规划局	Xiamen Municipal Natural Resources and Planning Bureau		
国家基础地理信息中心	National Geomatics Center of China	285.00	8800.00
自然资源部国土卫星遥感应用中心	Land Satellite Remote Sensing Application Center, MNR	1215518.25	14351642336.00

提供情况（2020年）
Satellite Images（2020）

1米(含)以内 within 1m（Including）		1~2.5米(含) 1 ~ 2.5m（Including）		2.5~10米(含) 2.5 ~ 10m（Including）		10米以上 above 10m	
GB	平方千米 km^2	GB	平方千米 km^2	GB	平方千米 km^2	GB	平方千米 km^2
903067.84	**151270574.16**	**1332657.42**	**2977757587.81**	**17604.59**	**2752468.50**	**56207.38**	**11470895632.15**
1355.00	94000.00	173.76	12000.00				
321.29	10000.00	2535.35	1208090.00	49.02	468000.00		
107868.16	1183000.00	49205.63	1185815.60				
2415.04	1764925.60	971.45	2002170.40				
5946.29	32895.00	1.65	7000.00				
22722.02	1841413.11	57284.20	37295764.99	634.06	412815.09	3361.48	28882235.28
				11.80	23149.00		
3072.00	530000.00	3481.60	5340000.00				
15174.50	3003159.00	10340.00	315000.00				
41363.04	3656994.20	8561.47	5005153.00	340.81	432429.00	395.12	767350.00
		9005.64	166900.00				
32203.50	2063204.36	31353.77	2338415.62	16443.69	988081.00		
2.83	1800.00	144.92	74209.00				
209.58	28166.00	8530.72	660573.00				
102999.17	4372992.89	284664.10	25723089.26	17.79	283820.04	286.27	5776780.87
14926.85	546009.67	312.29	12552.69				
		3215.71	238844.00				
159037.54	60439690.00	39074.34	37341152.00				
3631.00	86520.00						
		6443.73	5323356.00				
12528.16	1487710.00	7710.85	3124762.00				
3795.90	493091.00	13113.34	2612050.00				
192.40	660434.00	0.03	222000.00	103.20	142080.00		
150.00	13213.67	4446.00	247479.55				
172.33	11282.00						
182.40	61971.00						
1239.10	7433.66	7.87	9.70	4.22	2094.37		
285.00	8800.00						
371274.73	68871869.00	792079.01	2847301201.00			52164.51	11435469266.00

地理国情
Geographic Conditions

单位：GB

单　位	Department	合计 Total
总　计	**Total**	**763105.08**
北京市规划和自然资源委员会	Beijing Municipal Commission of Planning and Natural Resources	
天津市规划和自然资源局	Tianjin Municipal Bureau of Planning and Natural Resources	0.02
河北省自然资源厅	Department of Natural Resources of Hebei Province	58618.54
山西省自然资源厅	Department of Natural Resources of Shanxi Province	
内蒙古自治区自然资源厅	Department of Natural Resources of Inner Mongolia Autonomous Region	344.52
辽宁省自然资源厅	Department of Natural Resources of Liaoning Province	17469.04
吉林省自然资源厅	Department of Natural Resources of Jilin Province	0.12
黑龙江测绘地理信息局	Heilongjiang Bureau of Surveying and Mapping Geographic Information	54033.84
上海市规划和自然资源局	Shanghai Municipal Bureau of Planning and Natural Resources	
江苏省自然资源厅	Department of Natural Resources of Jiangsu Province	
浙江省自然资源厅	Department of Natural Resources of Zhejiang Province	451.95
安徽省自然资源厅	Department of Natural Resources of Anhui Province	38.96
福建省自然资源厅	Department of Natural Resources of Fujian Province	75.86
江西省自然资源厅	Department of Natural Resources of Jiangxi Province	57.92
山东省自然资源厅	Department of Natural Resources of Shandong Province	32.67
河南省自然资源厅	Department of Natural Resources of Henan Province	28142.96
湖北省自然资源厅	Department of Natural Resources of Hubei Province	17027.80
湖南省自然资源厅	Department of Natural Resources of Hunan Province	28400.93
广东省自然资源厅	Department of Natural Resources of Guangdong Province	2213.36
广西壮族自治区自然资源厅	Department of Natural Resources of Guangxi Zhuang Autonomous Region	342204.63
海南测绘地理信息局	Hainan Administration of Surveying Mapping and Geoinformation	7.16
重庆市规划和自然资源局	Chongqing Municipal Bureau of Planning and Natural Resources	25.39
四川测绘地理信息局	Sichuan Bureau of Surveying, Mapping and Geoinformation	7667.53
贵州省自然资源厅	Department of Natural Resources of Guizhou Province	433.23
云南省自然资源厅	Department of Natural Resources of Yunnan Province	19524.69
西藏自治区自然资源厅	Department of Natural Resources of Tibet Autonomous Region	104.67
陕西测绘地理信息局	Shaanxi Bureau of Surveying, Mapping and Geoinformation	23382.70
甘肃省自然资源厅	Department of Natural Resources of Gansu Province	652.36
青海省自然资源厅	Department of Natural Resources of Qinghai Province	16929.65
宁夏回族自治区自然资源厅	Department of Natural Resources of Ningxia Hui Autonomous Region	1018.12
新疆维吾尔自治区自然资源厅	Department of Natural Resources of Xinjiang Uygur Autonomous Region	124836.30
新疆生产建设兵团自然资源局	Natural Resources Bureau of Xinjiang Production and Construction Corps	3204.97
青岛市自然资源和规划局	Qingdao Natural Resources and Planning Bureau	174.41
大连市自然资源局	Bureau of Natural Resources, Dalian	
宁波市自然资源和规划局	Ningbo Bureau of Natural Resources and Planning	
深圳市规划和自然资源局	Shenzhen Municipal Bureau of Planning and Natural Resources	0.78
厦门市自然资源和规划局	Xiamen Municipal Natural Resources and Planning Bureau	
国家基础地理信息中心	National Geomatics Center of China	16030.00

数据提供情况（2020年）

Data Provision（2020）

Unit: GB

地形地貌数据 Topographic Data	遥感影像数据 Remote Sensing Image Data	遥感影像解译样本数据 Remote Sensing Image Interpretation Sample Data	地表覆盖数据 Surface Coverage Data	地理国情要素数据 Geographic Element Data	专题数据 Thematic Data	地理国情统计分析数据 Statistical Analysis Data of Geographical Condition
2406.30	**752088.40**	**3344.25**	**2294.42**	**2761.47**	**163.67**	**46.58**
			0.02			
	57415.14	1033.43	131.77	23.13	15.06	0.001
101.51			243.01			
16.99	17364.13	1.55	43.19	43.19		
			0.06	0.06		
308.71	52555.02	1107.35	44.54	16.10	2.11	
	437.00		14.95			
			33.11	5.85		
			4.52	71.33		
				57.92		
			32.67			
	28093.12		22.61	27.22		
	16767.58		125.49	79.98	8.38	46.37
0.81	28338.68			61.44		
			812.83	1400.53		
	341655.93	157.94	191.75	96.79	102.22	0.005
	0.57		4.45	2.14		
			9.09	16.29		
	7611.23	6.18	25.06	25.06		
		226.40	165.46	41.37		
	18620.68		246.50	621.61	35.90	
			104.67			
	22720.55	602.34	4.02	55.79		
	590.00			62.36		
	16909.24		10.29	10.12		
	859.50	136.23		22.39		
432.90	124323.00	62.90		17.50		
1536.00	1658.60	9.92		0.45		
	172.33		0.23	1.85		
			0.002	0.003		
			0.39	0.20		0.20
9.38	15996.09		23.73	0.80		

地图审核情况（2020年）

Map Review（2020）

地区	Region	地图审核/件 Map Review/number			地图内容审查 Map Content Review							
		收到送审数 Number of Received for Approval	受理审核数 Number of Accepted Audit	批准通过数 Number of Approval	地图/（集/册/幅） Map/(set/book/sheet)	教学教辅地图/幅 Teaching Assistant Map/sheet	图书报纸期刊插附地图/幅 Maps in Book, Newspaper and Periodical/sheet	进口地图/幅 Import Map/sheet	地球仪/种 Globe/kind	导航电子地图/件 Navigation Electronic Map/number	互联网地图/件 Internet Map/number	其他地图/幅 Other Map/sheet
总 计	**Total**	**11346**	**11290**	**10001**	**76531**	**1705**	**422282**	**16683**	**95**	**204**	**872**	**6159**
北 京	Beijing	64	51	42	400	22	89				2	1
天 津	Tianjin	20	20	20			40					
河 北	Hebei	36	35	44	148		26			1	15	
山 西	Shanxi	14	14	10	247		102					24
内蒙古	Inner Mongolia	140	121	121	426	58	1622				1	27
辽 宁	Liaoning	11	11	11	786	8	32					
吉 林	Jilin	395	395	379	2518		593					
黑龙江	Heilongjiang	107	107	107	107							
上 海	Shanghai	120	120	120			157				1	1039
江 苏	Jiangsu	44	42	38	430		97				8	
浙 江	Zhejiang	30	30	30	984	4	422				1	
安 徽	Anhui	33	33	32	62	108	92				4	1
福 建	Fujian	80	74	72	110		105				31	
江 西	Jiangxi	200	200	200	185						15	
山 东	Shandong	20	20	20	3		8					11
河 南	Henan	40	40	40	909						3	
湖 北	Hubei	15	15	15	86		422				2	
湖 南	Hunan	145	144	144	7831		37				6	
广 东	Guangdong	171	171	152	1176		62				2	2
广 西	Guangxi	83	83	83	86		352				1	323
海 南	Hainan	87	86	86	65	453	735	13				
重 庆	Chongqing	97	97	97	821		44				3	
四 川	Sichuan	222	222	220	2129		54				78	
贵 州	Guizhou	17	17	14	175		541				1	
云 南	Yunnan	121	121	121	664	107	453				1	
西 藏	Tibet	42	42	21	637							
陕 西	Shaanxi	74	64	62	207		488				1	5
甘 肃	Gansu	9	9	8	481		28				2	26
青 海	Qinghai	58	58	58	58							
宁 夏	Ningxia	28	25	25	215		108					1
新 疆	Xinjiang	198	198	180	389		310				2	2
自然资源部	MNR	8625	8625	7429	54196	945	415263	16670	95	203	692	4697

注：表中数据包括国家、省级和新疆生产建设兵团自然资源主管部门数据。其中陕西省、黑龙江省、四川省、海南省数据由自然资源部派出机构陕西测绘地理信息局、黑龙江测绘地理信息局、四川测绘地理信息局和海南测绘地理信息局负责，自然资源部地图内容审查数据来源于自然资源部地图技术审查中心。

Note: The data in the table include the data of national, provincial and Xinjiang Production and Construction Corps natural resources authorities. Among them, the data of Shaanxi, Heilongjiang, Sichuan and Hainan are in the charge of Shaanxi Bureau of Surveying, Mapping and Geoinformation, Heilongjiang Bureau of Surveying and Mapping Geographic Information, Sichuan Bureau of Surveying Mapping and Geoinformation and Hainan Administration of Surveying Mapping and Geoinformation, which are dispatched by the Ministry of Natural Resources. The map content review data of the Ministry of Natural Resources come from the Map Technology Review Center of the Ministry of Natural Resources.

主要统计指标解释

测绘资质单位数量 指报告期末持有经自然资源部或者省级自然资源主管部门颁发《测绘资质证书》的单位总数。

服务总值 指从事测绘及相关活动的单位报告期内完成各种测绘项目或提供各种测绘服务实现的总值（总产出），根据单位财务统计数据计算得出。

测绘从业人员年末人数 指年末测绘资质单位实有的测绘从业人员数。从业人员指在本单位工作，并取得工资或其他形式的劳动报酬的全部人员。对于专门从事测绘活动的单位，填报整个单位年末从业人员总数；对于除从事测绘活动外还从事其他活动（如规划、勘察、设计、施工等）的单位，填报具有相对独立建制的测绘生产机构的年末从业人员总数。

GNSS大地控制点测量 GNSS（Global Navigation Satellite System）即全球导航卫星系统，包括GPS、GLONASS、GALILEO、北斗等。统计报告期内完成观测成果的各等级网点数。

水准测量 指观测的各等级网点数与观测长度。

重力测量 指观测的重力基准点和基本点数。

本地似大地水准面精化 指由GNSS、水准、重力等综合技术精化的本地高精度、高分辨率似大地水准面。

数字线划地图（DLG） 指以点、线、面形式或地图特定图形符号形式，表达地形要素的地理信息矢量数据集。点要素在矢量数据中表示为一组坐标及相应的属性值；线要素表示为一串坐标组及相应的属性值；面要素表示为首尾点重合的一串坐标组及相应的属性值。数字线划图是国家基础地理信息数字成果的主要组成部分之一。

数字高程模型（DEM） 指在一定范围内通过规则格网点描述地面高程信息的数据集。用于反映区域地貌形态的空间分布，数字高程模型是国家基础地理信息数字成果的主要组成部分之一。

数字正射影像（DOM） 指将地表航空航天影像经垂直投影而生成的影像数据集。参照地形图要求对正射影像数据按图幅范围进行裁剪，配以图廓整饰，即成为数字正射影像图。它具有相片的影像特征和地图的几何精度，是国家基础地理信息数字成果的主要组成部分之一。

地形图 指地表起伏形态和地物位置、形状在水平面上的投影图。该指标统计纸质形式的地形图，包括模拟地形图和用地形图制图数据喷绘的纸图，按1：500、1：1000、1：2000、1：5000、1：1万、1：2.5万、1：5万、1：10万、1：25万、1：50万、1：100万和其他比例尺分别进行统计。

数字测绘成果 包括数字线划地图（DLG）、数字高程模型（DEM）、数字栅格地图（DRG）、数字正射影像（DOM）和其他地理信息数据。

Explanatory Notes on Main Statistical Indicators

Number of Surveying and Mapping Qualification Units—the total number of units holding the surveying and mapping qualification issued by the Ministry of Natural Resources or the provincial natural resources departments at the end of the reporting period.

Total Service Value—the total value （total output） of various mapping projects or various mapping services provided by units engaged in surveying and mapping and related activities during the reporting period, which is calculated based on their financial statistics.

Employee of Surveying and Mapping Qualification Unit at the End of the Year—the actual number of employees working in qualified surveying and mapping units at the end of the year. Employees refer to all personnel who work in their own units and receive wages or other forms of labor remuneration. Units specialized in surveying and mapping should fill in the total number of employees at the end of the year; Units engaged in other activities （such as planning, investigation, design, construction, etc.） besides surveying mapping should fill in the total number of employees working in surveying and mapping institutions with relatively independent system at the end of the year.

GNSS Geodetic Control Point Surveying—GNSS（Global Navigation Satellite System） is a global navigation satellite system, including GPS, GLONASS, GALILEO, Beidou, etc. The point number at all levels of networks that have completed observations in the reporting period should be counted.

Leveling—the number of observation points and observation length.

Gravity Measurement—the observed gravity datum and basic point number.

Local Quasi Geoid Refinement—the local high-precision and high-resolution quasi geoid refined by GNSS, leveling, gravity and other comprehensive technologies.

Digital Line Graphic （**DLG**）—the geographic information vector data set that expresses terrain features in the form of point, line, surface or specific graphic symbols of map. In vector data points are represented as a set of coordinates and corresponding attribute values; lines are represented as a set of coordinate groups and corresponding attribute values; surfaces are represented as a series of coordinate groups with coincident heads and tails and corresponding attribute values. DLG is one of the main component of digital achievements of national basic geographic information.

Digital Elevation Model （**DEM**）—the data set that describes the ground elevation information through regular grid points in a certain range. It is used to reflect the spatial distribution of regional geomorphology. DEM is one of the main component of digital achievements of national basic geographic information.

Digital Orthophoto Map （**DOM**）—the image data set generated by vertical projection of surface aerospace images. According to the requirements of topographic map, the orthophoto data are cropped according to the scope of map and decorated with the map outline, and that is a digital orthophoto map. It has the image feature of the photo and the geometric accuracy of the map, and is one of the main component of digital achievements of national basic geographic information.

Topographic Map—the projection map with surface relief, location and shape on the horizontal plane. This index is used to count paper-based topographic maps, including simulated topographic maps and paper maps painted with topographic mapping data. The statistics are carried out at 1 : 500, 1 : 1000, 1 : 2000, 1 : 5000, 1 : 10000, 1 : 25000, 1 : 50000, 1 : 100000, 1 : 250000, 1 : 500000, 1 : 1000000 and other scales.

Digital Surveying and Mapping Achievement—includes Digital Line Graph (DLG), Digital Elevation Model (DEM), Digital Raster Graph (DRG), Digital Orthophoto Map (DOM) and other geographic data.

三、国土空间规划和用途管制情况

Chapter 3 Planning and Use Control of Land Space

农用地转用

Approval of Agricultural

单位：公顷

年份/地区	Year/Region	批准建设用地面积合计 Total Area of Approved Construction-use Land	农用地转用 Conversion of Agricultural Land	耕地 Cultivated Land
	2018	**379217.09**	**265097.76**	**156975.18**
	2019	**327245.61**	**229767.43**	**124243.26**
	2020	**420631.33**	**295479.71**	**167461.85**
北京	Beijing	1287.63	413.93	117.23
天津	Tianjin	2109.74	1357.23	671.09
河北	Hebei	22699.21	16999.44	14330.25
山西	Shanxi	8190.72	6089.20	4690.87
内蒙古	Inner Mongolia	23833.17	17326.37	4289.42
辽宁	Liaoning	6347.32	5447.72	3900.99
吉林	Jilin	10641.84	8084.84	6150.28
黑龙江	Heilongjiang	6300.78	5444.39	3774.52
上海	Shanghai	3908.40	2102.75	1472.55
江苏	Jiangsu	9176.34	6133.42	4044.32
浙江	Zhejiang	9803.95	6892.82	4178.26
安徽	Anhui	16632.70	12324.30	9015.24
福建	Fujian	6017.89	4738.18	1864.95
江西	Jiangxi	20841.14	16684.09	7279.52
山东	Shandong	36466.56	25468.23	19133.53
河南	Henan	19874.02	14926.02	12034.95
湖北	Hubei	10453.86	8455.85	4813.55
湖南	Hunan	10539.59	9407.62	4236.06
广东	Guangdong	16590.26	13169.43	3510.38
广西	Guangxi	8582.08	6764.01	2966.13
海南	Hainan	1903.16	1651.05	557.62
重庆	Chongqing	5163.66	4690.99	2930.76
四川	Sichuan	46585.75	28861.10	16659.96
贵州	Guizhou	17465.53	12508.05	7573.07
云南	Yunnan	25190.37	17405.71	8445.89
西藏	Tibet	3158.44	1863.73	197.25
陕西	Shaanxi	18679.45	13029.87	7059.53
甘肃	Gansu	12111.86	6128.43	5415.31
青海	Qinghai	4318.70	2943.42	1019.35
宁夏	Ningxia	3184.09	2009.89	718.40
新疆	Xinjiang	32573.12	16157.62	4410.63

批准情况

Land Conversion

Unit: hm^2

国务院批准用地 Land Approved by the State Council			省级政府批准用地 Land Approved by Provincial Government		
	农用地转用 Conversion of Agricultural Land			农用地转用 Conversion of Agricultural Land	
		耕地 Cultivated Land			耕地 Cultivated Land
105682.32	**77494.13**	**45999.03**	**273534.77**	**187603.63**	**110976.16**
138315.18	**103818.50**	**52865.00**	**188930.43**	**125948.93**	**71378.26**
190286.19	**141866.39**	**78403.53**	**230345.14**	**153613.32**	**89058.33**
			1287.63	413.93	117.23
732.55	477.29	343.74	1377.19	879.94	327.35
17887.48	13167.01	11292.96	4811.73	3832.44	3037.29
1880.23	1501.21	1076.37	6310.50	4587.99	3614.50
11194.81	8675.49	2050.38	12638.36	8650.87	2239.05
2083.91	1927.64	1168.45	4263.41	3520.09	2732.54
3224.32	3018.11	2075.93	7417.52	5066.72	4074.35
2163.20	1917.11	1456.87	4137.58	3527.28	2317.64
			3908.40	2102.75	1472.55
3118.12	2194.52	1288.69	6058.21	3938.90	2755.63
2836.37	2112.56	1051.01	6967.58	4780.26	3127.25
9247.42	6977.04	5188.16	7385.28	5347.26	3827.08
3151.36	2376.19	796.70	2866.53	2362.00	1068.25
4314.11	3967.90	1076.40	16527.04	12716.19	6203.12
9896.22	8627.50	6680.59	26570.34	16840.73	12452.94
13573.59	11181.27	9066.55	6300.43	3744.75	2968.40
6990.65	5677.75	3432.06	3463.21	2778.10	1381.49
2710.99	2536.26	857.77	7828.60	6871.36	3378.30
5855.48	5202.20	1936.23	10734.78	7967.23	1574.15
1525.05	1315.64	614.64	7057.03	5448.36	2351.49
924.97	839.23	281.49	978.19	811.82	276.13
510.16	422.05	226.92	4653.50	4268.94	2703.85
28451.95	18335.51	9655.79	18133.80	10525.59	7004.17
5748.88	4204.14	2192.26	11716.65	8303.91	5380.81
20838.88	13883.25	6592.55	4351.49	3522.46	1853.34
3158.44	1863.73	197.25			
9699.69	8339.57	3915.48	8979.77	4690.30	3144.05
4017.27	2156.95	1832.41	8094.59	3971.48	3582.89
3430.19	2271.58	737.30	888.51	671.84	282.05
1341.90	925.04	335.63	1842.19	1084.85	382.77
9778.01	5772.64	982.94	22795.11	10384.97	3427.69

农用地转用

Approval of Agricultural

单位：公顷

年份/地区	Year/Region	城镇村建设用地面积 Area of Land for Construction in City, Town and Village				
			商服用地 Land for Commercial and Service Uses	工矿仓储用地 Land for Industry, Mining and Warehousing uses	住宅用地 Land for Residential Use	公共管理与公共服务用地 Land Used for Public Management and Public Service
	2018	**264179.87**	**34392.51**	**87009.00**	**57139.06**	**45904.54**
	2019	**195013.17**	**23769.38**	**67128.40**	**40045.19**	**36230.58**
	2020	**206921.98**	**18751.96**	**76334.32**	**38182.00**	**45049.34**
北　京	Beijing	1253.00	33.45	122.64	452.38	325.44
天　津	Tianjin	1185.60	25.84	238.05	330.54	332.35
河　北	Hebei	16680.19	1327.99	3506.96	2133.11	3275.68
山　西	Shanxi	6046.31	411.48	2577.25	1225.20	1473.67
内蒙古	Inner Mongolia	7741.81	442.22	4281.66	111.54	2724.54
辽　宁	Liaoning	3640.98	338.32	1864.83	772.59	343.52
吉　林	Jilin	6800.39	542.22	1689.10	1839.84	1815.42
黑龙江	Heilongjiang	2752.08	171.97	1539.24	338.00	473.08
上　海	Shanghai	3827.97	242.77	88.67	456.04	489.83
江　苏	Jiangsu	5539.01	458.60	2979.61	790.87	1014.16
浙　江	Zhejiang	6776.43	653.90	2055.60	1836.51	1244.16
安　徽	Anhui	5806.79	205.92	1866.34	1178.93	1499.34
福　建	Fujian	2464.80	71.03	704.54	495.89	664.93
江　西	Jiangxi	15477.04	1245.00	4421.01	2862.95	4249.20
山　东	Shandong	25415.32	1210.77	12106.32	5111.00	4475.07
河　南	Henan	5563.66	440.87	2402.23	950.51	1519.00
湖　北	Hubei	3165.66	443.97	1257.10	431.46	408.54
湖　南	Hunan	6365.75	282.53	2635.16	951.93	1252.32
广　东	Guangdong	10372.05	1301.66	4298.29	1478.28	2224.75
广　西	Guangxi	6620.02	434.09	3444.31	891.29	1539.41
海　南	Hainan	978.19	191.56	215.81	129.96	257.79
重　庆	Chongqing	3898.99	73.99	1956.01	93.81	962.45
四　川	Sichuan	16093.44	1975.77	5200.93	4461.77	3502.57
贵　州	Guizhou	10418.66	2179.97	2482.08	2258.90	2679.12
云　南	Yunnan	4101.68	711.58	1384.49	1110.72	674.85
西　藏	Tibet					
陕　西	Shaanxi	8492.18	1089.57	3410.31	1801.82	1548.95
甘　肃	Gansu	7036.41	995.67	2521.21	1358.00	1371.25
青　海	Qinghai	466.50	44.25	44.93	91.99	148.56
宁　夏	Ningxia	1519.36	106.14	793.56	103.20	395.29
新　疆	Xinjiang	10421.72	1098.86	4246.06	2133.00	2164.07

批准情况 续表

Land Conversion continued

Unit: hm^2

交通运输用地 Land Used for Transport	单独选址建设用地面积 Area of Land for Construction at Separated Selected Sites			
		交通运输用地 Land Used for Transport	水利设施用地 Land Used for Water and Conservancy Facilities	能源用地 Land Used for Energy Project
27187.18	**114774.65**	**67968.35**	**9203.82**	**27991.56**
22566.53	**132232.45**	**84328.09**	**14329.22**	**24846.10**
20354.51	**213709.35**	**148542.82**	**24718.35**	**30634.57**
297.38	34.63	34.63		
258.01	924.14	914.88	0.26	8.93
3031.66	6019.02	5011.65	3.97	886.53
339.82	2144.42	1741.71	150.09	252.61
159.58	16091.36	12937.90	527.80	1629.08
235.83	2706.34	1856.57	210.74	213.20
843.63	3841.45	2970.53	301.87	264.87
203.84	3548.70	2048.81	823.96	568.39
441.86	80.44	58.55		
186.93	3637.33	3343.12	51.15	90.71
768.61	3027.52	1814.63	470.32	425.67
960.22	10825.91	4372.62	6180.39	73.30
488.19	3553.10	2147.84	1328.98	4.93
2169.36	5364.10	5210.93		45.71
2165.03	11051.23	9168.21	1383.03	309.20
196.83	14310.36	10853.98	2729.93	352.81
588.98	7288.20	6560.73	410.71	249.43
1181.24	4173.84	3435.05	39.18	414.08
707.14	6218.20	5790.72	84.34	333.80
304.50	1962.06	1702.79		42.56
163.17	924.97	924.97		
761.76	1264.67	1014.75	59.69	17.47
922.02	30492.31	15897.04	2918.44	10568.38
718.45	7046.87	4410.02	1761.44	696.03
195.24	21088.69	13015.89	737.60	7188.30
	3158.44	165.05		2993.39
455.89	10187.27	8593.40	1324.81	230.88
742.54	5075.45	4399.58	37.29	197.65
136.44	3852.20	3302.13	352.00	110.97
117.70	1664.73	1369.97	46.00	194.70
612.68	22151.40	13474.18	2784.37	2271.02

土地
Land

单位：公顷

年份/地区	Year/Region	土地征收面积合计 Total Area of Requisitioned Land	农用地 Agricultural Land	耕地 Cultivated Land	国务院批准 Requisitioned Land Area Approved by the State Council	农用地 Agricultural Land	耕地 Cultivated Land
	2018	**287398.41**	**217394.53**	**131938.37**	**76551.20**	**63278.02**	**35781.52**
	2019	**280363.77**	**212292.68**	**123162.73**	**89453.54**	**77090.13**	**40212.43**
	2020	**363400.69**	**285639.96**	**175144.80**	**140986.24**	**121259.08**	**70075.54**
北　京	Beijing	1635.88	747.36	318.46			
天　津	Tianjin	1921.98	1563.44	941.47	492.19	455.62	339.46
河　北	Hebei	23401.73	20038.98	16237.05	5441.99	5016.91	3806.66
山　西	Shanxi	8552.67	6184.24	4727.76	1898.95	1533.50	1105.88
内蒙古	Inner Mongolia	19303.75	14576.92	3824.18	10919.46	8616.10	1832.27
辽　宁	Liaoning	6955.40	5644.64	4060.14	2054.57	1908.38	1180.80
吉　林	Jilin	9871.88	7381.80	6472.84	2440.49	2361.17	2046.73
黑龙江	Heilongjiang	3838.34	3340.19	2824.56	1432.77	1268.78	1036.46
上　海	Shanghai	2290.28	1646.71	1325.94			
江　苏	Jiangsu	8471.96	5879.64	3893.88	2519.90	2062.79	1240.44
浙　江	Zhejiang	13842.83	11185.72	6858.98	2613.04	2345.60	1185.88
安　徽	Anhui	18561.47	14521.52	10359.01	8676.11	6862.72	5150.38
福　建	Fujian	5109.17	4320.85	1759.59	2636.07	2279.55	788.77
江　西	Jiangxi	19310.25	15693.26	6797.35	4314.47	3949.13	1104.59
山　东	Shandong	34734.06	26829.64	20004.78	9750.31	8921.93	6899.25
河　南	Henan	19197.98	15420.45	12646.09	12362.88	11312.33	9282.56
湖　北	Hubei	9454.75	8113.21	4635.94	6058.46	5406.19	3288.92
湖　南	Hunan	10969.04	9829.72	4506.73	2600.25	2448.75	857.25
广　东	Guangdong	17037.36	14336.38	3981.68	5402.39	4936.25	1874.81
广　西	Guangxi	6374.71	5133.26	2544.92	1392.19	1240.13	600.66
海　南	Hainan	1680.18	1399.59	586.69	780.10	721.10	265.26
重　庆	Chongqing	10048.70	9408.08	5528.46	415.24	392.16	211.66
四　川	Sichuan	37108.52	27594.69	16631.53	19906.22	17259.94	9712.88
贵　州	Guizhou	16460.23	12916.47	7833.75	4817.19	4139.96	2162.02
云　南	Yunnan	21924.97	16615.84	8307.63	17650.98	13372.94	6473.78
西　藏	Tibet	612.16	524.61	197.25	612.16	524.61	197.25
陕　西	Shaanxi	19397.48	13238.50	7944.98	8402.93	7531.94	3880.88
甘　肃	Gansu	7638.10	5833.57	5314.72	2477.99	2057.96	1798.48
青　海	Qinghai	1440.25	1234.01	1026.53	960.13	895.28	726.24
宁　夏	Ningxia	1265.03	1025.96	516.74	426.94	378.85	250.04
新　疆	Xinjiang	4989.57	3460.71	2535.15	1529.86	1058.54	775.27

征收情况
Requisition

Unit: hm^2

省级政府批准 Requisitioned Land Area Approved by Provincial Government			国务院授权委托备案土地面积 Land Area of Authorized Record by the State Council		
	农用地 Agricultural Land		征收面积 Requisitioned Land Area		
		耕地 Cultivated Land		农用地 Agricultural Land	
					耕地 Cultivated Land
210847.21	**154116.51**	**96156.85**			
190910.22	**135202.55**	**82950.30**			
206031.85	**149432.35**	**97227.14**	**16382.61**	**14948.52**	**7842.10**
1584.91	704.12	299.66	50.97	43.24	18.80
1359.78	1044.48	554.00	70.02	63.35	48.01
17959.74	15022.08	12430.39			
6607.99	4622.75	3601.65	45.72	27.98	20.22
8384.30	5960.82	1991.92			
4900.83	3736.27	2879.35			
7431.39	5020.63	4426.12			
2405.57	2071.41	1788.10			
1896.77	1319.54	1057.63	393.50	327.17	268.32
5613.75	3497.76	2429.31	338.31	319.09	224.13
6793.79	4854.45	3244.85	4436.00	3985.67	2428.24
7124.68	5193.43	3878.01	2760.68	2465.37	1330.62
2473.10	2041.30	970.82			
14995.78	11744.13	5692.76			
24983.75	17907.71	13105.53			
6835.09	4108.11	3363.54			
3396.29	2707.02	1347.01			
8368.79	7380.97	3649.48			
8636.72	6711.36	1433.23	2998.26	2688.77	673.64
4982.52	3893.13	1944.25			
900.09	678.49	321.43			
4344.31	3988.05	2486.68	5289.15	5027.88	2830.12
17202.30	10334.75	6918.64			
11643.04	8776.51	5671.72			
4273.99	3242.91	1833.84			
10994.55	5706.55	4064.10			
5160.11	3775.61	3516.24			
480.12	338.73	300.29			
838.09	647.11	266.70			
3459.71	2402.17	1759.89			

海域使用权审批情况
Approval of Sea Area

地 区	Region	新增宗海数量/宗 Number of Newly Added Sea Area/plot	
			经营性项目 Profit Project
总 计	**Total**	**2408**	**2050**
辽 宁	Liaoning	365	343
河 北	Hebei	264	230
天 津	Tianjin	12	11
山 东	Shandong	469	446
江 苏	Jiangsu	92	67
上 海	Shanghai	12	4
浙 江	Zhejiang	230	172
福 建	Fujian	212	126
广 东	Guangdong	556	493
广 西	Guangxi	164	137
海 南	Hainan	25	14
省（自治区、直辖市）外	Excluding the Provinces (Autonomous Regions, Municipalities) above	7	7

注：海域使用权审批包括海域使用权申请审批、招标、拍卖、挂牌。

Note: The examination and approval of sea area use right includes examination and approval of application for sea area use right, and bidding,

——按地区分列（2020年）
Use Rights by Region（2020）

非经营性项目 Non-profit Project	新增宗海面积/公顷 Newly Added Sea Area/hm²	经营性项目 Profit Project	非经营性项目 Non-profit Project
358	**224583.43**	**209064.86**	**15518.57**
22	69195.70	65663.05	3532.65
34	8260.95	7806.98	453.98
1	334.92	334.44	0.48
23	78233.25	77835.80	397.46
25	15727.47	10484.28	5243.19
8	555.11	307.91	247.20
58	13671.84	12801.08	870.76
86	9785.32	7273.48	2511.84
63	17631.83	15804.69	1827.14
27	10454.91	10176.28	278.63
11	469.87	314.61	155.25
	262.27	262.27	

auction and listing of sea area use right.

海域使用权审批情况
Approval of Sea Area Use Rights

类 型	Type of Sea Area Use	新增宗海数量/宗 Number of Newly Added Sea Area/plot	
			经营性项目 Profit Project
总 计	**Total**	**2408**	**2050**
渔业用海	Fishery Sea	1636	1588
工业用海	Industrial Sea	204	197
交通运输用海	Sea for Transportation	308	158
旅游娱乐用海	Sea for Tourism and Entertainment	75	57
海底工程用海	Sea for Submarine Engineering	33	22
排污倾倒用海	Sewage Dumping Sea	6	4
造地工程用海	Sea for Land Engineering	34	12
特殊用海	Special Sea Use	60	4
其他用海	Other Sea Uses	52	8

注：海域使用权审批包括海域使用权申请审批（和海域使用权）、招标、拍卖、挂牌。

Note: The examination and approval of sea area use right includes examination and approval of application for sea area use right, and bidding,

——按海域使用类型分列（2020年）
by Type of Sea Area Use（2020）

非经营性项目 Non-profit Project	新增宗海面积/公顷 Newly Added Sea Area/hm²	经营性项目 Profit Project	非经营性项目 Non-profit Project
358	**224583.43**	**209064.86**	**15518.57**
48	184371.65	183395.80	975.85
7	19497.27	19191.58	305.69
150	7168.61	3737.46	3431.15
18	1193.93	1121.15	72.78
11	567.41	450.59	116.82
2	186.22	141.33	44.89
22	670.88	345.94	324.94
56	5438.84	301.24	5137.60
44	5488.63	379.78	5108.85

auction and listing of sea area use right.

无居民海岛审批使用情况（2020年）

Approval and Use of Uninhabited Islands（2020）

地区	Region	海岛数量/个 Number of Island/number	用岛面积/公顷 Island Area/hm^2
总计	**Total**	**13**	**18.03**
辽宁	Liaoning		
河北	Hebei		
天津	Tianjin		
山东	Shandong		
江苏	Jiangsu		
上海	Shanghai		
浙江	Zhejiang	2	0.07
福建	Fujian	3	0.01
广东	Guangdong	1	0.004
广西	Guangxi	7	17.95
海南	Hainan		
省（自治区、直辖市）外	Excluding the Provinces (Autonomous Regions, Municipalities) above		

海底电缆管道路由调查（勘测）、铺设施工审批情况（2020年）

Approval of Submarine Cable Pipeline Route Survey and Laying Construction（2020）

指标名称	Indicator	数量/千米 Number/km
批准的海底电缆管道路由调查（勘测）数量/（条，段）	**Number of Approved Submarine Cable Pipeline Route Survey/（piece, section）**	**272**
海底电缆	Submarine Cable	245
海底管道	Submarine Pipeline	27
混合用途	Mixed Use	
批准的海底电缆管道路由调查（勘测）长度/千米	**Total Length of Approved Submarine Cable and Pipeline Route Survey/km**	**3525.21**
海底电缆	Submarine Cable	3014.56
海底管道	Submarine Pipeline	510.65
混合用途	Mixed Use	
批准的海底电缆管道铺设施工数量/（条，段）	**Construction Quantity of Approved Submarine Cable Pipeline Laying/（piece, section）**	**149**
海底电缆	Submarine Cable	97
海底管道	Submarine Pipeline	37
混合用途	Mixed Use	15
批准的海底电缆管道路由铺设施工长度/千米	**Total Length of Approved Submarine Cable and Pipeline Laying/km**	**1729.89**
海底电缆	Submarine Cable	1252.47
海底管道	Submarine Pipeline	352.42
混合用途	Mixed Use	125.00

主要统计指标解释

批准建设用地合计 指省级以上政府（包括省级人民政府授权设区的市、自治州人民政府）依法批准的建设用地面积。

国务院批准用地 指依法经自然资源部审查，报国务院批准的建设用地面积。

省级政府批准用地 指依法经省、自治区、直辖市人民政府自然资源主管部门审查，经同级人民政府批准的建设用地面积，省级人民政府授权设区的市、自治州人民政府批准的用地面积亦统计在内。

农用地转用 指批准用地面积中的农用地面积。

耕地 指批准用地面积中的耕地面积。

土地征收 指国家基于公共利益的需要，将农民集体所有的土地收归国有，并对被征收人给予合理补偿的行为。

征收面积 指经国务院和省级政府自然资源行政主管部门审查，报同级人民政府批准征收的土地面积。

批准的海底电缆管道路由调查（勘测）长度 指统计报告期内经自然资源主管部门批准批复的准许铺设海底电缆管道前对其经过海域进行的海洋地质、地球物理及水文要素的调查的总长度。

批准的海底电缆管道路由铺设施工长度 指统计报告期内经自然资源主管部门批准批复的准许铺设施工的海底电缆管道总长度。

Explanatory Notes on Main Statistical Indicators

Total Area of Approved Construction-Use Land—the area of construction-use land approved according to law by governments at the provincial level and above (including governments of cities and autonomous prefectures authorized by provincial-level people' s government) .

Land Approved by the State Council—the area of construction-use land examined by the MNR and submitted to the State Council for approval according to law.

Land Approved by Provincial Government—the area of construction-use land examined by natural resources administration departments of the people' s governments of provinces, autonomous regions, and municipalities directly under the central government and approved by the people' s governments at the corresponding levels. It also includes the areas approved by people' s government of cities and autonomous prefectures authorized by provincial-level governments.

Conversion of Agricultural Land—the area of agricultural land in the area of land approved.

Cultivated Land—the area of cultivated land in the area of land approved.

Land Requisition—the act of nationalizing the land owned by farmer collectives based on the needs of public interests and paying reasonable land compensation to the land-requisitioned persons.

Area of Requisitioned Land—the area of requisitioned land examined by the State Council and natural resources administration departments of provincial-level governments and approved by the people' s governments at the same level.

Total Length of Approved Submarine Cable and Pipeline Route Survey—the total length of marine geological, geophysical and hydrological elements survey in the sea area before submarine cable and pipeline laying is approved and replied by natural resources authorities in the statistical period.

Total Length of Approved Submarine Cable and Pipeline Laying—the total length of submarine cable and pipeline laying approved and replied by the natural resources authorities within the statistical period.

四、自然资源保护与自然灾害情况

Chapter 4　Natural Resources Protection and Natural Disasters

矿山生态修复
Ecological Restoration

地 区	Region	采矿损毁土地情况 Mining Damage to Land		矿山生态修复土地情况 Mine Ecological Restoration Land	
		现存采矿损毁土地面积/公顷 Existing Area of Land Damaged by Mining/hm^2	新增采矿损毁土地面积 Area of Newly Added Land Damaged by Mining	新增矿山生态修复土地面积/公顷 Newly Added Area of Mine Ecological Restoration Land/hm^2	合计 Total
总 计	**Total**	**847191.56**	**61849.33**	**165140.52**	**4692963.21**
北 京	Beijing	1933.56		357.25	23802.06
天 津	Tianjin	2733.19		489.42	29760.71
河 北	Hebei	56650.71	1118.99	15784.11	468118.96
山 西	Shanxi	100560.12	6932.43	17297.6	406198.03
内蒙古	Inner Mongolia	138509.96	9788.48	30491.03	540463.39
辽 宁	Liaoning	60687.20	952.15	2358.09	68102.94
吉 林	Jilin	301.72		61.93	1581.25
黑龙江	Heilongjiang	55729.86	525.95	1480.56	62449.41
上 海	Shanghai	24.28		12.21	
江 苏	Jiangsu	21855.84	296.25	4039.35	231947.75
浙 江	Zhejiang	6545.31	453.02	1250.9	123328.36
安 徽	Anhui	57100.49	1667.27	2953.46	155536.89
福 建	Fujian	7605.66	485.64	1885.12	68722.41
江 西	Jiangxi	22785.78	1411.73	5134.62	166082.70
山 东	Shandong	39321.62	3511.33	11755.15	452989.14
河 南	Henan	15752.62	5127.35	16093.31	454383.63
湖 北	Hubei	11109.40	406.56	2787.11	165264.61
湖 南	Hunan	19472.85	620.00	4414.32	280899.90
广 东	Guangdong	30863.64	994.66	2837.89	119378.60
广 西	Guangxi	37102.89	8887.92	1719.51	40212.59
海 南	Hainan				
		1853.92	190.26	706.72	21112.56
重 庆	Chongqing	3778.82	335.66	908.99	40340.18
四 川	Sichuan	22623.96	889.22	4726.99	145048.18
贵 州	Guizhou	4151.11	1084.69	2587.7	122518.52
云 南	Yunnan	29403.07	2104.94	3922.12	88176.90
西 藏	Tibet	9200.55	79.44	219.65	29968.35
陕 西	Shaanxi	27174.91	5441.03	4859.07	71662.90
甘 肃	Gansu	21057.23	3378.01	5418.56	89120.59
青 海	Qinghai	5545.73	416.11	1320.53	26056.79
宁 夏	Ningxia	5696.43	139.41	9465.53	43376.13
新 疆	Xinjiang	30059.10	4610.82	7801.73	156358.76

情况（2020年）
of the Mines（2020）

投入矿山生态修复资金情况 Fund Invested for Mine Ecological Restoration				矿山地质环境治理恢复基金使用情况/万元 Utilization of Mine Geological Environment Management and Restoration Fund/10^4Yuan	
本年资金投入额/万元 Amount of Capital Invested This Year/10^4yuan				本年矿山地质环境治理恢复基金提取额 Amount Withdrawn from Mine Geological Environment Management and Restoration Fund This Year	本年矿山地质环境治理恢复基金使用额 Amount Used from Mine Geological Environment Management and Restoration Fund This Year
中央财政资金 Central Financial Fund	地方财政资金 Local Financial Fund	矿山企业资金 Capital from Mining Enterprise	其他社会资金 Other Social Fund		
612356.17	**1416044.20**	**2042793.39**	**621769.45**	**2215873.40**	**984856.40**
	14714.24	9087.82		1589.55	1589.55
867.00	4601.98		24291.73		
31645.62	256005.91	48100.15	132367.28	45354.44	9573.31
49761.00	73768.01	278712.32	3956.70	489499.73	158933.52
17987.29	69250.11	446886.07	6339.92	809105.22	442969.54
48.59	14491.35	52509.77	1053.24	18841.25	7660.55
	581.25	1000.00			
10490.65	42665.45	8462.31	831.00	7356.58	5142.44
12455.63	196018.36	13024.50	10449.26	1692.69	1847.81
1674.04	59919.96	61734.36		42143.99	10702.62
12522.79	75651.98	47089.04	20273.08	34918.95	30122.30
11570.98	15484.65	39956.79	1710.00	20666.13	13484.83
11128.28	26544.06	73778.03	54632.33	49610.98	19288.89
22344.03	111598.22	111544.24	207502.66	103999.32	40974.71
74464.72	105783.53	168174.90	105960.47	87793.44	66343.95
20111.66	49112.48	91074.68	4965.80	3514.76	1794.13
156831.11	70517.35	51432.03	2119.41	14713.65	8355.48
12882.04	29513.53	65207.33	11775.70	12927.73	10966.04
2000.00	9850.80	23028.95	5332.84	4625.43	4713.96
168.27	1324.48	19619.81		2013.22	2013.22
15604.76	10004.86	14038.37	692.20	16670.49	3226.71
55154.97	31162.34	58033.83	697.05	26795.99	8228.68
15996.14	9575.92	93693.30	3253.15	31880.90	14875.32
19838.56	10535.56	44408.92	13393.86	21555.38	3537.98
2580.00	13792.46	13585.89	10.00	4038.58	3428.76
9639.00	31520.95	28991.95	1511.00	324255.24	103841.20
2170.94	21148.76	64750.11	1050.77	35576.07	8080.23
5655.81	1814.95	18586.03		3704.21	2567.33
21319.72	11536.76	10499.65	20.00	1029.48	593.36
15442.56	47553.94	85782.26	7580.00		

耕地占补平衡

Cultivated Land Requisition –

地 区	Region	占用情况 Requisition		
		占用耕地 面积/公顷 Area of Cultivated Land Requisitioned/hm^2	占用水田 面积/公顷 Area of Paddy Field Requisitioned/hm^2	需补充标准粮食 产能/吨 Standard Grain Production Capacity Needed to Supplement/t
总 计	**Total**	**117352.31**	**31940.03**	**1221694.71**
北 京	Beijing	194.39		2172.05
天 津	Tianjin	389.46		3388.29
河 北	Hebei	11141.49	159.24	95881.58
山 西	Shanxi	4090.81	0.04	30339.68
内蒙古	Inner Mongolia	2753.23	4.51	9478.62
辽 宁	Liaoning	3370.84	620.78	27524.85
吉 林	Jilin	5343.92	737.20	49398.10
黑龙江	Heilongjiang	3508.71	1044.46	26150.14
上 海	Shanghai	1576.05	998.23	23758.50
江 苏	Jiangsu	3450.91	2118.63	52118.12
浙 江	Zhejiang	4319.96	3521.56	54938.57
安 徽	Anhui	4629.56	2453.68	54796.15
福 建	Fujian	1232.73	691.48	14794.25
江 西	Jiangxi	6121.47	4308.34	73286.08
山 东	Shandong	15480.59	215.64	183480.16
河 南	Henan	5168.91	164.52	68840.96
湖 北	Hubei	1978.61	732.16	34198.52
湖 南	Hunan	4321.61	3242.71	53908.43
广 东	Guangdong	3080.10	1047.30	45694.97
广 西	Guangxi	2447.75	545.45	25493.56
海 南	Hainan	633.01	307.95	7147.71
重 庆	Chongqing	2779.03	1390.04	29291.48
四 川	Sichuan	7498.55	3976.87	80594.22
贵 州	Guizhou	5871.68	2565.92	47886.97
云 南	Yunnan	1914.11	787.59	19574.01
西 藏	Tibet	69.09		414.52
陕 西	Shaanxi	4522.21	156.17	43518.88
甘 肃	Gansu	3788.13	5.31	22732.51
青 海	Qinghai	302.75		1826.74
宁 夏	Ningxia	475.68	133.03	4626.63
新 疆	Xinjiang	4896.96	11.22	34439.47

情况（2020年）

Compensation Balance（2020）

省域内补充耕地情况 Supplementary Cultivated Land in the Province			国家统筹补充耕地情况 Supplementary Cultivated Land in State Plan		
补充耕地面积/公顷 Area of Supplementary Cultivated Land/hm^2	补充水田面积/公顷 Area of Supplementary Paddy Field/hm^2	实际补充后新增标准粮食产能/吨 Newly Added Grain Production Capacity after Actual Supplement/t	统筹补充耕地面积/公顷 Overall Supple-mentary Cultivated Land Area/hm^2	统筹补充水田面积/公顷 Overall Supplementary Paddy Field Area/hm^2	统筹补充标准粮食产能/吨 Overall Supplementary Standard Grain Production Capacity/t
117353.43	**32038.08**	**1222109.93**	**210.12**	**35.59**	**2013.04**
195.99		2172.24			
215.27		1851.38	174.19		1536.91
11141.49	159.24	95881.71			
4091.37	0.04	30343.89			
2753.53	4.51	9622.54			
3370.84	620.78	27524.85			
5343.93	800.68	49398.10			
3508.71	1054.66	26153.41			
1576.05	998.23	23758.50			
3466.29	2167.60	53122.99			
4284.03	3485.97	54462.44	35.93	35.59	476.13
4629.56	2453.68	54796.15			
1232.73	691.60	14794.25			
6121.47	4308.35	73322.65			
15488.45	215.64	183485.45			
5173.32	164.52	69083.43			
1978.61	732.16	34198.52			
4323.28	3242.82	53976.34			
3080.47	1047.30	45694.97			
2447.75	545.45	25493.83			
633.01	307.95	7147.71			
2779.03	1390.21	29318.27			
7498.55	3987.44	80594.22			
5871.68	2565.92	47951.41			
1914.11	787.59	19574.01			
69.09		414.52			
4522.27	156.17	43577.46			
3788.13	5.31	22733.57			
302.75		1826.74			
654.68	133.03	4626.63			
4896.97	11.22	35207.75			

永久基本农田

Protection of Permanent

单位：公顷

地 区	Region	占用永久基本农田面积 Area of Permanent Prime Farmland to be Requisitioned
总 计	**Total**	**24554.52**
北 京	Beijing	
天 津	Tianjin	8.03
河 北	Hebei	1795.57
山 西	Shanxi	104.76
内蒙古	Inner Mongolia	272.14
辽 宁	Liaoning	43.16
吉 林	Jilin	190.28
黑龙江	Heilongjiang	807.93
上 海	Shanghai	175.22
江 苏	Jiangsu	906.81
浙 江	Zhejiang	2500.89
安 徽	Anhui	3973.24
福 建	Fujian	188.91
江 西	Jiangxi	379.19
山 东	Shandong	854.71
河 南	Henan	2357.97
湖 北	Hubei	840.14
湖 南	Hunan	304.34
广 东	Guangdong	633.93
广 西	Guangxi	208.63
海 南	Hainan	117.93
重 庆	Chongqing	2222.57
四 川	Sichuan	1996.85
贵 州	Guizhou	270.35
云 南	Yunnan	1701.45
西 藏	Tibet	5.76
陕 西	Shaanxi	1391.70
甘 肃	Gansu	121.34
青 海	Qinghai	15.72
宁 夏	Ningxia	41.65
新 疆	Xinjiang	123.35

保护情况（2020年）
Prime Farmland（2020）

Unit：hm^2

补划永久基本农田面积 Area of Supplementary Permanent Prime Farmland
25545.12
10.50
1854.94
108.61
280.46
47.04
232.39
860.70
175.22
922.19
2513.72
4158.85
190.58
400.21
877.43
2423.62
870.15
355.98
642.54
213.13
131.94
2348.94
2039.09
292.02
1771.19
7.01
1459.22
159.29
18.29
44.18
135.65

地质灾害

Situation of

地　区	Region	发生地质灾害数量/处 Quantity of Geohazard/place	地质灾害类型/处 Type of Geohazard/place			
			崩塌 Avalanche	滑坡 Landslide	泥石流 Mudflow	地面塌陷 Ground Collapse
总　计	**Total**	**7840**	**1797**	**4810**	**899**	**183**
北　京	Beijing	16	15	1		
天　津	Tianjin					
河　北	Hebei	4	3			
山　西	Shanxi	1		1		
内蒙古	Inner Mongolia					
辽　宁	Liaoning	1	1			
吉　林	Jilin	5	5			
黑龙江	Heilongjiang	2		1		1
上　海	Shanghai					
江　苏	Jiangsu	6	2	4		
浙　江	Zhejiang	115	30	64	20	1
安　徽	Anhui	345	171	167	5	2
福　建	Fujian	27	16	9		2
江　西	Jiangxi	291	36	231	7	17
山　东	Shandong	6	1	2		3
河　南	Henan	14	10	4		
湖　北	Hubei	270	68	188	6	8
湖　南	Hunan	659	85	520	21	29
广　东	Guangdong	231	165	52	6	7
广　西	Guangxi	570	380	106	15	67
海　南	Hainan					
重　庆	Chongqing	274	86	162	9	16
四　川	Sichuan	2513	325	1737	447	2
贵　州	Guizhou	53	2	50		1
云　南	Yunnan	375	24	269	78	1
西　藏	Tibet	57	7	12	38	
陕　西	Shaanxi	161	71	72	10	8
甘　肃	Gansu	1714	233	1099	229	16
青　海	Qinghai	108	48	52	6	2
宁　夏	Ningxia	17	11	6		
新　疆	Xinjiang	5	2	1	2	

灾情（2020年）

Geohazards（2020）

地质灾害规模/处 Scale of Geohazard/place				造成伤亡人数/人 Casualties/person				造成直接经济损失/万元 Direct Economic Loss/10⁴yuan
特大型 Oversize	大型 Large	中型 Medium	小型 Small		死亡 Death	失踪 Missing	受伤 Injury	
57	**109**	**682**	**6992**	**197**	**117**	**22**	**58**	**502026.74**
			16					123.00
		1	3					203.00
		1						457.92
			1					20.00
			5					61.90
			2					2.00
		1	5					417.00
	1	3	111	3	2		1	2106.71
		1	344					2132.90
		4	23	1	1			669.40
		1	290	1	1			1491.08
			6	2	2			88.60
			14	5	3		2	123.40
2	2	13	253	22	16		6	10819.50
1	1	31	626	17	10		7	16250.96
		5	226	12	9		3	2057.02
	2	20	548	20	12		8	7389.14
		5	269	18	11		7	4835.50
27	48	244	2194	12	7	5		235247.35
5	3	12	33	20	10	8	2	22560.40
2	9	33	331	37	14	9	14	27161.02
2	1	6	48	2			2	5074.61
1	2	6	152	8	7		1	4668.43
17	39	292	1366	16	11		5	155882.74
	1	3	104	1	1			1994.21
			17					106.45
			5					82.50

地质灾害防治
Geohazards Prevention

地 区	Region	成功避让地质灾害/处 Geohazard Avoided Successfully/place
总 计	**Total**	**534**
北 京	Beijing	
天 津	Tianjin	
河 北	Hebei	
山 西	Shanxi	1
内蒙古	Inner Mongolia	1
辽 宁	Liaoning	
吉 林	Jilin	
黑龙江	Heilongjiang	2
上 海	Shanghai	
江 苏	Jiangsu	
浙 江	Zhejiang	10
安 徽	Anhui	41
福 建	Fujian	9
江 西	Jiangxi	13
山 东	Shandong	
河 南	Henan	2
湖 北	Hubei	39
湖 南	Hunan	47
广 东	Guangdong	4
广 西	Guangxi	7
海 南	Hainan	
重 庆	Chongqing	28
四 川	Sichuan	152
贵 州	Guizhou	33
云 南	Yunnan	79
西 藏	Tibet	9
陕 西	Shaanxi	16
甘 肃	Gansu	27
青 海	Qinghai	13
宁 夏	Ningxia	1
新 疆	Xinjiang	

情况（2020年）
and Control（2020）

地质灾害预报预警 Prediction and Early-Warning of Geohazard	
避免伤亡人员/人 Casualties Avoided/person	避免直接经济损失/万元 Direct Economic Loss Avoided/10^{4}yuan
18239	**102303**
127	
58	8497
7	40
134	1093
186	5265
112	355
97	2
100	340
995	6075
1182	5712
95	105
1042	10130
469	1294
4032	23052
3759	11301
2710	3314
1059	10360
131	422
1754	14330
179	596
11	20

地下水监测
Groundwater

单位：个

地区 Region	地下水监测井数按级别分类 Number of Groundwater Monitoring Wells, Classified According to Level				地下水监测井按自动化程度分类 Number of Groundwater Monitoring Well Classified According to Automation Level		地下水监测井数按监测内容分类 Number of Groundwater Monitoring Well Classified According to Monitoring Content	
	小计 Subtotal	国家级监测井数 Number of State Level Monitoring Well	省级监测井数 Number of Provincial Level Monitoring Well	地区级监测井数 Number of Prefecture-level Monitoring Well	人工监测井数 Number of Manual Monitoring Well	自动化监测井数 Number of Automatic Monitoring Well	水位水质共同监测井数 Number of Common Monitoring Well for Water Level and Water Quality	流量水质共同监测点数 Common Monitoring Point of Flow and Water Quality
总计 Total	**22378**	**12087**	**7216**	**3075**	**5012**	**17366**	**22121**	**257**
北京 Beijing	1817	320	1497		316	1501	1817	
天津 Tianjin	625	300	325		189	436	625	
河北 Hebei	1604	640	174	790	729	875	1604	
山西 Shanxi	682	354	328		345	337	682	
内蒙古 Inner Mongolia	1010	543	467			1010	1010	
辽宁 Liaoning	796	538	122	136	176	620	773	23
吉林 Jilin	1087	1045	42		203	884	1069	18
黑龙江 Heilongjiang	697	587	110			697	697	
上海 Shanghai	686	303	383		137	549	686	
江苏 Jiangsu	697	399	246	52	177	520	697	
浙江 Zhejiang	456	306	15	135		456	456	
安徽 Anhui	476	389	87		26	450	474	2
福建 Fujian	466	269	197		86	380	436	30
江西 Jiangxi	758	412	344	2		758	758	
山东 Shandong	2260	707	339	1214	775	1485	2245	15
河南 Henan	1511	611	387	513	665	846	1511	
湖北 Hubei	472	314	69	89	86	386	472	
湖南 Hunan	381	301	63	17	38	343	379	2
广东 Guangdong	525	238	268	19	71	454	519	6
广西 Guangxi	683	300	383		339	344	673	10
海南 Hainan	262	151	111		22	240	262	
重庆 Chongqing	383	101	282			383	382	1
四川 Sichuan	377	299	8	70	12	365	375	2
贵州 Guizhou	392	244	148		39	353	288	104
云南 Yunnan	268	253	15		30	238	226	42
西藏 Tibet	141	127	14		14	127	141	
陕西 Shaanxi	507	390	79	38	131	376	507	
甘肃 Gansu	819	548	271		61	758	819	
青海 Qinghai	322	273	49		50	272	322	
宁夏 Ningxia	556	390	166		186	370	554	2
新疆 Xinjiang	662	435	227		109	553	662	

情况（2020年）

Monitoring（2020）

Unit：number

地下水监测数据量 Groundwater Monitoring Data					地下水质量情况 Groundwater Quality				
小计 Subtotal	水位监测数据量 Water Level Monitoring Data	水质监测数据量 Water Quality Monitoring Data	水温监测数据量 Water Temperature Monitoring Data	泉流量监测数据量 Spring Flow Monitoring Data	优良级 Excellent Grade	良好级 Good Grade	较好级 Medium Grade	较差级 Poor Grade	极差级 Extremely Poor Grade
144320774	**71629082**	**376327**	**71629082**	**686283**	**316**	**960**	**102**	**6998**	**1795**
4749743	2369525	10693	2369525		23	42	3	220	1
4303050	2146715	9620	2146715		1	3	2	109	145
10030459	5004000	22459	5004000			118	1	325	163
5420434	2703964	12506	2703964		2	50	1	231	54
7978794	3980147	18500	3980147		21	63	10	319	87
6824711	3403938	16835	3403938		9	89	9	329	19
7691368	3836471	18426	3836471		14	71	9	367	37
8388088	4184868	18352	4184868			3	3	471	19
4102351	2046569	9213	2046569					102	147
1445178	716373	12432	716373			15		208	113
4850127	2402575	10804	2402575	34173	8	6		164	114
719628	352969	13690	352969			21	2	332	15
4119023	2025006	9213	2025006	59798	2	14	13	196	24
4215117	2102619	9879	2102619		2	35	5	222	3
2707321	1340957	23680	1340957	1727	3	29		333	275
2354235	1168145	17945	1168145			34	1	389	61
3879954	1935722	8510	1935722					209	21
4244660	2109609	8362	2109609	17080	59	60	19	88	
3740858	1866285	8288	1866285		7	9	5	176	27
3785309	1849747	9509	1849747	76306				248	9
2374950	1184848	5254	1184848					135	7
5209544	2598812	3330	2598812	8590		15	2	70	3
4397417	2185153	10249	2185153	16862	9	57	2	205	4
2963181	1398971	8066	1398971	157173	7	12		198	1
3070867	1378285	8251	1378285	306046	10	3	1	198	11
1859290	923346	4070	923346	8528	49	41	5	15	
5578686	2782683	13320	2782683		7	20		269	64
8027028	4004264	18500	4004264		11	38	4	327	120
4052944	2021551	9842	2021551		71	85	2	93	15
4848237	2418439	11359	2418439			21		173	113
6388222	3186526	15170	3186526		1	6	3	277	123

海洋灾害
Marine

灾害类型 Type of Disaster	地 区	Region	海洋发生灾害次数/次 Number of Marine Disaster/number	造成伤亡人数/人 Casualties/Person 死亡 Death	失踪 Missing	受伤 Injury
	总 计	**Total**	**15**	**6**	**2**	**4**
风暴潮 Storm Surge	小 计	Subtotal	7			
	辽 宁	Liaoning	2			
	河 北	Hebei				
	天 津	Tianjin				
	山 东	Shandong				
	江 苏	Jiangsu				
	上 海	Shanghai	1			
	浙 江	Zhejiang	1			
	福 建	Fujian	2			
	广 东	Guangdong	1			
	广 西	Guangxi	1			
	海 南	Hainan	1			
海浪 Sea Wave	小 计	Subtotal	8	6	2	4
	辽 宁	Liaoning				
	河 北	Hebei				
	天 津	Tianjin				
	山 东	Shandong	2			
	江 苏	Jiangsu	2			
	上 海	Shanghai				
	浙 江	Zhejiang				
	福 建	Fujian				
	广 东	Guangdong				
	广 西	Guangxi	3	6	2	4
	海 南	Hainan	1			
赤潮 Red Tide	小 计	Subtotal				
	辽 宁	Liaoning				
	河 北	Hebei				
	天 津	Tianjin				
	山 东	Shandong				
	江 苏	Jiangsu				
	上 海	Shanghai				
	浙 江	Zhejiang				
	福 建	Fujian				
	广 东	Guangdong				
	广 西	Guangxi				
	海 南	Hainan				
海冰 Sea Ice	辽 宁	Liaoning				

情况（2020年）

Disasters（2020）

直接经济损失/万元 Direct Economic Loss/10^4yuan	海洋灾害防止投入资金/万元 Investment in Marine Disaster Prevention/10^4yuan	预警次数/次 Number of Early Warning/number	赤潮发现次数/次 Red Tide Discovery/time	赤潮累计面积/千米^2 Cumulative Area of Red Tide/km^2
83159.17			**31**	**1748.00**
80996.08				
26335.74				
35482.70				
12403.20				
4919.44				
325.00				
1530.00				
2163.09				
194.10				
1918.99				
50.00				
			31	1748.00
			3	75.00
			3	
			12	1528.00
			7	33.00
			6	112.00

国家级绿色矿山单位数量（2020年）
State Level Green Mine Units（2020）

地 区	Region	绿色矿山单位数量/个 Number of Green Mine Unit/number
总 计	**Total**	**300**
北 京	Beijing	
天 津	Tianjin	
河 北	Hebei	17
山 西	Shanxi	19
内蒙古	Inner Mongolia	15
辽 宁	Liaoning	18
吉 林	Jilin	2
黑龙江	Heilongjiang	6
上 海	Shanghai	
江 苏	Jiangsu	6
浙 江	Zhejiang	10
安 徽	Anhui	15
福 建	Fujian	3
江 西	Jiangxi	11
山 东	Shandong	17
河 南	Henan	16
湖 北	Hubei	15
湖 南	Hunan	10
广 东	Guangdong	9
广 西	Guangxi	6
海 南	Hainan	1
重 庆	Chongqing	10
四 川	Sichuan	14
贵 州	Guizhou	11
云 南	Yunnan	8
西 藏	Tibet	3
陕 西	Shaanxi	15
甘 肃	Gansu	6
青 海	Qinghai	7
宁 夏	Ningxia	10
新 疆	Xinjiang	20

主要统计指标解释

新增采矿损毁土地面积　指报告期因矿山开发造成损毁的土地面积。

矿山地质环境治理恢复基金（简称治理恢复基金）　指报告期用于矿山地质环境治理恢复工程支出及其他相关支出的专项资金。包括矿山地质灾害治理、地形地貌景观破坏治理、矿区地下含水层破坏治理和矿区土地复垦等。

矿山地质环境治理恢复基金提取额　指报告期内本行政辖区矿山企业提取矿山地质环境治理恢复基金的数额。

矿山地质环境治理恢复基金使用额　指报告期内本行政辖区矿山企业使用矿山地质环境治理恢复基金的数额。

占用耕地面积　指非农建设经批准占用的耕地面积。

补充耕地面积　指非农建设经批准占用耕地，由占用耕地的单位负责开垦的耕地面积。

补充水田面积　指非农建设经批准占用耕地，由占用耕地的单位负责开垦的水田面积。

永久基本农田　指为保障国家粮食安全，按照一定时期人口和经济社会发展对农产品的需求，依据国土空间规划确定的不得占用的耕地。永久基本农田一经划定，任何单位和个人不得擅自占用或改变用途。

审批占用永久基本农田面积　指重大项目建设允许占用永久基本农田的面积。

补划永久基本农田面积　指根据土地管理法、基本农田保护条例及相关规定，对依法批准或认定的建设项目占用基本农田或因生态退耕、灾害损毁等原因导致基本农田减少，按照规定程序确定补充的基本农田面积。

地质灾害　包括自然因素或人为活动引发的危害人民生命和财产安全的山体崩塌、滑坡、泥石流、地面塌陷、地面沉降等与地质作用有关的灾害。地质灾害数量的计量单位统一用“处”，对于难以区分确切数量的同一次降雨（或其他因素）引发的群发性地质灾害归为1处灾害。地裂缝、地面沉降、海水入侵数量只统计报告期内发现的或报告期之前发现且报告期内继续发展的。

崩塌　指陡坡上大块的岩土体在重力作用下突然脱离母体崩落的物理地质现象。

滑坡　指斜坡上不稳定的岩土体在重力作用下沿一定软弱面（或滑动带）整体向下滑动的物理地质现象。

泥石流　指山地突然爆发的饱含大量泥沙、石块的特殊洪流。

地面塌陷　指地表岩土体在自然或人为因素作用下向下陷落，并在地面形成塌陷坑（洞）的一种动力地质现象。

造成伤亡人数　指因发生各类地质灾害造成的人员受伤、死亡和失踪情况。

失踪　指根据证据推断人员已经死亡，但是没有找到或确认死者的尸体。

造成直接经济损失 指用货币衡量的直接财产损失。

地质灾害预报预警 指报告期内通过群测群防、专业监测、气象预警等对地质灾害发生的地点、时间及其灾害影响范围、强度进行预报预警。

成功避让地质灾害 指报告期内根据预报预警信息而成功避让的地质灾害数。

避免伤亡人员 指如不搬迁避让可能造成的伤亡人员。

避免直接经济损失 指报告期内根据预报预警信息，采取防范措施，避免的能够用货币衡量的地质灾害直接财产损失。要按照实际情况确定，以地质灾害实际影响范围测定，如倒塌房屋内居住人员或灾害现场活动人员等。

水位水质共同监测井数 指同一监测井中既监测地下水水位又监测地下水水质的监测井数。

水位监测数据量 指全部地下水水位监测井本年度所取得的水位数据的总个数。

水质监测数据量 指全部地下水水质监测井本年度所取得的水质数据的总个数，本数据量为分析化验取得的水质各项指标的总和而非实际采取样品的件数。

水温监测数据量 指全部地下水水温监测井本年度所取得的水温数据的总个数。

泉流量监测数据量 指全部泉流量监测点本年度所取得的泉流量数据的总个数。

Explanatory Notes on Main Statistical Indicators

Area of Newly Added Land Damaged by Mining—the area of land damaged due to mine development during the reporting period.

Mine Geological Environment Management and Restoration Fund (referred to as Management and restoration fund) —the special fund used for mine geological environment restoration project and other related expenditure during the reporting period. It includes mine geological disaster treatment, topographic and geomorphic landscape damage treatment, underground aquifer damage treatment and mining land reclamation, etc.

Amount Withdrawn from Mine Geological Environment Management and Restoration Fund—the amount of fund withdrawn by mining enterprises under their jurisdiction for the restoration and treatment of mining environment during the reporting period.

Amount Used from Mine Geological Environment Management and Restoration Fund—the amount of fund used by mining enterprises under their jurisdiction for the restoration and treatment of mining environment during the reporting period.

Area of Cultivated Land Requisitioned—the area of cultivated land occupied by non-agricultural construction.

Area of Supplementary Cultivated Land—the area of cultivated land reclaimed by the unit occupying the cultivated land approved for non-agricultural construction.

Area of Supplementary Paddy Field—the area of paddy field area reclaimed by the unit occupying the cultivated land approved for non-agricultural construction.

Permanent Prime Farmland—the cultivated land that cannot be occupied according to the demand of population and economic and social development for agricultural products in a certain period and the land space planning in order to ensure national food security. Once permanent prime farmland is demarcated, no units or individuals may occupy or change its use without authorization.

Area of Permanent Prime Farmland to be Requisitioned—the area of permanent prime farmland allowed for the construction of major projects.

Area of Supplementary Permanent Prime Farmland—the prime farmland added for being occupied by construction projects which are legally approved or recognized, or for its deduction due to ecological conversion and disaster damage, in accordance with laws or regulations on prime farmland protection.

Geohazard—sudden geohazards such as mountain collapse, landslide, debris flow, ground subsidence, and land subsidence caused by natural factors or human activities that endanger the safety of lives and property "Site" is used as the unit of measurement of the quantity of geohazard, and the group-occurring geohazards induced by the same rain (or other factors), whose accurate quantity is difficult to determine, are considered as one site of hazard. For the quantities of ground cracks, land subsidence, and seawater invasion, only those that are discovered during or before the reporting period and continue to develop during the reporting period are calculated.

Avalanche—the physical–geological phenomenon that a large mass of soil or rock on steep slopes is suddenly divorced from its parent mass and falls under the force of gravity.

Landslide—the physical–geological phenomenon of en–masse downward slide of unstable soil and rock material on slopes along particular surfaces of weakness （or slide zones） under the force of gravity.

Mudflow—the sudden rush of flood torrents containing large amounts of mud and rock debris that suddenly moves downslope in mountains.

Ground Collapse—a dynamic geological phenomenon of downward collapse of surface rock and soil and formation of collapse pits （caves） at the ground surface under the action of natural or human factors.

Casualties—injury，death，and missing caused by various kinds of geohazard.

Missing—the case of a missing person who is inferred according to evidence to be dead but whose corpse has not been found or identified.

Direct Economic Loss—direct losses of properties，expressed as currency.

Prediction and Early-warning of Geohazard—the prediction and early–warning of the site and time of occurrence of a geohazard and its scope of influence and intensity through monitoring and control by the masses，professional monitoring，and meteorological early–warning of the geohazard during the reporting period.

Geohazard Avoided Successfully—the number of geohazard avoided successfully according to the information of prediction and early–warning during the reporting period.

Casualties Avoided—the number of injury and death caused possibly if the people do not move away and avoid the geohazard.

Direct Economic Loss Avoided—the direct economic loss of a geohazard to property avoided by taking precautionary measures according to the information provided by prediction and early–warning during the reporting period. The loss can be measured by currency. The measurement must be made according to the actual condition and the actual influence scope of the geohazard，e.g. inhabitants in collapsed houses.

Number of Common Monitoring Well for Water Level and Water Quality—the number of the monitoring well that monitor both groundwater level and quality.

Water Level Monitoring Data—the total number of water level data obtained by all the groundwater level monitoring wells this year.

Water Quality Monitoring Data—the total number of water quality data obtained by all the groundwater quality monitoring wells this year. This data volume is the sum of all water quality indicators obtained by analysis and test rather than the number of samples actually taken.

Water Temperature Monitoring Data—the total number of water temperature data obtained by all the groundwater temperature monitoring wells this year.

Spring Flow Monitoring Data—the total number of spring flow data obtained by all the spring flow monitoring points this year.

五、自然资源执法情况

Chapter 5 Legal Administration of Natural Resources

土地违法案件查处情况

Investigation and Treatment of

案件类型	Case Category	合计 Total			自然资源部 MNR		
		件数/件 Number of Case/case	涉及土地面积/公顷 Land Area Involved/ hm^2	耕地 Cultivated Land	件数/件 Number of Case/case	涉及土地面积/公顷 Land Area Involved/ hm^2	耕地 Cultivated Land
上年未结案	**Case Unsettled Last Year**	**49924**	**100522.08**	**36301.96**	**1**	**101.72**	**18.74**
本年发现违法	**Illegal Case Discovered in the Current Year**	**160906**	**265661.56**	**106175.32**			
本年发生	Case Occurring This Year	49744	81103.17	31451.43			
历年隐漏	Hidden Leakage over the Years	111162	184556.17	74724.62			
本年立案	**Case Filed This Year**	**72740**	**160937.72**	**69765.74**			
本年发生案件立案	Filing of This Year's Case	21070	42378.09	18169.17			
违法转让	Illegal Transfer	1789	1472.76	662.38			
违法占地	Illegal Land Occupation	18505	40212.13	17346.21			
违法批地	Illegal Land Grant	23	51.34	9.21			
其他	Others	753	641.87	151.36			
历年隐漏案件立案	Filing of Hidden Case over the Years	51670	118561.98	51596.58			
本年结案	**Case Settled This Year**	**46139**	**122865.92**	**52951.60**			
处理本年发生案件	This Year's Case Handled	6093	12307.64	5755.93			
违法转让	Illegal Transfer	9	1.85				
违法占地	Illegal Land Occupation	5831	12019.70	5673.35			
违法批地	Illegal Land Grant	10	10.88	9.01			
其他	Others	243	275.20	73.59			
处理上年未结案	Last Year's Unsettled Case Handled	15916	44256.46	18047.78			
处理历年隐漏案	Handling of Hidden Omission over the Years	24130	66504.59	29148.80			
本年未结案	**Case Unsettled This Year**	**76525**	**138593.88**	**53116.09**	**1**	**101.72**	**18.74**

——按地区分列（2020年）

Illegal Land Cases by Region（2020）

北京 Beijing			天津 Tianjin			河北 Hebei		
件数/件 Number of Case/case	涉及土地面积/公顷		件数/件 Number of Case/case	涉及土地面积/公顷		件数/件 Number of Case/case	涉及土地面积/公顷	
	Land Area Involved/hm²	耕地 Cultivated Land		Land Area Involved/hm²	耕地 Cultivated Land		Land Area Involved/hm²	耕地 Cultivated Land
1289	**1759.40**	**478.49**	**430**	**2465.85**	**1206.47**	**3245**	**3945.78**	**1571.06**
840	**1092.65**	**226.52**	**503**	**10377.76**	**3686.51**	**4273**	**8533.26**	**5216.84**
223	321.49	120.21	297	6896.84	1801.14	2107	2686.22	1591.40
617	771.16	106.31	206	3480.92	1885.37	2166	5847.04	3625.45
582	**908.36**	**182.30**	**75**	**3074.50**	**785.23**	**2543**	**7612.29**	**4682.10**
132	201.62	78.60	33	1758.50	267.46	993	1619.79	968.24
130	200.34	78.10	32	1756.09	265.05	957	1558.07	934.11
2	1.27	0.50	1	2.41	2.41	36	61.72	34.13
450	706.73	103.69	42	1316.00	517.77	1550	5992.51	3713.87
564	**904.45**	**189.50**	**44**	**1596.25**	**673.09**	**1256**	**3696.82**	**2314.88**
45	18.70	1.46	2	85.32		121	272.54	154.88
43	17.42	0.96	2	85.32		101	223.75	122.28
2	1.27	0.50				20	48.79	32.61
315	474.83	143.33	38	1281.97	669.28	658	1145.79	581.50
204	410.93	44.71	4	228.96	3.81	477	2278.48	1578.46
1307	**1763.31**	**471.29**	**461**	**3944.10**	**1318.61**	**4532**	**7861.25**	**3938.28**

土地违法案件查处情况

Investigation and Treatment of

案件类型	Case Category	山西 Shanxi		
		件数/件 Number of Case/case	涉及土地面积/公顷 Land Area Involved/hm²	耕地 Cultivated Land
上年未结案	**Case Unsettled Last Year**	**2135**	**1829.29**	**486.93**
本年发现违法	**Illegal Case Discovered in the Current Year**	**2742**	**3054.72**	**1010.61**
本年发生	Case Occurring This Year	642	540.35	139.27
历年隐漏	Hidden Leakage over the Years	2100	2514.36	871.35
本年立案	**Case Filed This Year**	**2465**	**2946.05**	**931.29**
本年发生案件立案	Filing of This Year's Case	565	435.45	81.32
违法转让	Illegal Transfer			
违法占地	Illegal Land Occupation	561	434.35	81.32
违法批地	Illegal Land Grant			
其他	Others	4	1.10	
历年隐漏案件立案	Filing of Hidden Case over the Years	1900	2510.58	849.97
本年结案	**Case Settled This Year**	**1468**	**1451.70**	**383.81**
处理本年发生案件	This Year's Case Handled	122	70.46	6.39
违法转让	Illegal Transfer			
违法占地	Illegal Land Occupation	120	70.23	6.39
违法批地	Illegal Land Grant			
其他	Others	2	0.23	
处理上年未结案	Last Year's Unsettled Case Handled	696	554.87	134.05
处理历年隐漏案	Handling of Hidden Omission over the Years	650	826.39	243.34
本年未结案	**Case Unsettled This Year**	**3132**	**3323.64**	**1034.41**

——按地区分列（2020年） 续表1
Illegal Land Cases by Region（2020） Continued 1

内蒙古 Inner Mongolia			辽宁 Liaoning			吉林 Jilin		
件数/件 Number of Case/case	涉及土地面积/公顷		件数/件 Number of Case/case	涉及土地面积/公顷		件数/件 Number of Case/case	涉及土地面积/公顷	
	Land Area Involved/hm^2	耕地 Cultivated Land		Land Area Involved/hm^2	耕地 Cultivated Land		Land Area Involved/hm^2	耕地 Cultivated Land
896	**14219.67**	**1552.55**	**1180**	**432.16**	**158.51**	**1307**	**4976.73**	**2500.13**
1248	**11120.88**	**2534.01**	**2317**	**1170.57**	**344.09**	**1295**	**2576.89**	**616.15**
535	4041.70	1163.19	1112	428.96	180.73	501	342.39	123.53
713	7079.16	1370.84	1205	741.63	163.37	794	2234.53	492.62
811	**8719.55**	**2588.05**	**1069**	**377.07**	**133.37**	**714**	**597.58**	**276.22**
353	3628.66	1119.56	365	105.70	46.73	250	152.60	72.04
1	0.14							
350	3628.40	1119.08	362	104.87	46.73	238	139.82	62.82
						1	0.07	0.07
2	0.12	0.01	3	0.82		11	12.70	9.15
458	5090.88	1468.49	704	271.36	86.64	464	444.98	204.15
447	**9110.30**	**1183.46**	**372**	**206.64**	**71.77**	**166**	**761.27**	**443.03**
112	711.84	56.55	16	8.17	6.16	7	11.18	9.51
112	711.84	56.55	16	8.17	6.16	6	2.22	0.55
						1	8.96	8.96
161	6544.19	751.78	233	108.43	42.36	122	715.25	404.54
174	1854.25	375.14	123	90.06	23.25	37	34.84	28.97
1260	**13828.92**	**2957.15**	**1877**	**602.59**	**220.11**	**1855**	**4813.04**	**2333.32**

土地违法案件查处情况
Investigation and Treatment of

案件类型	Case Category	黑龙江 Heilongjiang		
		件数/件 Number of Case/case	涉及土地面积/公顷 Land Area Involved/hm^2	耕地 Cultivated Land
上年未结案	**Case Unsettled Last Year**	**678**	**388.30**	**144.00**
本年发现违法	**Illegal Case Discovered in the Current Year**	**625**	**3534.60**	**1854.48**
本年发生	Case Occurring This Year	223	2403.00	1310.42
历年隐漏	Hidden Leakage over the Years	402	1131.62	544.08
本年立案	**Case Filed This Year**	**515**	**3744.59**	**1896.71**
本年发生案件立案	Filing of This Year's Case	146	2344.12	1297.99
违法转让	Illegal Transfer	1	0.32	
违法占地	Illegal Land Occupation	144	2343.42	1297.65
违法批地	Illegal Land Grant			
其他	Others	1	0.38	0.34
历年隐漏案件立案	Filing of Hidden Case over the Years	369	1400.49	598.75
本年结案	**Case Settled This Year**	**578**	**2443.95**	**1475.18**
处理本年发生案件	This Year's Case Handled	52	1467.79	1019.29
违法转让	Illegal Transfer			
违法占地	Illegal Land Occupation	52	1467.79	1019.29
违法批地	Illegal Land Grant			
其他	Others			
处理上年未结案	Last Year's Unsettled Case Handled	366	223.16	95.86
处理历年隐漏案	Handling of Hidden Omission over the Years	160	752.98	359.99
本年未结案	**Case Unsettled This Year**	**615**	**1688.93**	**565.53**

——按地区分列（2020年） 续表2

Illegal Land Cases by Region（2020） Continued 2

上海 Shanghai			江苏 Jiangsu			浙江 Zhejiang		
件数/件 Number of Case/case	涉及土地面积/公顷 Land Area Involved/hm²	涉及土地面积/公顷 耕地 Cultivated Land	件数/件 Number of Case/case	涉及土地面积/公顷 Land Area Involved/hm²	涉及土地面积/公顷 耕地 Cultivated Land	件数/件 Number of Case/case	涉及土地面积/公顷 Land Area Involved/hm²	涉及土地面积/公顷 耕地 Cultivated Land
25	**23.32**	**1.09**	**1319**	**1026.69**	**441.07**	**3227**	**1243.90**	**435.57**
62	**35.04**	**8.70**	**2259**	**1708.84**	**631.72**	**2123**	**3735.37**	**540.00**
23	11.15	0.58	648	561.62	191.81	589	332.03	152.90
39	23.89	8.12	1611	1147.22	439.91	1534	3403.37	387.08
21	**14.93**	**0.62**	**1358**	**1405.41**	**603.21**	**1460**	**1645.90**	**362.93**
4	5.06	0.14	298	339.88	119.84	316	162.13	59.00
			2	3.42				
4	5.06	0.14	291	328.86	116.89	313	161.72	59.00
			5	7.60	2.96	3	0.42	
17	9.87	0.48	1060	1065.53	483.37	1144	1483.77	303.94
23	**16.63**	**0.28**	**1182**	**1027.41**	**489.60**	**744**	**1234.86**	**237.14**
2	4.58	0.14	89	98.81	49.82	68	62.53	32.95
2	4.58	0.14	87	95.77	47.05	68	62.53	32.95
			2	3.05	2.78			0.00
15	4.95	0.14	634	459.67	227.81	515	304.29	153.48
6	7.10	0.01	459	468.92	211.97	161	868.01	50.73
23	**21.62**	**1.43**	**1495**	**1404.70**	**554.68**	**3943**	**1654.94**	**561.36**

土地违法案件查处情况

Investigation and Treatment of

案件类型	Case Category	安徽 Anhui		
		件数/件 Number of Case/case	涉及土地面积/公顷	
			Land Area Involved/hm^2	耕地 Cultivated Land
上年未结案	**Case Unsettled Last Year**	**1551**	**1015.93**	**638.93**
本年发现违法	**Illegal Case Discovered in the Current Year**	**11003**	**7309.21**	**4551.57**
本年发生	Case Occurring This Year	2442	1661.63	978.81
历年隐漏	Hidden Leakage over the Years	8561	5647.57	3572.75
本年立案	**Case Filed This Year**	**2103**	**2069.72**	**1227.35**
本年发生案件立案	Filing of This Year' s Case	467	625.04	382.86
违法转让	Illegal Transfer	1	0.80	
违法占地	Illegal Land Occupation	422	590.39	370.32
违法批地	Illegal Land Grant	16	14.10	9.11
其他	Others	28	19.75	3.43
历年隐漏案件立案	Filing of Hidden Case over the Years	1636	1444.68	844.49
本年结案	**Case Settled This Year**	**1317**	**1680.44**	**998.96**
处理本年发生案件	This Year' s Case Handled	136	116.03	64.39
违法转让	Illegal Transfer			
违法占地	Illegal Land Occupation	113	102.03	52.95
违法批地	Illegal Land Grant	10	10.88	9.01
其他	Others	13	3.12	2.43
处理上年未结案	Last Year' s Unsettled Case Handled	558	692.16	390.93
处理历年隐漏案	Handling of Hidden Omission over the Years	623	872.25	543.64
本年未结案	**Case Unsettled This Year**	**2337**	**1405.21**	**867.32**

——按地区分列（2020年） 续表3

Illegal Land Cases by Region（2020） Continued 3

福建 Fujian			江西 Jiangxi			山东 Shandong		
件数/件 Number of Case/case	涉及土地面积/公顷 Land Area Involved/hm²	耕地 Cultivated Land	件数/件 Number of Case/case	涉及土地面积/公顷 Land Area Involved/hm²	耕地 Cultivated Land	件数/件 Number of Case/case	涉及土地面积/公顷 Land Area Involved/hm²	耕地 Cultivated Land
1704	**3547.55**	**622.58**	**696**	**915.10**	**248.63**	**4706**	**6721.18**	**3834.62**
3917	**18905.28**	**6942.57**	**11767**	**6884.59**	**1335.84**	**13202**	**20878.71**	**10227.53**
1098	5795.00	2137.93	2111	1555.69	354.83	5113	7714.54	3930.98
2819	13110.28	4804.62	9656	5328.87	981.02	8089	13164.17	6296.55
1752	**2552.09**	**592.87**	**1861**	**2317.69**	**882.89**	**8005**	**15795.37**	**9072.50**
441	556.77	149.39	417	383.44	161.42	2970	5794.32	3409.62
438	555.32	148.45	414	381.97	160.54	2909	5763.70	3407.37
3	1.45	0.94	3	1.47	0.88	61	30.62	2.25
1311	1995.32	443.48	1444	1934.23	721.47	5035	10001.05	5662.88
958	**1539.02**	**143.82**	**979**	**1139.14**	**339.09**	**3537**	**7813.57**	**4627.89**
215	126.57	40.74	98	50.11	19.89	248	464.10	260.56
214	125.58	39.93	96	49.19	19.01	244	447.83	260.20
1	0.99	0.81	2	0.92	0.88	4	16.27	0.36
371	612.02	32.87	181	373.08	93.05	1528	2447.28	1543.09
372	800.55	70.21	700	715.96	226.16	1761	4902.19	2824.24
2498	**4560.62**	**1071.63**	**1578**	**2093.65**	**792.43**	**9174**	**14702.98**	**8279.23**

土地违法案件查处情况
Investigation and Treatment of

案件类型	Case Category	河南 Henan		
		件数/件 Number of Case/case	涉及土地面积/公顷 Land Area Involved/hm²	耕地 Cultivated Land
上年未结案	**Case Unsettled Last Year**	**4799**	**4335.43**	**2546.36**
本年发现违法	**Illegal Case Discovered in the Current Year**	**7985**	**10031.78**	**4619.97**
本年发生	Case Occurring This Year	3121	3177.56	1523.42
历年隐漏	Hidden Leakage over the Years	4864	6854.22	3096.55
本年立案	**Case Filed This Year**	**5404**	**7111.50**	**3379.16**
本年发生案件立案	Filing of This Year's Case	1774	1454.00	662.43
违法转让	Illegal Transfer	1768	1451.64	660.68
违法占地	Illegal Land Occupation			
违法批地	Illegal Land Grant			
其他	Others	6	2.36	1.74
历年隐漏案件立案	Filing of Hidden Case over the Years	3630	5657.88	2716.73
本年结案	**Case Settled This Year**	**2141**	**2786.57**	**1560.59**
处理本年发生案件	This Year's Case Handled	288	276.94	119.02
违法转让	Illegal Transfer			
违法占地	Illegal Land Occupation	288	276.94	119.02
违法批地	Illegal Land Grant			
其他	Others			
处理上年未结案	Last Year's Unsettled Case Handled	914	1405.89	845.18
处理历年隐漏案	Handling of Hidden Omission over the Years	939	1103.74	596.39
本年未结案	**Case Unsettled This Year**	**8062**	**8660.75**	**4365.93**

——按地区分列（2020年） 续表4

Illegal Land Cases by Region（2020） Continued 4

湖北 Hubei			湖南 Hunan			广东 Guangdong		
件数/件 Number of Case/case	涉及土地面积/公顷		件数/件 Number of Case/case	涉及土地面积/公顷		件数/件 Number of Case/case	涉及土地面积/公顷	
	Land Area Involved/hm^2	耕地 Cultivated Land		Land Area Involved/hm^2	耕地 Cultivated Land		Land Area Involved/hm^2	耕地 Cultivated Land
1820	**2450.72**	**1077.36**	**1586**	**16270.61**	**4719.07**	**3301**	**2117.32**	**545.44**
3104	**3853.43**	**2217.37**	**5048**	**34347.68**	**11129.13**	**38092**	**23770.14**	**6356.60**
603	683.89	350.94	1772	10190.80	2873.63	10966	8139.66	2178.34
2501	3169.53	1866.42	3276	24156.88	8255.50	27126	15630.50	4178.27
1316	**1794.15**	**1059.10**	**1830**	**17909.99**	**5723.26**	**14728**	**9120.17**	**2078.02**
153	172.54	71.17	559	4544.70	1305.79	3856	2868.66	566.32
						1	0.11	
152	171.41	71.17	553	4487.74	1295.99	3341	2485.62	502.32
1	1.13		3	35.93				
			3	21.03	9.80	514	382.94	64.01
1163	1621.61	987.93	1271	13365.29	4417.47	10872	6251.50	1511.70
453	**1314.14**	**819.51**	**713**	**11541.29**	**3642.70**	**9959**	**6724.14**	**1556.76**
12	31.59	23.58	90	706.27	227.77	1617	1372.66	272.76
12	31.59	23.58	90	706.27	227.77	1465	1244.17	255.34
						152	128.48	17.42
204	490.18	237.60	344	3649.66	1156.53	2127	1517.20	403.12
237	792.37	558.35	279	7185.36	2258.40	6215	3834.28	880.89
2683	**2930.73**	**1316.95**	**2703**	**22639.31**	**6799.63**	**8070**	**4513.35**	**1066.70**

土地违法案件查处情况

Investigation and Treatment of

案件类型	Case Category	广西 Guangxi		
		件数/件 Number of Case/case	涉及土地面积/公顷	
			Land Area Involved/hm^2	耕地 Cultivated Land
上年未结案	**Case Unsettled Last Year**	**6683**	**4777.20**	**1681.71**
本年发现违法	**Illegal Case Discovered in the Current Year**	**18371**	**11958.78**	**4921.45**
本年发生	Case Occurring This Year	6846	4475.34	1666.62
历年隐漏	Hidden Leakage over the Years	11525	7483.46	3254.82
本年立案	**Case Filed This Year**	**10454**	**9630.82**	**3803.38**
本年发生案件立案	Filing of This Year's Case	3029	2781.73	1030.79
违法转让	Illegal Transfer	1	0.03	
违法占地	Illegal Land Occupation	3023	2779.22	1030.75
违法批地	Illegal Land Grant			
其他	Others	5	2.48	0.04
历年隐漏案件立案	Filing of Hidden Case over the Years	7425	6849.08	2772.60
本年结案	**Case Settled This Year**	**9612**	**7049.14**	**2753.53**
处理本年发生案件	This Year's Case Handled	1458	262.29	84.58
违法转让	Illegal Transfer	1	0.03	
违法占地	Illegal Land Occupation	1457	262.26	84.58
违法批地	Illegal Land Grant			
其他	Others			
处理上年未结案	Last Year's Unsettled Case Handled	2648	3070.27	1097.75
处理历年隐漏案	Handling of Hidden Omission over the Years	5506	3716.57	1571.21
本年未结案	**Case Unsettled This Year**	**7525**	**7358.88**	**2731.56**

——按地区分列（2020年） 续表5
Illegal Land Cases by Region（2020） Continued 5

海南 Hainan			重庆 Chongqing			四川 Sichuan		
件数/件 Number of Case/case	涉及土地面积/公顷		件数/件 Number of Case/case	涉及土地面积/公顷		件数/件 Number of Case/case	涉及土地面积/公顷	
	Land Area Involved/hm^2	耕地 Cultivated Land		Land Area Involved/hm^2	耕地 Cultivated Land		Land Area Involved/hm^2	耕地 Cultivated Land
685	**697.23**	**305.72**	**440**	**10305.64**	**5711.51**	**835**	**3186.27**	**1694.92**
2063	**2059.74**	**391.00**	**1292**	**24413.12**	**13537.03**	**2974**	**11512.67**	**5831.44**
323	588.85	147.91	361	7065.72	4408.80	1128	2735.02	1102.20
1740	1470.89	243.10	931	17347.40	9128.23	1846	8777.64	4729.24
401	**425.50**	**84.34**	**611**	**19354.05**	**10811.60**	**1584**	**10399.69**	**5215.45**
56	46.31	8.45	175	5601.29	3712.60	536	1829.56	822.41
			1	0.52		3	0.23	0.01
56	46.31	8.45	174	5600.77	3712.60	528	1822.75	816.47
						1	0.08	
						4	6.51	5.93
345	379.20	75.89	436	13752.76	7099.00	1048	8570.13	4393.05
128	**68.80**	**32.04**	**670**	**24090.00**	**13741.68**	**1071**	**8516.52**	**4798.24**
1	0.50		98	3380.19	2429.98	177	632.94	236.48
			1	0.52				
1	0.50		97	3379.67	2429.98	176	626.98	231.01
						1	5.96	5.47
61	37.94	23.40	298	9511.32	5503.46	272	2039.32	1378.75
66	30.36	8.64	274	11198.49	5808.24	622	5844.29	3183.01
958	**1053.94**	**358.01**	**381**	**5569.69**	**2781.43**	**1348**	**5069.44**	**2112.13**

土地违法案件查处情况

Investigation and Treatment of

案件类型	Case Category	贵州 Guizhou		
		件数/件 Number of Case/case	涉及土地面积/公顷	
			Land Area Involved/hm^2	耕地 Cultivated Land
上年未结案	**Case Unsettled Last Year**	**1115**	**3286.32**	**1585.31**
本年发现违法	**Illegal Case Discovered in the Current Year**	**5356**	**10433.95**	**5413.17**
本年发生	Case Occurring This Year	1884	1761.83	906.46
历年隐漏	Hidden Leakage over the Years	3472	8672.14	4506.72
本年立案	**Case Filed This Year**	**3010**	**9829.78**	**5032.05**
本年发生案件立案	Filing of This Year's Case	864	1264.74	682.92
违法转让	Illegal Transfer			
违法占地	Illegal Land Occupation	859	1242.27	672.85
违法批地	Illegal Land Grant	1	0.03	0.03
其他	Others	4	22.44	10.03
历年隐漏案件立案	Filing of Hidden Case over the Years	2146	8565.07	4349.18
本年结案	**Case Settled This Year**	**1545**	**9291.03**	**4706.45**
处理本年发生案件	This Year's Case Handled	116	422.53	247.40
违法转让	Illegal Transfer			
违法占地	Illegal Land Occupation	116	422.53	247.40
违法批地	Illegal Land Grant			
其他	Others			
处理上年未结案	Last Year's Unsettled Case Handled	418	1921.28	910.18
处理历年隐漏案	Handling of Hidden Omission over the Years	1011	6947.22	3548.88
本年未结案	**Case Unsettled This Year**	**2580**	**3825.07**	**1910.90**

——按地区分列（2020年） 续表6

Illegal Land Cases by Region（2020） Continued 6

云南 Yunnan			西藏 Tibet			陕西 Shaanxi		
件数/件 Number of Case/case	涉及土地面积/公顷		件数/件 Number of Case/case	涉及土地面积/公顷		件数/件 Number of Case/case	涉及土地面积/公顷	
	Land Area Involved/hm^2	耕地 Cultivated Land		Land Area Involved/hm^2	耕地 Cultivated Land		Land Area Involved/hm^2	耕地 Cultivated Land
775	**2601.43**	**915.56**	**22**	**7.39**	**1.64**	**704**	**1215.71**	**326.48**
8017	**15465.97**	**6935.11**	**948**	**1797.48**	**108.52**	**1772**	**5583.66**	**2266.03**
2064	2341.80	851.97	52	87.65	4.25	693	1057.74	375.04
5953	13124.17	6083.14	896	1709.82	104.25	1079	4525.92	1890.99
2286	**9922.48**	**4443.83**	**43**	**8.61**	**4.30**	**1553**	**5929.87**	**2496.01**
500	918.55	396.85	1	0.07		545	1003.53	355.71
1	0.57							
489	905.32	395.68	1	0.07		544	1003.25	355.43
10	12.66	1.17				1	0.28	0.28
1786	9003.93	4046.99	42	8.55	4.30	1008	4926.34	2140.30
877	**5536.56**	**2360.19**				**1291**	**5526.21**	**2331.72**
82	132.83	64.64				197	518.90	214.10
1	0.57							
78	122.84	64.64				197	518.90	214.10
3	9.42							
266	1306.91	573.71				455	565.55	162.63
529	4096.83	1719.90				639	4441.76	1954.99
2184	**6987.35**	**2999.21**	**65**	**16.00**	**5.94**	**966**	**1619.37**	**490.77**

土地违法案件查处情况

Investigation and Treatment of

案件类型	Case Category	甘肃 Gansu		
		件数/件 Number of Cases/case	涉及土地面积/公顷 Land Area Involved/hm²	耕地 Cultivated Land
上年未结案	**Case Unsettled Last Year**	**350**	**1110.72**	**271.74**
本年发现违法	**Illegal Case Discovered in the Current Year**	**2191**	**3537.37**	**1347.34**
本年发生	Case Occurring This Year	691	1250.01	450.02
历年隐漏	Hidden Leakage over the Years	1500	2289.86	897.52
本年立案	**Case Filed This Year**	**906**	**1794.97**	**663.36**
本年发生案件立案	Filing of This Year's Case	292	578.69	185.97
违法转让	Illegal Transfer	1	14.25	1.69
违法占地	Illegal Land Occupation	289	563.97	184.28
违法批地	Illegal Land Grant			
其他	Others	2	0.46	
历年隐漏案件立案	Filing of Hidden Case over the Years	614	1216.28	477.41
本年结案	**Case Settled This Year**	**470**	**1286.89**	**306.01**
处理本年发生案件	This Year's Case Handled	88	427.43	72.48
违法转让	Illegal Transfer			
违法占地	Illegal Land Occupation	86	426.97	72.48
违法批地	Illegal Land Grant			
其他	Others	2	0.46	
处理上年未结案	Last Year's Unsettled Case Handled	133	593.53	113.33
处理历年隐漏案	Handling of Hidden Omission over the Years	249	468.18	120.21
本年未结案	**Case Unsettled This Year**	**786**	**1618.80**	**629.09**

——按地区分列（2020年） 续表7
Illegal Land Cases by Region（2020） Continued 7

青海 Qinghai			宁夏 Ningxia			新疆 Xinjiang		
件数/件 Number of Case/case	涉及土地面积/公顷 Land Area Involved/hm²	耕地 Cultivated Land	件数/件 Number of Case/case	涉及土地面积/公顷 Land Area Involved/hm²	耕地 Cultivated Land	件数/件 Number of Case/case	涉及土地面积/公顷 Land Area Involved/hm²	耕地 Cultivated Land
522	**1276.89**	**469.00**	**153**	**88.04**	**7.32**	**1745**	**2182.62**	**103.45**
547	**1046.16**	**522.87**	**2309**	**1714.30**	**514.04**	**2661**	**3216.65**	**337.58**
142	239.61	106.58	522	599.44	99.75	912	1420.11	227.78
405	806.55	416.29	1787	1114.87	414.32	1749	1796.53	109.80
502	**1019.20**	**511.87**	**398**	**729.06**	**112.57**	**2380**	**2178.77**	**130.08**
118	219.60	100.23	145	233.73	14.86	717	747.30	38.82
						8	0.73	
116	214.39	100.23	144	233.66	14.86	671	702.97	37.45
2	5.21		1	0.07		38	43.60	1.37
384	799.61	411.63	253	495.31	97.71	1663	1431.47	91.27
398	**1113.49**	**537.23**	**180**	**344.83**	**83.18**	**2996**	**3054.24**	**153.10**
22	35.45	0.24	30	27.83	2.15	484	510.56	38.02
						6	0.73	
21	31.55	0.24	30	27.83	2.15	441	466.45	36.65
1	3.91					37	43.38	1.37
139	659.70	328.97	36	25.10	0.96	1210	1520.63	48.14
237	418.34	208.01	114	291.88	80.07	1302	1023.04	66.97
626	**1182.60**	**443.64**	**371**	**472.27**	**36.71**	**1129**	**1307.15**	**80.43**

土地违法案件查处情况

Investigation and Treatment of Illegal Land Cases

案件类型	Case Category	合计 Total		
		件数/件 Number of Case/case	涉及土地面积/公顷 Land Area Involved/hm²	耕地 Cultivated Land
上年未结案	**Case Unsettled Last Year**	**49924**	**100522.08**	**36301.96**
本年发现违法	**Illegal Case Discovered in the Current Year**	**160906**	**265661.56**	**106175.32**
本年发生	Case Occurring This Year	49744	81103.17	31451.43
历年隐漏	Hidden Leakage over the Years	111162	184556.17	74724.62
本年立案	**Case Filed This Year**	**72740**	**160937.72**	**69765.74**
本年发生案件立案	Filing of This Year's Case	21070	42378.09	18169.17
违法转让	Illegal Transfer	1789	1472.76	662.38
违法占地	Illegal Land Occupation	18505	40212.13	17346.21
违法批地	Illegal Land Grant	23	51.34	9.21
其他	Others	753	641.87	151.36
历年隐漏案件立案	Filing of Hidden Case over the Years	51670	118561.98	51596.58
本年结案	**Case Settled This Year**	**46139**	**122865.92**	**52951.60**
处理本年发生案件	This Year's Case Handled	6093	12307.64	5755.93
违法转让	Illegal Transfer	9	1.85	
违法占地	Illegal Land Occupation	5831	12019.70	5673.35
违法批地	Illegal Land Grant	10	10.88	9.01
其他	Others	243	275.20	73.59
处理上年未结案	Last Year's Unsettled Case Handled	15916	44256.46	18047.78
处理历年隐漏案	Handling of Hidden Omission over the Years	24130	66504.59	29148.80
本年未结案	**Case Unsettled This Year**	**76525**	**138593.88**	**53116.09**

——按涉案主体级别分列（2020年）
by Level of Involved Subject（2020）

省级 Provincial Level			市级 Municipal Level			县级 County Level		
件数/件 Number of Case/case	涉及土地面积/公顷 Land Area Involved/hm²	涉及土地面积/公顷 耕地 Cultivated Land	件数/件 Number of Case/case	涉及土地面积/公顷 Land Area Involved/hm²	涉及土地面积/公顷 耕地 Cultivated Land	件数/件 Number of Case/case	涉及土地面积/公顷 Land Area Involved/hm²	涉及土地面积/公顷 耕地 Cultivated Land
218	**2310.14**	**1374.79**	**372**	**2617.50**	**1082.93**	**1459**	**6342.56**	**2203.12**
1577	**11724.36**	**5563.96**	**1513**	**12196.43**	**4899.27**	**5222**	**16157.80**	**6628.93**
426	2379.23	1319.96	421	2666.27	1295.75	1487	4822.11	1920.59
1151	9345.16	4244.10	1092	9530.22	3603.51	3735	11335.67	4708.32
473	**5302.60**	**2893.62**	**630**	**5834.53**	**2473.11**	**2391**	**9486.01**	**4127.34**
145	1004.17	728.09	147	2028.93	1053.48	646	2877.72	1266.76
8	56.33	48.90	14	98.51	44.97	69	280.37	193.32
121	893.30	641.30	116	1882.94	1007.06	530	2563.49	1066.61
			1	0.12	0.12	6	6.28	3.68
16	54.56	37.89	16	47.36	1.32	41	27.57	3.16
328	4298.44	2165.56	483	3805.62	1419.63	1745	6608.22	2860.55
233	**3277.80**	**2099.21**	**333**	**1744.54**	**722.34**	**1314**	**6430.96**	**2380.66**
25	180.96	138.67	36	74.72	21.99	146	734.20	400.04
9	126.40	100.79	30	47.27	21.73	132	722.87	394.06
			1	0.12	0.12	4	5.07	3.58
16	54.56	37.89	5	27.33	0.14	10	6.26	2.40
66	1409.91	900.72	144	734.13	348.33	399	2856.08	769.71
142	1686.95	1059.82	153	935.73	352.03	769	2840.65	1210.86
458	**4334.93**	**2169.19**	**669**	**6707.49**	**2833.69**	**2536**	**9397.61**	**3949.81**

土地违法案件查处情况
Investigation and Treatment of Illegal Land Cases

案件类型	Case Category	乡级 Township Level		
		件数/件 Number of Case/case	涉及土地面积/公顷 Land Area Involved/hm²	耕地 Cultivated Land
上年未结案	**Case Unsettled Last Year**	**565**	**1420.14**	**750.98**
本年发现违法	**Illegal Case Discovered in the Current Year**	**2532**	**3813.13**	**1738.91**
本年发生	Case Occurring This Year	711	1206.01	559.78
历年隐漏	Hidden Leakage over the Years	1821	2608.00	1179.24
本年立案	**Case Filed This Year**	**1284**	**2259.62**	**853.53**
本年发生案件立案	Filing of This Year's Case	304	376.69	115.95
违法转让	Illegal Transfer	38	16.93	7.24
违法占地	Illegal Land Occupation	242	335.23	100.83
违法批地	Illegal Land Grant	6	5.46	2.22
其他	Others	18	19.08	5.66
历年隐漏案件立案	Filing of Hidden Case over the Years	980	1882.89	737.55
本年结案	**Case Settled This Year**	**738**	**2045.57**	**812.73**
处理本年发生案件	This Year's Case Handled	91	125.24	37.44
违法转让	Illegal Transfer			
违法占地	Illegal Land Occupation	85	120.76	34.92
违法批地	Illegal Land Grant	1	2.29	2.22
其他	Others	5	2.19	0.30
处理上年未结案	Last Year's Unsettled Case Handled	201	566.51	300.89
处理历年隐漏案	Handling of Hidden Omission over the Years	446	1354.73	474.41
本年未结案	**Case Unsettled This Year**	**1111**	**1634.19**	**791.78**

——按涉案主体级别分列（2020年） 续表
by Level of Involved Subject（2020） Continued

村（组）集体 Village(Group) Collective Level			企事业单位 Enterprise and Institution			个人 Individual		
件数/件 Number of Case/case	涉及土地面积/公顷 Land Area Involved/hm²	耕地 Cultivated Land	件数/件 Number of Case/case	涉及土地面积/公顷 Land Area Involved/hm²	耕地 Cultivated Land	件数/件 Number of Case/case	涉及土地面积/公顷 Land Area Involved/hm²	耕地 Cultivated Land
5214	**3625.68**	**1218.93**	**15928**	**71267.14**	**26328.31**	**26167**	**12938.92**	**3342.90**
18272	**12041.26**	**4451.73**	**53299**	**181233.05**	**72587.85**	**78491**	**28495.54**	**10304.66**
4258	3647.88	1268.38	18274	54985.54	20807.28	24167	11396.12	4279.68
14014	8393.32	3183.33	35025	126245.40	51781.09	54324	17098.40	6025.03
7774	**4874.99**	**1925.68**	**30003**	**121835.89**	**53783.30**	**30185**	**11344.08**	**3709.16**
1756	1113.14	422.26	9299	30575.88	12868.42	8773	4401.56	1714.22
197	72.18	27.65	474	669.54	251.49	989	278.90	88.81
1498	1014.92	388.15	8464	29517.23	12536.44	7534	4005.03	1605.82
2	0.12	0.07	8	39.36	3.12			
59	25.91	6.40	353	349.74	77.38	250	117.65	19.56
6018	3761.88	1503.42	20703	91262.42	40914.84	21413	6942.52	1995.03
4990	**3057.03**	**1168.27**	**17828**	**100019.75**	**44243.98**	**20703**	**6290.27**	**1524.41**
537	241.84	80.88	2389	10091.20	4913.65	2869	859.47	163.27
			7	1.30	0.00	2	0.55	
523	229.13	77.56	2263	9977.83	4886.65	2789	795.43	157.64
			4	3.40	3.09			
14	12.70	3.32	115	108.68	23.91	78	63.48	5.63
1812	1132.26	338.06	5876	34753.79	14634.72	7418	2803.77	755.35
2641	1683.05	749.34	9563	55376.45	24695.59	10416	2627.04	606.74
7998	**5443.64**	**1976.34**	**28103**	**93083.28**	**35867.62**	**35649**	**17992.73**	**5527.65**

土地违法案件

Investigation and Treatment

地　区	Region	拆除构建物/米^2 Demolition of Building and Structure/m^2	没收构建物/米^2 Confiscation of Building and Structure/m^2
总　计	**Total**	**24276705**	**310526376**
自然资源部	MNR		
北　京	Beijing	191515	168126
天　津	Tianjin	16167	4710
河　北	Hebei	1315845	94094463
山　西	Shanxi	280433	13328810
内蒙古	Inner Mongolia	694147	11384374
辽　宁	Liaoning	47185	548125
吉　林	Jilin	99162	514949
黑龙江	Heilongjiang	205259	238159
上　海	Shanghai	16550	15435
江　苏	Jiangsu	899790	5462428
浙　江	Zhejiang	1440954	7751172
安　徽	Anhui	401800	5147989
福　建	Fujian	264576	2263143
江　西	Jiangxi	187153	244672
山　东	Shandong	1720564	40336945
河　南	Henan	1880359	6622598
湖　北	Hubei	456015	2463351
湖　南	Hunan	590356	4370257
广　东	Guangdong	982843	2601068
广　西	Guangxi	3193805	30549844
海　南	Hainan	371134	904045
重　庆	Chongqing	186391	7558989
四　川	Sichuan	356497	18481098
贵　州	Guizhou	3397198	29403866
云　南	Yunnan	1395529	4543475
西　藏	Tibet	24260	
陕　西	Shaanxi	2919040	20030975
甘　肃	Gansu	130504	796079
青　海	Qinghai	190928	189633
宁　夏	Ningxia	73887	416892
新　疆	Xinjiang	346860	90706

查处结果（2020年）
Results of Illegal Land Cases（2020）

收回土地/公顷 Land Retrieval/hm^2		罚没款/万元 Fine/10^4 yuan
	耕地/公顷 Cultivated Land	
191038.96	**6983.69**	**4673797.08**
80.43	3.03	1305.01
24.54		365.17
119794.55	1412.07	19499.57
1558.70	291.24	24480.80
321.56	59.57	18857.57
164.91	17.97	3601.37
312.64	42.99	24671.06
205.74	3.24	18011.78
6.97	5.24	173.03
413.06	98.98	12739.50
1482.97	137.00	3724249.48
2988.27	1556.47	15322.83
243.41	51.93	71861.12
142.71	59.93	8600.71
3273.08	373.43	248493.97
737.54	190.14	71853.30
3381.88	179.06	38766.29
3389.48	204.40	13561.76
421.23	88.17	31144.75
10532.12	526.62	51357.80
246.92	0.51	5906.83
482.75	499.87	7203.38
6589.56	379.80	104697.52
5208.94	556.95	43438.26
730.03	50.01	28727.59
13.01	12.44	174.74
27738.19	100.09	39378.02
30.56	42.99	24671.06
97.14	6.85	9842.42
61.57		583.30
364.50	32.70	10257.09

矿产违法案件查处情况

Investigation and Treatment of Illegal

单位：件

案件类型	Case Category	合计 Total	自然资源部 MNR	北京 Beijing	天津 Tianjin	河北 Hebei	山西 Shanxi
上年未结案	**Case Unsettled Last Year**	**2096**	**1**	**15**	**9**	**41**	**51**
本年立案	**Case Filed This Year**	**4260**		**5**		**150**	**319**
勘查	Exploration	59				14	3
无证勘查	Exploration without Any License	43				14	3
越界勘查	Cross-border Exploration	6					
非法转让探矿权	Illegal Transfer of Exploration Right						
其他	Others	10					
开采	Mining	4088		5		136	314
无证开采	Mining without Any License	3105		5		127	187
越界开采	Cross-border Mining	903				9	118
非法转让采矿权	Illegal Transfer of Mining Right	2					
破坏性开采	Destructive Mining	13					
其他	Others	65					9
非法批准	Illegal Approval	13					
违法发证	Unlawful Issuance of License	13					
勘查许可证	Exploration License	6					
采矿许可证	Mining License	7					
其他	Others	100					2
本年结案	**Case Settled This Year**	**3196**	**1**			**73**	**273**
处理上年未结案	Last Year' s Unsettled Case Handled	527				12	23
勘查	Exploration	59				16	3
无证勘查	Exploration without Any License	46				16	3
越界勘查	Cross-border Exploration	8					
非法转让探矿权	Illegal Transfer of Exploration Right						
其他	Others	5					
开采	Mining	3018				57	266
无证开采	Mining without Any License	2228				50	164
越界开采	Cross-border Mining	736				7	98
非法转让采矿权	Illegal Transfer of Mining Right						
破坏性开采	Destructive Mining	11					
其他	Others	43					4
非法批准	Illegal Approval	12					
违法发证	Unlawful Issuance of License	12					
勘查许可证	Exploration License	5					
采矿许可证	Mining License	7					
其他	Others	107	1				4
本年未结案	**Case Unsettled This Year**	**3160**		**20**	**9**	**118**	**97**

——按地区分列（2020年）

Mineral Cases by Region（2020）

Unit：case

内蒙古 Inner Mongolia	辽宁 Liaoning	吉林 Jilin	黑龙江 Heilongjiang	上海 Shanghai	江苏 Jiangsu	浙江 Zhejiang	安徽 Anhui	福建 Fujian	江西 Jiangxi	山东 Shandong	河南 Henan
22	**19**	**48**	**41**		**11**	**439**	**54**	**21**	**68**	**158**	**108**
83	**58**	**77**	**152**		**28**	**406**	**68**	**35**	**163**	**260**	**69**
5											
5											
76	57	77	150		28	400	68	33	142	259	66
48	44	61	89		26	389	64	31	92	252	51
28	9	16	58		1	5	4	1	49	3	15
										1	
	1					1					
	3		3		1	5		1	1	3	
									1		
									1		
									1		
2	1		2			6		2	20	1	3
71	**33**	**56**	**125**		**18**	**204**	**87**	**30**	**156**	**132**	**97**
5	7	4	20		2	30	29	4	10	23	97
3	2										
	2										
3											
68	30	56	124		18	201	85	29	135	132	73
45	19	49	65		16	196	83	27	92	129	57
23	10	7	58		1	2	1	2	42	3	11
						1					
	1		1		1	2	1		1		5
	1		1			3	2	1	21		24
34	**44**	**69**	**68**		**21**	**641**	**35**	**26**	**75**	**286**	**80**

矿产违法案件查处情况

Investigation and Treatment of Illegal

单位：件

案件类型	Case Category	湖北 Hubei	湖南 Hunan	广东 Guangdong	广西 Guangxi	海南 Hainan	重庆 Chongqing
上年未结案	**Case Unsettled Last Year**	**69**	**74**	**13**	**213**	**33**	**42**
本年立案	**Case Filed This Year**	**50**	**126**	**65**	**532**	**31**	**87**
勘查	Exploration		1	3	1		
无证勘查	Exploration without Any License		1	2	1		
越界勘查	Cross-border Exploration			1			
非法转让探矿权	Illegal Transfer of Exploration Right						
其他	Others						
开采	Mining	49	122	61	521	31	86
无证开采	Mining without Any License	39	58	31	474	27	77
越界开采	Cross-border Mining	9	64	24	32	4	8
非法转让采矿权	Illegal Transfer of Mining Right						
破坏性开采	Destructive Mining				7		
其他	Others	1		6	8		1
非法批准	Illegal Approval						
违法发证	Unlawful Issuance of License						
勘查许可证	Exploration License						
采矿许可证	Mining License						
其他	Others	1	3	1	10		1
本年结案	**Case Settled This Year**	**41**	**83**	**61**	**299**	**20**	**91**
处理上年未结案	Last Year's Unsettled Case Handled	13	4	8	45	3	21
勘查	Exploration		1	2	3		
无证勘查	Exploration without Any License		1	1	3		
越界勘查	Cross-border Exploration			1			
非法转让探矿权	Illegal Transfer of Exploration Right						
其他	Others						
开采	Mining	40	81	58	289	20	90
无证开采	Mining without Any License	30	38	27	257	18	85
越界开采	Cross-border Mining	9	43	25	21	2	5
非法转让采矿权	Illegal Transfer of Mining Right						
破坏性开采	Destructive Mining				7		
其他	Others	1		6	4		
非法批准	Illegal Approval						
违法发证	Unlawful Issuance of License						
勘查许可证	Exploration License						
采矿许可证	Mining License						
其他	Others	1	1	1	7		1
本年未结案	**Case Unsettled This Year**	**78**	**117**	**17**	**446**	**44**	**38**

——按地区分列（2020年）续表

Mineral Cases by Region（2020）Continued

Unit：case

四川 Sichuan	贵州 Guizhou	云南 Yunnan	西藏 Tibet	陕西 Shaanxi	甘肃 Gansu	青海 Qinghai	宁夏 Ningxia	新疆 Xinjiang
115	**53**	**168**	**7**	**26**	**20**	**7**	**46**	**104**
112	**189**	**343**	**4**	**91**	**117**	**33**	**43**	**564**
	1	3		10	1			17
	1	2		3	1			15
				5				
		1		2				2
102	177	333	4	68	114	33	43	533
49	120	217	3	40	74	30	25	375
51	56	110		27	37	2	18	145
		1						
		1						3
2	1	4	1	1	3	1		10
				12				
				12				
				5				
				7				
10	11	7		1	2			14
84	**128**	**281**		**69**	**92**	**27**	**28**	**536**
22	12	42		14	11	3	3	60
	1	3		7				18
	1	2		2				17
				5				
		1						1
80	116	270		49	89	27	28	507
30	86	180		26	67	23	20	349
48	30	89		22	22	3	8	144
								3
2		1		1		1		11
				12				
				12				
				5				
				7				
4	11	8		1	3			11
143	**114**	**230**	**11**	**48**	**45**	**13**	**61**	**132**

矿产违法案件查处情况

Investigation and Treatment of Illegal

单位：件

案件类型	Case Category	合计 Total	国家机关 State Organ			
				省级 Provincial Level	市级 Municipal Level	县级 County Level
上年未结案	**Case Unsettled Last Year**	**2096**	**21**	**1**	**2**	**18**
本年立案	**Case Filed This Year**	**4260**	**55**	**3**	**1**	**50**
勘查	Exploration	59	5			5
无证勘查	Exploration without Any License	43				
越界勘查	Cross-border Exploration	6	5			5
非法转让探矿权	Illegal Transfer of Exploration Right					
其他	Others	10				
开采	Mining	4088	17	4		13
无证开采	Mining without Any License	3105	7	3		4
越界开采	Cross-border Mining	903	8			8
非法转让采矿权	Illegal Transfer of Mining Right	2				
破坏性开采	Destructive Mining	13				
其他	Others	65	2	1		1
非法批准	Illegal Approval	13	1			1
违法发证	Unlawful Issuance of License	13	1			1
勘查许可证	Exploration License	6	1			1
采矿许可证	Mining License	7				
其他	Others	100	32		2	31
本年结案	**Case Settled This Year**	**3196**	**43**		**1**	**42**
处理上年未结案	Last Year's Unsettled Case Handled	527	3		1	2
勘查	Exploration	59	5			5
无证勘查	Exploration without Any License	46				
越界勘查	Cross-border Exploration	8	5			5
非法转让探矿权	Illegal Transfer of Exploration Right					
其他	Others	5				
开采	Mining	3018	13			13
无证开采	Mining without Any License	2228	4			4
越界开采	Cross-border Mining	736	9			9
非法转让采矿权	Illegal Transfer of Mining Right					
破坏性开采	Destructive Mining	11				
其他	Others	43				
非法批准	Illegal Approval	12				
违法发证	Unlawful Issuance of License	12				
勘查许可证	Exploration License	5				
采矿许可证	Mining License	7				
其他	Others	107	24		1	24
本年未结案	**Case Unsettled This Year**	**3160**	**33**	**4**	**2**	**26**

——按涉案主体级别分列（2020年）

Mineral Cases by Level of Involved Subject（2020）

Unit:case

企事业单位 Enterprise and Institution	外商 Foreign-funded	集体 Collective	乡村 Township	个人 Individual
449	**9**	**37**	**24**	**1485**
833	**27**	**52**	**39**	**2764**
14	1			23
6	1			22
1				
7				1
791	13	51	38	2705
280	9	41	33	2409
479	4	9	4	264
				2
8				2
24		1	1	28
12	12			
12	12			
5	5			
7	7			
16	1	1	1	36
617	**20**	**32**	**21**	**1976**
139	1	7	5	318
11	2			25
6	2			23
1				2
4				
563	5	30	19	1913
194	2	23	16	1664
353	3	7	3	225
7				2
9				22
12	12			
12	12			
5	5			
7	7			
31	1	2	1	38
665	**16**	**57**	**42**	**2273**

矿产违法案件
Investigation and Treatment Results

地 区	Region	吊销勘查许可证/个 Revoked Exploration License/case
总 计	**Total**	1
自然资源部	MNR	
北 京	Beijing	
天 津	Tianjin	
河 北	Hebei	
山 西	Shanxi	
内蒙古	Inner Mongolia	
辽 宁	Liaoning	
吉 林	Jilin	
黑龙江	Heilongjiang	
上 海	Shanghai	
江 苏	Jiangsu	
浙 江	Zhejiang	
安 徽	Anhui	
福 建	Fujian	
江 西	Jiangxi	
山 东	Shandong	
河 南	Henan	
湖 北	Hubei	
湖 南	Hunan	
广 东	Guangdong	
广 西	Guangxi	
海 南	Hainan	
重 庆	Chongqing	
四 川	Sichuan	
贵 州	Guizhou	
云 南	Yunnan	
西 藏	Tibet	
陕 西	Shaanxi	
甘 肃	Gansu	
青 海	Qinghai	
宁 夏	Ningxia	
新 疆	Xinjiang	1

查处结果（2020年）
of Illegal Mineral Cases（2020）

吊销采矿许可证/个 Revoked Mining License/case	罚没款/万元 Fine/10^4yuan
1	**26829.38**
	373.05
	981.79
	117.45
	278.68
	175.92
	1015.46
	62.27
	1078.69
	1977.67
	80.55
	896.83
	655.76
	433.23
	386.07
	403.30
	924.27
	1908.08
	91.50
	853.13
	637.09
	696.16
	2211.38
	53.89
	207.92
	184.92
	108.87
1	219.19
	9816.27

测绘违法案件查处

Investigation and Treatment of Illegal Surveying

单位：件

案件类型	Case Category	合计 Total	自然资源部 MNR	北京 Beijing	天津 Tianjin	河北 Hebei	山西 Shanxi
上年未结案	**Case Unsettled Last Year**	**7**					
本年发现违法	**Illegal Case Discovered in the Current Year**	**45**		**12**	**1**		
本年发生	Case Occurring This Year	30		12			
历年隐漏	Hidden Leakage over the Years	15			1		
本年立案	**Case Filed This Year**	**45**		**12**	**1**		
本年发生案件立案	Filing of This Year's Case	28		12			
市场准入类	Market Access	4		2			
地图类	Map	17		10			
纸质地图	Paper Map	5					
导航电子地图	Navigation Electronic Map						
互联网地图	Internet Map	11		9			
其他	Others	1		1			
测绘成果类	Surveying and Mapping Result	1					
测绘成果质量	Quality of Surveying and Mapping Result	1					
测绘成果安全	Security of Surveying and Mapping Result						
涉外测绘	Foreign Related Surveying and Mapping						
涉军测绘	Military Related Surveying and Mapping						
测量标志	Measurement Mark	1					
其他	Others	5					
历年隐漏案件立案	Filing of Hidden Case over the Years	17			1		
本年结案	**Case Settled This Year**	**34**		**11**	**1**		
本年发生案件结案	This Year's Case Settled	24		11	1		
市场准入类	Market Access	4		2			
地图类	Map	14		9	1		
纸质地图	Paper Map	4					
导航电子地图	Navigation Electronic Map						
互联网地图	Internet Map	10		9	1		
其他	Others						
测绘成果类	Surveying and Mapping Result	1					
测绘成果质量	Quality of Surveying and Mapping Result	1					
测绘成果安全	Security of Surveying and Mapping Result						
涉外测绘	Foreign Related Surveying and Mapping						
涉军测绘	Military Related Surveying and Mapping						
测量标志	Measurement Mark	1					
其他	Others	4					
处理上年未结案	Last Year's Unsettled Case Handled	4					
处理历年隐漏案	Handling of Hidden Omission over the Years	6					
本年未结案	**Case Unsettled This Year**	**18**		**1**			

情况——按地区分列（2020年）
and Mapping Cases by Region（2020）

Unit：case

内蒙古 Inner Mongolia	辽宁 Liaoning	吉林 Jilin	黑龙江 Heilongjiang	上海 Shanghai	江苏 Jiangsu	浙江 Zhejiang	安徽 Anhui	福建 Fujian	江西 Jiangxi	山东 Shandong	河南 Henan
							3				
			3			**1**	**2**	**1**	**1**		**1**
			3				2	1	1		1
						1					
			3			**1**	**2**	**1**	**1**		**1**
			3				2	1	1		1
							1		1		1
							1		1		1
								1			
			3				1				
						1					
			3			**1**	**4**	**1**	**1**		
			3				2	1	1		
							1		1		
							1		1		
								1			
			3				1				
							2				
						1					
							1				**1**

测绘违法案件查处
Investigation and Treatment of Illegal Surveying

单位：件

案件类型	Case Category	湖北 Hubei	湖南 Hunan	广东 Guangdong	广西 Guangxi	海南 Hainan
上年未结案	**Case Unsettled Last Year**			**3**	**1**	
本年发现违法	**Illegal Case Discovered in the Current Year**		**2**	**9**	**2**	**1**
本年发生	Case Occurring This Year		2	5	2	1
历年隐漏	Hidden Leakage over the Years			4		
本年立案	**Case Filed This Year**		**1**	**9**	**3**	**1**
本年发生案件立案	Filing of This Year' s Case		1	4	2	1
市场准入类	Market Access			1		1
地图类	Map			2	2	
纸质地图	Paper Map				2	
导航电子地图	Navigation Electronic Map					
互联网地图	Internet Map			2		
其他	Others					
测绘成果类	Surveying and Mapping Result		1			
测绘成果质量	Quality of Surveying and Mapping Result		1			
测绘成果安全	Security of Surveying and Mapping Result					
涉外测绘	Foreign Related Surveying and Mapping					
涉军测绘	Military Related Surveying and Mapping					
测量标志	Measurement Mark					
其他	Others			1		
历年隐漏案件立案	Filing of Hidden Case over the Years			5	1	
本年结案	**Case Settled This Year**		**1**	**3**	**4**	**1**
本年发生案件结案	This Year' s Case Settled		1	1	2	1
市场准入类	Market Access			1		1
地图类	Map				2	
纸质地图	Paper Map				2	
导航电子地图	Navigation Electronic Map					
互联网地图	Internet Map					
其他	Others					
测绘成果类	Surveying and Mapping Result		1			
测绘成果质量	Quality of Surveying and Mapping Result		1			
测绘成果安全	Security of Surveying and Mapping Result					
涉外测绘	Foreign Related Surveying and Mapping					
涉军测绘	Military Related Surveying and Mapping					
测量标志	Measurement Mark					
其他	Others					
处理上年未结案	Last Year' s Unsettled Case Handled			1	1	
处理历年隐漏案	Handling of Hidden Omission over the Years			1	1	
本年未结案	**Case Unsettled This Year**			**9**		

情况——按地区分列（2020年）续表

and Mapping Cases by Region（2020）Continued

Unit：case

重庆 Chongqing	四川 Sichuan	贵州 Guizhou	云南 Yunnan	西藏 Tibet	陕西 Shaanxi	甘肃 Gansu	青海 Qinghai	宁夏 Ningxia	新疆 Xinjiang
2	**2**		**1**						**4**
2	2		1						4
2	**2**		**1**						**4**
2	2		1						4
	2		**1**						
	2		1						
2									**4**

测绘违法案件查处

Investigation and Treatment of Illegal Surveying

单位：件

案件类型	Case Category	合计 Total	省级 Provincial Level	市级 Municipal Level
上年未结案	**Case Unsettled Last Year**	**7**		
本年发现违法	**Illegal Case Discovered in the Current Year**	**45**	**16**	**1**
本年发生	Case Occurring This Year	30	15	1
历年隐漏	Hidden Leakage over the Years	15	1	
本年立案	**Case Filed This Year**	**45**	**15**	**1**
本年发生案件立案	Filing of This Year's Case	28	15	1
市场准入类	Market Access	4	3	
地图类	Map	17	12	1
纸质地图	Paper Map	5	1	1
导航电子地图	Navigation Electronic Map			
互联网地图	Internet Map	11	10	
其他	Others	1	1	
测绘成果类	Surveying and Mapping Result	1		
测绘成果质量	Quality of Surveying and Mapping Result	1		
测绘成果安全	Security of Surveying and Mapping Result			
涉外测绘	Foreign Related Surveying and Mapping			
涉军测绘	Military Related Surveying and Mapping			
测量标志	Measurement Mark	1		
其他	Others	5		
历年隐漏案件立案	Filing of Hidden Case over the Years	17		
本年结案	**Case Settled This Year**	**34**	**13**	
本年发生案件结案	This Year's Case Settled	24	4	
市场准入类	Market Access	4	3	
地图类	Map	14	1	
纸质地图	Paper Map	4	1	
导航电子地图	Navigation Electronic Map			
互联网地图	Internet Map	10		
其他	Others			
测绘成果类	Surveying and Mapping Result	1		
测绘成果质量	Quality of Surveying and Mapping Result	1		
测绘成果安全	Security of Surveying and Mapping Result			
涉外测绘	Foreign Related Surveying and Mapping			
涉军测绘	Military Related Surveying and Mapping			
测量标志	Measurement Mark	1		
其他	Others	4		
处理上年未结案	Last Year's Unsettled Case Handled	4		
处理历年隐漏案	Handling of Hidden Omission over the Years	6		
本年未结案	**Case Unsettled This Year**	**18**	**2**	**1**

情况——按涉案主体级别分列（2020年）
and Mapping Cases by Level of Involved Subject（2020）

Unit：case

县级 County Level	乡级 Township Level	村（组）集体 Village (Group) Collective Level	企事业单位 Enterprise and Institution	个人 Individual
			7	
1		**2**	**21**	**4**
1			9	4
		2	12	
1		**2**	**24**	**2**
1			9	2
				1
			4	
			3	
			1	
			1	
			1	
1				
			4	1
		2	15	
1			**18**	**2**
1			16	3
				1
			13	
			3	
			10	
				1
				1
1				
			3	1
			4	
			6	
		2	**13**	

自然资源行政复议情况
Administrative Reconsideration

单位：件

地 区	Region	上期结转 Case Transferred from Last Period	本期新收 Case Newly Received This Period			
			合计 Total	受理 Accepted	不予受理 Inadmissible	其他 Others
总 计	**Total**	**1092**	**5966**	**4835**	**813**	**318**
自然资源部	MNR	481	854	658	102	94
北 京	Beijing		72	66	1	5
天 津	Tianjin	14	93	88	4	1
河 北	Hebei	11	323	278	32	13
山 西	Shanxi	12	88	78	10	
内蒙古	Inner Mongolia	2	136	123	11	2
辽 宁	Liaoning		143	123	20	
吉 林	Jilin		83	73	10	
黑龙江	Heilongjiang	6	122	96	26	
上 海	Shanghai		190	130	12	48
江 苏	Jiangsu	52	413	301	66	46
浙 江	Zhejiang	74	394	378	16	
安 徽	Anhui	5	207	166	41	
福 建	Fujian	14	168	142	26	
江 西	Jiangxi	2	39	36	3	
山 东	Shandong					
河 南	Henan	18	154	123	31	
湖 北	Hubei	19	215	127	80	8
湖 南	Hunan	20	286	226	59	1
广 东	Guangdong	229	650	533	78	39
广 西	Guangxi	80	121	102	19	
海 南	Hainan	1	109	109		
重 庆	Chongqing	23	164	114	17	33
四 川	Sichuan	4	386	291	79	16
贵 州	Guizhou		50	47	3	
云 南	Yunnan	4	138	119	18	1
西 藏	Tibet		3	3		
陕 西	Shaanxi	2	154	133	15	6
甘 肃	Gansu	1	101	76	20	5
青 海	Qinghai		16	14	2	
宁 夏	Ningxia	1	16	14	2	
新 疆	Xinjiang	17	78	68	10	

——按地区分列（2020年）

of Natural Resources by Region（2020）

Unit: case

被申请人 the Respondent								
乡镇政府 Township Government	县级政府部门 County Government Department	县级政府 County Government	市（地）级政府部门 Municipal (Prefectural) Government Department	市（地）级政府 Municipal (Prefectural) Government	省级政府部门 Provincial Government Department	省级政府 Provincial Government	国务院部门 Department of the State Council	其他 Others
2	**2420**	**170**	**2361**	**19**	**607**	**34**	**165**	**188**
1	11	7	15	1	605	23	165	26
			72					
	2		91					
	179		128					16
	48		40					
	111		25					
	29		108					6
	14		59					10
	34		41					47
			132					58
	166	1	237					9
	127		262	3		2		
	162		42					3
1	118	1	48					
	33		6					
	70		82					2
	121	2	90					2
	175		104		1	3		3
	206		444					
	63		58					
	99		9	1				
	12	151						1
	276		107					3
	50							
	115	4	18		1			
	2		1					
	34	4	98	11		6		1
	83		15	3				
	14		2					
	5		10					1
	61		17					

自然资源行政复议情况

Administrative Reconsideration of Natural

单位：件

地　区	Region	复议机关 Reconsideration Organ				
		市（地）级政府部门 Municipal (Prefectural) Government Department	省级政府部门 Provincial Government Department	自然资源部 MNR	信息公开 Information Disclosure	举报投诉 Report Complaint
总　计	**Total**	**2662**	**2450**	**854**	**1651**	**712**
自然资源部	MNR			854	349	220
北　京	Beijing		72		22	42
天　津	Tianjin	3	90		42	11
河　北	Hebei	194	129		111	37
山　西	Shanxi	48	40		16	22
内蒙古	Inner Mongolia	111	25		7	2
辽　宁	Liaoning	36	107		29	11
吉　林	Jilin	41	42		18	
黑龙江	Heilongjiang	38	84		45	1
上　海	Shanghai		190		76	
江　苏	Jiangsu	176	237		130	93
浙　江	Zhejiang	266	128		109	56
安　徽	Anhui	165	42		51	30
福　建	Fujian	120	48		38	7
江　西	Jiangxi	37	2		14	4
山　东	Shandong					
河　南	Henan	81	73		43	19
湖　北	Hubei	137	78		33	10
湖　南	Hunan	176	110		78	10
广　东	Guangdong	217	433		173	76
广　西	Guangxi	63	58		10	4
海　南	Hainan	88	21		1	1
重　庆	Chongqing	4	160		16	5
四　川	Sichuan	278	108		130	46
贵　州	Guizhou	50			3	
云　南	Yunnan	121	17		38	3
西　藏	Tibet	2	1			
陕　西	Shaanxi	62	92		40	1
甘　肃	Gansu	84	17		18	1
青　海	Qinghai	15	1		3	
宁　夏	Ningxia	8	8		4	
新　疆	Xinjiang	41	37		4	

——按地区分列（2020年）续表1
Resources by Region（2020）Continued 1

Unit: case

复议事项 Reconsideration Matters								
不动产登记 Real Estate Registration	行政处罚 Administrative Sanction	行政强制 Administrative Compulsion	行政征收 Administrative Expropriation	行政许可 Administrative Licensing	行政确认 Administrative Confirmation	行政确权 Administrative Confirmation of Right	行政不作为 Administrative Omission	其他 Others
521	**797**	**198**	**431**	**550**	**153**	**70**	**245**	**638**
61	12		94	46	1	2	42	27
7				1				
5	7		5	9		1	2	11
12	34	5	4	10	5	5	24	76
	19			16		1	10	4
12	45	47	11	1	5		2	4
12	33		1	36		1		20
2	31		23	3	2	2	2	
27	16			15	4			14
59		12	8	20			2	13
63	16	9	7	6		1	14	74
48	7	10	11	42	22	8	30	51
8	39	11	7	14	3	2	4	38
41	23	3	15	7	9		9	16
2	3	3	1	3	1		3	5
10	36	1	6	7	1	1	5	25
25	40		13	68	2	5	6	13
6	20	27	52	35	10	3	12	33
20	83	2	12	125	60	18	27	54
10	38	23	3	13	5		4	11
46	9		43	2	4	2		1
8	21		2	20		1	11	80
6	44	22	77	12		5	12	32
3	30				6	1	3	4
7	43	4	24	5	3	5	2	4
	3							
5	53		5	24	8	4	10	4
4	35		7	7	2	1	8	18
9	1			2				1
3	5					1		3
	51	19		1			1	2

自然资源行政复议情况

Administrative Reconsideration of Natural

单位：件

地 区	Region	审理情况 Trial Situation					
		已审结 Concluded					
		合计 Total	驳回 Rejection	维持 Maintenance	责令履行 Ordering to Execution	变更 Change	确认违法 Confirmation of Illegality
总 计	**Total**	**4720**	**1140**	**1748**	**241**	**12**	**268**
自然资源部	MNR	734	269	317	13	1	9
北 京	Beijing	31	5	18			
天 津	Tianjin	71	19	19		1	1
河 北	Hebei	248	62	47	53		24
山 西	Shanxi	86	17	24	14		8
内蒙古	Inner Mongolia	106	10	15	2		1
辽 宁	Liaoning	69	14	18	3		2
吉 林	Jilin	63	12	16	5		4
黑龙江	Heilongjiang	70	5	12	29		1
上 海	Shanghai	102	27	60	1		1
江 苏	Jiangsu	294	95	135	4		13
浙 江	Zhejiang	400	139	132	8		12
安 徽	Anhui	146	28	39	4		16
福 建	Fujian	140	23	57	7		3
江 西	Jiangxi	38	6	19	3		2
山 东	Shandong						
河 南	Henan	135	30	52	20		6
湖 北	Hubei	123	48	31	5		5
湖 南	Hunan	222	40	62	7		29
广 东	Guangdong	604	112	290	7	1	28
广 西	Guangxi	179	30	60	3		57
海 南	Hainan	62	37	15		1	2
重 庆	Chongqing	114	25	51	9	2	7
四 川	Sichuan	249	32	82	13	5	26
贵 州	Guizhou	44	3	6			
云 南	Yunnan	103	18	38	7		8
西 藏	Tibet	3		1			
陕 西	Shaanxi	122	20	53	18		1
甘 肃	Gansu	65	8	29	3		
青 海	Qinghai	14	1	12			
宁 夏	Ningxia	12	3	4			1
新 疆	Xinjiang	71	2	34	3	1	1

——按地区分列（2020年）续表2
Resources by Region（2020）Continued 2

Unit: case

				行政复议意见书 Administrative Reconsideration Opinion		行政赔偿 Administrative Compensation	
撤销 Revocation	撤回申请 Cancellation	其他 Others	未审结 Not Concluded	制发数 Issued Number	落实数 Real Number	件数 Number of Case	赔偿数额/元 Compensation/yuan
795	**350**	**166**	**1207**	**287**	**258**	**3**	**66000**
89	22	14	405	11	11		
5		3	35				
22	9		31	2	2	2	
52	7	3	41	2	2		
19	1	3	4	5	5		
65	11	2	19				
17	9	6	54	15	15		
2	20	4	10	9	8		
15	8		32	6	7		
5	1	7	28				
24	21	2	59	8	7		
18	75	16	52	5	7		
51	8		25	5	5		
31	4	15	16	12	12		
5	3			9			
22	5		6	8	8		
15	13	6	23	18	7		
38	16	30	24	30	30		
86	61	19	158	16	15		
21	7	1	3				
5	1	1	48				
13	5	2	23	1	1	1	
70	17	4	46	5	2		
28	3	4	3				
28	4		20	55	55		
2				3	2		
9	7	14	13	12	12		
9	6	10	12	16	12		
1				12	12		
4			3	7	6		66000
24	6		14	15	15		

自然资源行政复议情况

Administrative Reconsideration of

单位：件

类别	Category	上期结转 Transferred from Last Period	本期新收 Case Newly Received This Period				
			合计 Total	受理 Accepted	不予受理 Inadmissible	其他 Others	乡镇政府 Township Government
总计	**Total**	**1092**	**5966**	**4835**	**813**	**318**	**2**
规划	Planning	89	829	664	118	47	
土地	Land Resources	917	4561	3737	624	200	2
矿产	Mineral Resources	34	134	111	19	4	
海洋	Ocean Resources	2	10	9	1		
其他	Others	50	432	314	51	67	

类别	Category	复议机关 Reconsideration Organ					
		市（地）级政府部门 Municipal (Prefectural) Government Department	省级政府部门 Provincial Government Department	自然资源部 MNR	信息公开 Information Disclosure	举报投诉 Report Complaint	不动产登记 Real Estate Registration
总计	**Total**	**2662**	**2450**	**854**	**1651**	**712**	**521**
规划	Planning	391	404	34	130	40	46
土地	Land Resources	2018	1789	754	1452	631	367
矿产	Mineral Resources	58	35	41	9	4	2
海洋	Ocean Resources	8		2	1		1
其他	Others	187	222	23	59	37	105

类别	Category	审理情况 Trial Situation						
		已审结 Concluded						
		合计 Total	驳回 Rejection	维持 Maintenance	责令履行 Ordering to Execution	变更 Change	确认违法 Confirmation of Illegality	撤销 Revocation
总计	**Total**	**4720**	**1140**	**1748**	**241**	**12**	**268**	**795**
规划	Planning	639	111	272	17	1	21	148
土地	Land Resources	3692	960	1347	207	11	231	570
矿产	Mineral Resources	105	14	28	7		4	44
海洋	Ocean Resources	10		2			2	1
其他	Others	274	55	99	10		10	32

——按行政管理类别分列（2020年）

Natural Resources by Administrative Category（2020）

Unit: case

被申请人 the Respondent							
县级政府部门 County Government Department	县级政府 County Government	市（地）级政府部门 Municipal (Prefectural) Government Department	市（地）级政府 Municipal (Prefectural) Government	省级政府部门 Provincial Government Department	省级政府 Provincial Government	国务院部门 Department of the State Council	其他 Others
2420	**170**	**2361**	**19**	**607**	**34**	**165**	**188**
382	33	371		33	1		9
1811	84	1832	17	526	27	151	111
51	8	31	2	35		6	1
8				1			1
168	45	127		12	6	8	66

复议事项 Reconsideration Matter							
行政处罚 Administrative Sanction	行政强制 Administrative Compulsion	行政征收 Administrative Expropriation	行政许可 Administrative Licensing	行政确认 Administrative Confirmation	行政确权 Administrative Confirmation of Right	行政不作为 Administrative Omission	其他 Others
797	**198**	**431**	**550**	**153**	**70**	**245**	**638**
100	107		335	3	1	20	47
650	82	421	131	80	56	210	481
32	5	4	58	1	1	3	15
1	4				1		2
14		6	26	69	11	12	93

			行政复议意见书 Administrative Reconsideration Opinion		行政赔偿 Administrative Compensation	
撤回申请 Withdrawal of Claim	其他 Others	未审结 Not Concluded	制发数 Issued Number	落实数 Real Number	件数 Number of Case	赔偿数额/元 Compensation/yuan
350	**166**	**1207**	**287**	**258**	**3**	**66000.00**
42	27	114	36	32		
248	118	962	206	185	2	
7	1	40	13	11		66000.00
4	1	1				
49	19	90	32	30	1	

自然资源行政诉讼
Administrative Litigation

单位：件

地　区	Region	上期结转 Transferred from Last Period	本期发生 Occurred in This Period	对规范性文件附带审查 Additional Review of Normative Document
总　计	**Total**	**3626**	**26443**	**120**
自然资源部	MNR		459	
北　京	Beijing	80	367	
天　津	Tianjin	82	227	
河　北	Hebei	57	619	
山　西	Shanxi	18	359	
内蒙古	Inner Mongolia	42	519	51
辽　宁	Liaoning	103	759	7
吉　林	Jilin		168	2
黑龙江	Heilongjiang	53	191	1
上　海	Shanghai	138	342	
江　苏	Jiangsu	397	1312	2
浙　江	Zhejiang	275	1680	6
安　徽	Anhui	51	1084	1
福　建	Fujian	39	705	
江　西	Jiangxi	27	575	
山　东	Shandong	267	2091	
河　南	Henan	65	1090	
湖　北	Hubei	235	829	7
湖　南	Hunan	91	1717	23
广　东	Guangdong	765	3077	5
广　西	Guangxi	234	1264	
海　南	Hainan	113	552	
重　庆	Chongqing	149	1404	5
四　川	Sichuan	174	2311	2
贵　州	Guizhou	39	909	
云　南	Yunnan	22	499	4
西　藏	Tibet		1	
陕　西	Shaanxi	15	777	
甘　肃	Gansu	25	165	2
青　海	Qinghai	3	71	
宁　夏	Ningxia	7	60	1
新　疆	Xinjiang	60	260	1

情况——按地区分列（2020年）
of Natural Resources by Region（2020）

Unit: case

应诉机关 Respondence Organ			诉讼事项 Litigation Matter		
原行为机关单独应诉 Original Agency Answer the Lawsuit Separately	复议机关单独应诉 Administrative Organ for Reconsideration Answer the Lawsuit Separately	共同应诉 Joint Response	信息公开 Information Disclosure	举报投诉 Report Complaint	不动产登记 Real Estate Registration
21466	**772**	**4205**	**2863**	**887**	**8279**
77	190	192	171	111	105
288		79	69	111	136
181	4	42	62	8	73
469	55	95	115	29	144
306	9	44	21	7	99
444	3	72	15		216
677	4	78	47	24	400
153	2	13	10	12	63
175	5	11	7		112
253	6	83	125	8	100
1120	30	162	128	73	544
1473	17	190	252	84	498
884	11	189	45	45	323
571	10	124	60	18	268
373	4	198	42	4	169
1783	1	307	209	49	973
923	20	147	79	45	580
701	21	107	49	7	177
1499	18	200	124	20	252
2504	52	521	358	59	818
1090	17	157	60	37	552
482		70	14		217
1249		155	149	30	279
1597	240	474	484	71	358
815	5	89	60	13	379
301	13	185	22	3	87
1					
663	7	107	52	6	184
117	16	32	6	2	46
51		20	21	6	10
46		14	2	3	12
200	12	48	5	2	105

自然资源行政诉讼情况

Administrative Litigation of Natural

单位：件

地 区	Region	诉讼事项 Litigation Matter				
		行政许可 Administrative Licensing	行政处罚 Administrative Sanction	行政强制 Administrative Compulsion	行政确认 Administrative Confirmation	行政确权 Administrative Confirmation of Right
总 计	**Total**	**1862**	**1852**	**1411**	**1413**	**708**
自然资源部	MNR	1	1			
北 京	Beijing	33	17			
天 津	Tianjin	17	10	1	2	
河 北	Hebei	54	66	15	46	37
山 西	Shanxi	40	23	18	41	11
内蒙古	Inner Mongolia	25	61	83	4	24
辽 宁	Liaoning	59	106	3	29	9
吉 林	Jilin	17	12	4	3	
黑龙江	Heilongjiang	21	16		1	5
上 海	Shanghai	48		7		
江 苏	Jiangsu	93	72	85	33	20
浙 江	Zhejiang	185	48	70	57	14
安 徽	Anhui	43	132	65	75	5
福 建	Fujian	65	51	32	11	14
江 西	Jiangxi	31	9	84	12	26
山 东	Shandong	108	125	159	24	59
河 南	Henan	37	91	45	15	7
湖 北	Hubei	110	81	10	31	143
湖 南	Hunan	199	105	108	130	82
广 东	Guangdong	443	154	35	429	96
广 西	Guangxi	48	121	151	49	13
海 南	Hainan	24	20	14	110	68
重 庆	Chongqing	17	71	59	58	7
四 川	Sichuan	47	91	98	93	20
贵 州	Guizhou	46	53	28	60	32
云 南	Yunnan	28	169	72	31	5
西 藏	Tibet	1				
陕 西	Shaanxi	13	90	119	4	3
甘 肃	Gansu	6	9	13	5	3
青 海	Qinghai	1	8	2	4	
宁 夏	Ningxia	1	11	5	9	1
新 疆	Xinjiang	1	29	26	47	4

——按地区分列（2020年） 续表1

Resources by Region（2020） Continued 1

Unit: case

				应诉机关级别 Level of Respondence Organ				
行政征收 Administrative Expropriation	行政赔偿 Administrative Compensation	行政不作为 Administrative Omission	其他 Others	县级行政主管部门 County Administrative Department	市（地）级行政主管部门 Municipal (Prefectural) Administrative Department	省级行政主管部门 Provincial Administrative Department	国家级行政主管部门 National Administrative Department	其他 Others
2767	807	998	2596	13937	10357	1308	511	330
14	3	1	52				459	
			1			367		
5	3	19	27	46	59	100	22	
37	10	33	33	369	232	17		1
30	14	30	25	195	153	7		4
22	7	33	29	358	142	18		1
18	15	8	41	289	442	28		
23	14	2	8	9	136	23		
5	10	4	10	92	92	6		1
34	3	4	13	104	95	42		101
81	15	96	72	637	643	30		2
133	59	78	202	965	669	35		11
152	27	44	128	675	360	20		29
60	11	24	91	298	386	21		
117	16	26	39	425	100			50
97	97	103	88	1361	710	17		3
64	26	32	69	423	604	61		2
88	25	32	76	477	315	18	1	18
433	60	80	124	1095	577	45		
131	48	54	452	1287	1717	73		
85	33	55	60	558	696	10		
37	12	8	28	307	213	32		
380	108	40	206	1007	166	201	4	26
530	97	74	348	1417	728	63	25	78
82	33	20	103	745	158	6		
45	11	10	16	430	58	11		
						1		
13	22	59	212	117	644	16		
43	9	13	10	99	56	8		2
2	13	1	3	50	21			
2	2	3	9	25	24	10		1
4	4	12	21	77	161	22		

自然资源行政诉讼情况

Administrative Litigation of Natural

单位：件

地　区	Region	已审结案件 Concluded Case					
		判决 Sentence					
		合计 Total	驳回诉讼请求 Rejection of Claim	撤销 Revocation	变更 Change	责令履行 Ordering to Execution	确认违法或无效 Confirmation of Illegality or Invalidity
总　计	**Total**	**13005**	**9409**	**1943**	**95**	**583**	**975**
自然资源部	MNR	126	117	5		4	
北　京	Beijing	29		25			4
天　津	Tianjin	61	37	19		2	3
河　北	Hebei	347	243	51	8	39	6
山　西	Shanxi	229	148	48	2	11	20
内蒙古	Inner Mongolia	330	231	40	11	24	24
辽　宁	Liaoning	441	229	155	1	31	25
吉　林	Jilin	73	58	10		5	
黑龙江	Heilongjiang	127	63	53		3	8
上　海	Shanghai	143	135	3			5
江　苏	Jiangsu	562	533	10		7	12
浙　江	Zhejiang	626	523	65	2	12	24
安　徽	Anhui	638	468	95	3	38	34
福　建	Fujian	432	386	35		3	8
江　西	Jiangxi	348	227	35	1	17	68
山　东	Shandong	874	606	153		53	62
河　南	Henan	556	373	120	6	18	39
湖　北	Hubei	410	280	73	2	29	26
湖　南	Hunan	943	716	94	9	35	89
广　东	Guangdong	1361	945	260	13	21	122
广　西	Guangxi	864	658	102	13	15	76
海　南	Hainan	231	127	46		18	40
重　庆	Chongqing	608	391	86	5	47	79
四　川	Sichuan	1230	956	129	7	80	58
贵　州	Guizhou	439	212	126	2	19	80
云　南	Yunnan	285	199	68	2	9	7
西　藏	Tibet						
陕　西	Shaanxi	352	314	13	1	5	19
甘　肃	Gansu	117	84	6	5	7	15
青　海	Qinghai	59	29			25	5
宁　夏	Ningxia	39	24	5		6	4
新　疆	Xinjiang	125	97	13	2		13

——按地区分列（2020年） 续表2

Resources by Region（2020） Continued 2

Unit: case

裁定 Rule				未审结案件 Not Concluded Case	二审案件 Second Instance Case	再审案件 Retrial Case
合计 Total	驳回起诉 Rejection of Prosecution	准予撤诉 Withdrawal Granted	终结诉讼 Termination of Litigation			
11009	**7881**	**2853**	**275**	**6055**	**9120**	**1700**
219	182	9	28	114	248	107
324	324			94	10	1
162	124	36	2	86	160	17
253	178	67	8	76	220	36
103	78	22	3	45	167	19
80	47	30	3	151	161	24
277	229	35	13	144	274	12
72	69	3		23	16	4
79	61	18		38	85	13
157	77	79	1	180	130	26
672	485	171	16	475	573	183
917	539	354	24	412	602	115
375	208	153	14	122	301	46
204	154	43	7	108	165	18
204	130	67	7	50	165	42
893	632	253	8	591	594	137
419	289	126	4	180	337	69
444	335	105	4	210	235	29
630	451	173	6	235	580	154
1603	1314	251	38	878	1496	74
400	290	102	8	234	452	58
239	188	49	2	195	236	38
584	355	206	23	361	482	139
825	614	177	34	430	785	274
390	247	132	11	119	273	17
105	86	17	2	131	78	2
1	1					
202	95	100	7	238	146	11
52	24	26	2	21	76	14
9	6	3		6	14	4
23	17	6		5	13	
92	52	40		103	46	17

自然资源行政诉讼情况

Administrative Litigation of Natural

单位：件

类别	Category	上期结转 Transferred from Last Period	本期发生 Occurred in This Period	对规范性文件附带审查 Additional Review of Normative Document
总计	**Total**	**3626**	**26443**	**120**
规划	Planning	276	1908	5
土地	Land Resources	2613	20890	97
矿产	Mineral Resources	26	287	1
海洋	Ocean Resources	11	108	
其他	Others	700	3250	17

类别	Category	诉讼事项 Litigation Matter						
		信息公开 Information Disclosure	举报投诉 Report Complaints	不动产登记 Real Estate Registration	行政许可 Administrative Licensing	行政处罚 Administrative Sanction	行政强制 Administrative Compulsion	行政确认 Administrative Confirmation
总计	**Total**	**2863**	**887**	**8279**	**1862**	**1852**	**1411**	**1413**
规划	Planning	276	57	129	815	149	127	77
土地	Land Resources	2425	783	6233	852	1511	1181	960
矿产	Mineral Resources	10	6		113	53	6	7
海洋	Ocean Resources	3			13	38	49	1
其他	Others	149	41	1917	69	101	48	368

类别	Category	已审结案件 Concluded Case					
		判决 Sentence					
		合计 Total	驳回诉讼请求 Rejection of Claim	撤销 Revocation	变更 Change	责令履行 Ordering to Execution	确认违法或无效 Confirmation of Illegality or Invalidity
总计	**Total**	**13005**	**9409**	**1943**	**95**	**583**	**975**
规划	Planning	865	692	88		20	65
土地	Land Resources	10476	7523	1574	89	492	798
矿产	Mineral Resources	163	102	34	2	12	13
海洋	Ocean Resources	17	14	2		1	
其他	Others	1484	1078	245	4	58	99

——按行政管理类别分列（2020年）
Resources by Administrative Category（2020）

Unit: case

应诉机关 Respondence Organ		
原行为机关单独应诉 Original Agency Answer the Lawsuit Separately	复议机关单独应诉 Administrative Organ for Reconsideration Answer the Lawsuit Separately	共同应诉 Joint Response
21466	**772**	**4205**
1535	31	342
16799	694	3397
226	10	51
52		56
2854	37	359

					应诉机关级别 Level of Respondence Organ				
行政确权 Administrative Confirmation of Right	行政征收 Administrative Expropriation	行政赔偿 Administrative Compensation	行政不作为 Administrative Omission	其他 Others	县级行政主管部门 County Administrative Department	市（地）级行政主管部门 Municipal (Prefectural) Administrative Department	省级行政主管部门 Provincial Administrative Department	国家级行政主管部门 National Administrative Department	其他 Others
708	**2767**	**807**	**998**	**2596**	**13937**	**10357**	**1308**	**511**	**330**
12	23	25	72	146	755	893	252	1	7
603	2675	695	845	2127	11248	8195	790	462	195
1	4	31	12	44	158	77	42	9	1
		1	1	2	97	10	1		
92	65	55	68	277	1679	1182	223	39	127

裁定 Rule				未审结案件 Not Concluded Case	二审案件 Second Instance Case	再审案件 Retrial Case
合计 Total	驳回起诉 Rejection of Prosecution	准予撤诉 Withdrawal Granted	终结诉讼 Termination of Litigation			
11009	**7881**	**2853**	**275**	**6055**	**9120**	**1700**
682	475	201	6	637	752	117
8778	6276	2264	238	4249	7204	1381
93	60	29	4	57	98	16
18	7	11		84	10	2
1438	1063	348	27	1028	1056	184

自然资源公益诉讼

Public Interest Litigation of

单位：件

地 区	Region	上期结转数量 Transferred from Last Period	本期新收数量 Newly Received in This Period	行政机关 Administration						国有土地使用权出让 State-owned Land Use Right Transfer		
				部本级 MNR	省级 Provincial Level	市级 Municipal Level	县级 County Level	其他 Others		土地出让金追缴 Recovery of Land Transferring Fee	闲置土地处置 Disposal of Idle Land	其他 Others
总 计	**Total**	**49**	**666**		**2**	**144**	**499**	**21**	**96**	**57**	**17**	**22**
自然资源部	MNR											
北 京	Beijing											
天 津	Tianjin		3				3					
河 北	Hebei		23			1	22		3	1		2
山 西	Shanxi		14			1	13					
内蒙古	Inner Mongolia	1	16			3	12	1	4	3	1	
辽 宁	Liaoning		8			2	6		1	1		
吉 林	Jilin		8			8						
黑龙江	Heilongjiang											
上 海	Shanghai											
江 苏	Jiangsu	2	53			13	40		2		1	1
浙 江	Zhejiang		19			1	18		1	1		
安 徽	Anhui		10			1	9		4	4		
福 建	Fujian											
江 西	Jiangxi		37				37		7	7		
山 东	Shandong		107			27	80		3		2	1
河 南	Henan		7			4	3					
湖 北	Hubei	1	94			20	74		9	4	5	
湖 南	Hunan	5	42			15	27		13	13		
广 东	Guangdong	1	14			1	13					
广 西	Guangxi		7				7		2	2		
海 南	Hainan	1	12			7	5		4	1	2	1
重 庆	Chongqing	31	23				23		1	1		
四 川	Sichuan	5	60			4	56		16	11	3	2
贵 州	Guizhou		12		2		10		3	3		
云 南	Yunnan	1	6				6		2	2		
西 藏	Tibet											
陕 西	Shaanxi	1	82			35	27	20	21	3	3	15
甘 肃	Gansu		8				8					
青 海	Qinghai											
宁 夏	Ningxia											
新 疆	Xinjiang		1			1						

情况——按地区分列（2020年）

Natural Resources by Region（2020）

Unit: case

案件类型 Type of Case												
生态环境与资源保护 Ecological Environment and Natural Resources Protection							国有财产保护 Protection of State-owned Property				其他案件类型 Other Kind of Case
	耕地保护 Cultivated Land Protection	矿山地质环境恢复治理 Mine Geological Environment Restoration and Treatment	海岸线修复 Shoreline Restoration	违法案件查处 Investigation and Handling of Illegal Case	不动产登记 Real Estate Registration	其他 Others		海域使用金追缴 Recovery of Fee for Sea Area Use	矿业权出让价款追缴 Recovery of Mining Right Granting Fee	其他 Others	
479	**89**	**57**		**252**	**21**	**60**	**10**		**1**	**9**	**81**
3				3							
19	1			18			1			1	
12	2	3		7			1			1	1
11		7		4							1
7				1	2	4					
8	7			1							
37	1	1		28	4	3					14
17	5	2		5		5					1
5	1			3		1					1
30	11	4		12	3						
91	2	12		39	7	31					13
7				7							
77	23	5		45	2	2					8
24	5	3		16			2		1	1	3
11	2			8		1	3			3	
5	4				1						
8	2	5				1					
17	2	4		9	1	1	1			1	4
39	6	1		26		6	1			1	4
6		6									3
4	1			2	1						
33	11	4		17		1					28
7	3					4	1			1	
1				1							

自然资源公益诉讼
Public Interest Litigation of Natural

地区	Region	已结案 Settled								
			诉前按期完成整改 Complete Rectification on Schedule before Lawsuit	撤回检查建议 Inspection Withdrawal Proposal	已被提取诉讼并审结					
						确认违法 Confirmation of Illegality	确认无效 Confirmation of Invalidity	撤销 Revocation	部分撤销 Partial Revocation	责令履行 Ordering to Execution
总计	**Total**	**605**	**514**	**4**	**87**	**16**	**8**	**2**		**42**
自然资源部	MNR									
北京	Beijing									
天津	Tianjin	3	3							
河北	Hebei	22	21		1					
山西	Shanxi	14	14							
内蒙古	Inner Mongolia	13	1		12	6				4
辽宁	Liaoning	7			7					6
吉林	Jilin	8	5		3	1				2
黑龙江	Heilongjiang									
上海	Shanghai									
江苏	Jiangsu	53	53							
浙江	Zhejiang	18	17		1					
安徽	Anhui	9	3		6	1				4
福建	Fujian									
江西	Jiangxi	37	29		8		6			
山东	Shandong	107	100	1	6	2				2
河南	Henan	5	5							
湖北	Hubei	90	75		15	1	2	1		11
湖南	Hunan	38	34	3	1					1
广东	Guangdong	15	10		5					3
广西	Guangxi	6	6							
海南	Hainan	10	10							
重庆	Chongqing	21	18		3	2				1
四川	Sichuan	56	54		2					
贵州	Guizhou	10	4		6	3				3
云南	Yunnan	7	3		4			1		1
西藏	Tibet									
陕西	Shaanxi	48	41		7					4
甘肃	Gansu	8	8							
青海	Qinghai									
宁夏	Ningxia									
新疆	Xinjiang									

情况——按地区分列（2020年） 续表
Resources by Region（2020）Continued

has Been Litigated and Concluded				未审结 Not Concluded			追责人数 Number of Person Claiming Responsibility/person				
变更 Change	驳回诉讼请求 Rejection of Claim	撤诉 Prosecution Withdrawal	其他 Others		未到整改期限 Not Reach Rectification Deadline	未完成诉讼程序 Not Complete Proceedings		厅局级 Bureau Level	处级 Section Level	科级 Office Level	其他 Others
	4	**14**	**1**	**110**	**87**	**23**					
		1		1		1					
		2		4	1	3					
		1		1		1					
				2		2					
		1		1	1						
		1		1		1					
	2										
		2									
				2	2						
				5		5					
				9	6	3					
	1	1									
				1	1						
				3	3						
				33	33						
		2		9	8	1					
				2	1	1					
	1	1									
		2	1	35	31	4					
				1		1					

主要统计指标解释

土地违法案件 指违反土地管理法律法规，应当追究法律责任的案件。

涉及土地面积 指各级机关、村（组）集体、企事业单位和个人等发生违反土地管理法律、法规行为，所牵涉的土地面积。

上年未结案 指上年未结案需要转到本年继续处理的案件。

本年发现违法 指报告期内发现的土地违法行为。

历年隐漏 指报告期以前发生而在报告期内发现的土地违法行为。

本年立案 指报告期内，经批准由自然资源主管部门立案查处的土地违法案件。

本年发生案件立案 指报告期内发生的土地违法行为，经批准由自然资源主管部门立案查处的土地违法案件。

违法转让 指违反土地管理法律法规，将土地使用权有限期转移给他人的行为。

违法占地 指单位或个人未经批准擅自占用土地、采取欺骗手段骗取批准占用土地以及超过批准的数量多占土地的违法行为。

违法批地 指没有批准权的单位或个人批准用地，虽有批准权但超越了批准权限批准用地，违反土地利用总体规划批准用地和违反法律规定的程序批准用地的违法行为。

其他（本年发生案件立案） 指除买卖或非法转让、破坏耕地、未经批准占地、非法批地、低价出让土地以外的土地违法案件。

历年隐漏案件立案 指报告期内对历年隐漏的土地违法行为，经批准由自然资源主管部门立案查处的全部土地违法案件。

本年结案 指报告期内经过自然资源主管部门处理已结案的土地违法案件。

处理本年发生案件 指报告期内发生并经过自然资源主管部门处理，已结案的土地违法案件。

其他（处理本年发生案件） 指除买卖和非法转让、破坏耕地、非法占地、非法批地、低价出让土地以外本年已结案的土地违法案件。

处理上年未结案 指报告期内对上年未结案件经过自然资源主管部门处理并已结案的土地违法案件。

处理历年隐漏案 指报告期内对隐漏案件经过自然资源主管部门处理并已结案的土地违法案件。

本年未结案 指当年不能结案需要转到下一年度继续处理的案件。

省级、市级、县级、乡级 指发生违反土地管理法律法规规定的各级党政军机关、人民团体。中央党政军机关、人民团体在外地的派出机构违反土地管理法律法规有关规定的案件，按机关级别归类到相应级别机关内。各级党政军机关、人民团体所属企事业单位违反土地管理法律法规的，应统计在企事业单位栏内。

拆除构建物 指对非法占地者所建的建筑物、构筑物依法拆除的面积。

没收构建物 指对非法占地者所建的建筑物、构筑物依法没收的面积。

收回土地 指在报告期内自然资源主管部门依法收回并已结案的土地面积。

罚没款 指自然资源主管部门依法对报告期内已结案的案件进行经济处罚的实收金额。

无证勘查 指未依法取得勘查许可证而进行勘查的活动。

越界勘查 指探矿权人超越批准勘查的区块范围进行的勘查活动。

非法转让探矿权 指违反《探矿权采矿权转让管理办法》规定的探矿权转让行为。

其他（勘查） 指上述各项之外的其他违法勘查活动。

无证开采 指未依法取得采矿许可证的非法采矿活动。

越界开采 指采矿权人超越批准的矿区范围进行的采矿活动，包括越层开采。

非法转让采矿权 指违反《探矿权采矿权转让管理办法》规定的采矿权转让行为。

破坏性开采 指采矿权人违反地质矿产主管部门审查批准的矿产资源开发利用方案开采矿产资源的活动。

其他（开采） 指上述各项之外的违法采矿活动。

非法批准 指负责矿产资源监督管理工作的国家工作人员或其他有关国家工作人员违反矿产资源法律法规的规定，擅自批准勘查、开采矿产资源和颁发勘查许可证、采矿许可证的行为。

吊销勘查许可证 指依法由原颁发勘查许可证的主管机关吊销勘查许可证的件数。

吊销采矿许可证 指依法由原颁发采矿许可证的主管审批、发证机关吊销采矿许可证的案件数。

Explanatory Notes on Main Statistical Indicators

Illegal Land Case—the case of violation of laws and regulations of land administration for which legal liabilities should be investigated.

Land Area Involved—the land area involved by the acts in violation of land administration laws and regulations committed by agencies at various levels, collectives of villages （groups）, enterprises and institutions, and individuals.

Case Unsettled Last Year—the case that were not settled last year and need to be transferred to the current year and continue to be handled.

Illegal Case Discovered in the Current Year—the act in violation of land administration laws and regulations discovered during the reporting period.

Hidden Leakage over the Years—land violation occurred before the reporting period and discovered during the reporting period.

Case Filed This Year—the violation approved to be filed and investigated by the natural resources authority during the reporting period.

Filing of This Year' s Case—the land violation occurred during the reporting period, which is approved to be filed and investigated by the natural resources authority.

Illegal Transfer—the act through which the land use right is transferred to another person within a definite period of time, which is in violation of natural resources administration laws and regulations.

Illegal Land Occupation—the illegal act through which units or individuals occupy and use land without approval, obtain approval by deceitful means, and occupy and use land exceeding the approved amount.

Illegal Land Grant—the illegal act through which units or individuals without authority to approve use of land occupation of land or they approve occupation of land by overstepping their authority of approval or in violation of the national overall planning of land utilization and procedures for land approval prescribed by law although they have approval authority.

Others （Filing of This Year' s Case）—the case in violation of natural resources administration laws and regulations except for those concerning land purchase and sale or illegal transfer, damage of cultivated land, occupation of land illegally, unlawful approval of land occupation, and assigning of land at a lower price.

Filing of Hidden Case over the Years—all land violations approved to be filed and investigated by the natural resources authorities during the reporting period.

Case Settled This Year—the case of land violations that have been handled by the natural resources authority during the reporting period.

This Year's Case Handled—the case in violation of natural resources laws and regulations committed and handled and settled by the competent natural resources administration department during the reporting period.

Others （This Year's Case Handled）—the cases in violation of natural resources laws and regulations except for land purchase and sale or unlawful transfer of land，damage of cultivated land，occupation of land without approval，unlawful approval of land occupation，and assigning of land at a lower price.

Last Year's Unsettled Case Handled—the last year' s unsettled case in violation of natural resources administration laws and regulations handled and settled by the competent natural resources administration department during the reporting period.

Handling of Hidden Omission over the Years—the land violation hidden and leaked that has been handled and closed by the natural resources authority during the reporting period.

Case Unsettled This Year—the case that is not able to be settled in the current year and need to be transferred to the next year and continue to be handled.

Provincial Level，Municipal Level，County Level，Township level—party，government，and army administration agencies and mass organizations at various levels that commit acts in violation of laws and regulations of land administration. The cases concerning illegal acts of land committed by agencies sent to other parts of the country by the central party，government，and army administration agencies and mass organizations are classified according to the levels of these agencies as those at corresponding levels. Enterprises and institutions affiliated to agencies and mass organizations at various levels that violate land administration laws and regulations should be included in the column of enterprises and institutions.

Demolition of Building and Structure—the area of buildings and structures built by illegal land occupants and demolished according to law.

Confiscation of Building and Structure—the area of buildings and structures built by illegal land occupants and confiscated according to law.

Land Retrieval—the area of land retrieved and closed by natural resources authorities in accordance with the law during the reporting period.

Fine—the amount of money actually collected by natural resources authorities for economic punishment of the closed cases in the reporting period according to law.

Exploration without Any License—the exploration operation carried out without obtaining an exploration license according to law.

Cross-border Exploration—the exploration operation carried out by an exploration right holder beyond the approved limit of the exploration block.

Illegal Transfer of Exploration Right—the act through which the exploration right is transferred in violation of the *Regulations for Transferring Exploration Rights and Mining Rights*.

Others （Exploration）—other illegal exploration operations except the above-mentioned items.

Mining without Any License—the mining operation carried out without obtaining a mining license according to law.

Cross-border Mining—the mining operation carried out by a mining right holder beyond the approved limit of the mining area, including cross-bed mining operation.

Illegal Transfer of Mining Right—the act through which the mining right is transferred in violation of the *Regulations for Transferring Exploration Rights and Mining Rights*.

Destructive Mining—the wasteful mining operation by a mining right holder that departs from the rational mining sequence or appropriate mining methods and technologies and is destructive to mineral resources.

Others (Mining)—other illegal mining operations except the above-mentioned items.

Illegal Approval—the act through which the state functionary in charge of mineral resources supervision and management and other state functionary approve exploration and mining of mineral resources and issue exploration license and mining license without authorization in violation of laws and regulations concerning mineral resources.

Revoked Exploration License—the number of exploration licenses revoked by the original exploration license-issuing administration department according to law.

Revoked Mining License—the number of mining licenses revoked by the original mining license-issuing administration department in charge of examining and approving and issuing licenses according to law.

六、自然资源科技人才情况

Chapter 6　Natural Resources Scientific and Technological Talented Personnel

自然资源科技人才情况

Natural Resources Scientific and Technological

单位：人

单位名称	Department	国家级人才计划（现有人数）National Talent Plan（Current Number）	
总 计	**Total**	**37**	**419**
北京市规划和自然资源委员会	Beijing Municipal Commission of Planning and Natural Resources	2	4
天津市规划和自然资源局	Tianjin Municipal Bureau of Planning and Natural Resources	2	17
河北省自然资源厅	Department of Natural Resources of Hebei Province		9
山西省自然资源厅	Department of Natural Resources of Shanxi Province		24
内蒙古自治区自然资源厅	Department of Natural Resources of Inner Mongolia Autonomous Region	1	4
辽宁省自然资源厅	Department of Natural Resources of Liaoning Province		24
吉林省自然资源厅	Department of Natural Resources of Jilin Province		13
黑龙江省自然资源厅	Department of Natural Resources of Heilongjiang Province		3
上海市规划和自然资源局	Shanghai Municipal Bureau of Planning and Natural Resources		9
江苏省自然资源厅	Department of Natural Resources of Jiangsu Province		
浙江省自然资源厅	Department of Natural Resources of Zhejiang Province		3
安徽省自然资源厅	Department of Natural Resources of Anhui Province		3
福建省自然资源厅	Department of Natural Resources of Fujian Province		1
江西省自然资源厅	Department of Natural Resources of Jiangxi Province	2	13
山东省自然资源厅	Department of Natural Resources of Shandong Province		36
河南省自然资源厅	Department of Natural Resources of Henan Province		45
湖北省自然资源厅	Department of Natural Resources of Hubei Province		7
湖南省自然资源厅	Department of Natural Resources of Hunan Province		11
广东省自然资源厅	Department of Natural Resources of Guangdong Province	5	15
广西壮族自治区自然资源厅	Department of Natural Resources of Guangxi Zhuang Autonomous Region		1
海南省自然资源和规划厅	Department of Natural Resources and Planning of Hainan Province		
重庆市规划和自然资源局	Chongqing Municipal Bureau of Planning and Natural Resources	2	33
四川省自然资源厅	Department of Natural Resources of Sichuan Province		4
贵州省自然资源厅	Department of Natural Resources of Guizhou Province	1	40
云南省自然资源厅	Department of Natural Resources of Yunnan Province	1	12
西藏自治区自然资源厅	Department of Natural Resources of Tibet Autonomous Region		
陕西省自然资源厅	Department of Natural Resources of Shaanxi Province	2	23
甘肃省自然资源厅	Department of Natural Resources of Gansu Province	2	14
青海省自然资源厅	Department of Natural Resources of Qinghai Province	1	23
宁夏回族自治区自然资源厅	Department of Natural Resources of Ningxia Hui Autonomous Region	1	12
新疆维吾尔自治区自然资源厅	Department of Natural Resources of Xinjiang Uygur Autonomous Region	2	10
上海市海洋局	Shanghai Municipal Oceanic Bureau		1
福建省海洋与渔业局	Fujian Provincial Department of Ocean and Fisheries	13	5
厦门市海洋发展局	Xiamen Municipal Marine Development Bureau		
山东省海洋局	Shandong Oceanic Administration		
青岛市海洋发展局	Qingdao Municipal Marine Development Bureau		

——按单位分列（2020年）

Talented Personnel by Department（2020）

Unit：person

高层次科技人才培养情况 High-level Scientific and Technological Talented Personnel Training			高层次科技人员流动情况 Flow of High-level Scientific and Technological Talented Personnel	
省部级人才计划（现有人数）Provincial and Ministerial Level Talent Plan（Current Number）		青年人才（40岁以下）Young Talents（Under 40 Years Old）	流入 Inflow	流出 Outflow
部级人才培养工程（计划）Ministerial Level Talent Training Project（Plan）	省级科技人才培养计划 Provincial Level Scientific and Technological Talent Training Plan			
88	**306**	**92**	**30**	**18**
	3		1	2
	5	7		
6	3	2		
	24	4	2	
1	3			
4	20	4		
3	10	1		1
3			2	2
4	5	2		
1	2	1	1	
3		1		
1				
2	11	1	1	
9	27	3		
4	39			
5	2	2		
6	3	2		
5	9	4	7	1
	1	1		
8	22	8		1
	4			
11	29	16	6	8
1	11	2		1
2	21	10	4	
2	12	1	2	
4	17	9	2	2
	12	9	2	
3	5	2		
	1			
	5			

自然资源科技人才情况——按部属

Natural Resources Scientific and Technological Talented

单位：人

单位名称	Agency	国家级人才计划（现有人数）National Talent Plan (Current Number)	
总　计	Total	96	922
自然资源部信息中心	Information Center, MNR		4
自然资源部国土整治中心（自然资源部土地科技创新中心）	China Land Consolidation and Rehabilitation Center(Land Science and Technology Innovation Center, MNR)		8
中国自然资源经济研究院	Chinese Academy of Natural Resources Economics		4
中国国土勘测规划院	China Land Surveying and Planning Institute		8
中国地质博物馆	The Geological Museum of China		
自然资源部油气资源战略研究中心	Strategic Research Center of Oil and Gas Resources,MNR		
自然资源部不动产登记中心（自然资源部法律事务中心）	Real Estate Registration Center, MNR(Law Center, MNR)		1
自然资源部珠宝玉石首饰管理中心（国家珠宝玉石质量监督检验中心）	National Gems & Jewelry Technology Administrative Center Gems & Jewelry Administrative Center, MNR(National Gemstone Testing Center)		
自然资源部第一海洋研究所	First Institute of Oceanography, MNR		
自然资源部第二海洋研究所	Second Institute of Oceanography, MNR	11	75
自然资源部第三海洋研究所	Third Institute of Oceanography, MNR	4	12
自然资源部第四海洋研究所（中国-东盟国家海洋科技联合研发中心）	Fourth Institute of Oceanography, MNR(China-ASEAN Joint Research and Development Center of Marine Science and Technology)	1	
国家海洋技术中心	National Ocean Technology Center	1	4
自然资源部天津海水淡化与综合利用研究所	The Institute of Seawater Desalination and Multipurpose Utilization, MNR(Tianjin)	1	10
自然资源部海洋发展战略研究所	China Institute for Marine Affairs,MNR		1
国家海洋标准计量中心	National Center of Ocean Standards and Metrology		
国家海洋环境预报中心（自然资源部海啸预警中心）	National Marine Environmental Forecasting Center (Tsunami Warning Center, MNR)		3
国家海洋信息中心	National Oceanic Information Center		3
自然资源部海岛研究中心	Island Research Center, MNR		
自然资源部海洋减灾中心	National Marine Hazard Mitigation Center, MNR		
自然资源部海洋咨询中心	Oceanic Consulting Center, MNR		

事业单位和派出机构分列（2020年）

Personnel by Institution and Agency Affiliated to MNR（2020）

Unit: person

高层次科技人才培养情况 High-level Scientific and Technological Talented Personnel Training			高层次科技人员流动情况 Flow of High-level Scientific and Technological Talented Personnel	
省部级人才计划（现有人数）Provincial and Ministerial Level Talent Plan (Current Number)		青年人才（40岁以下）Young Talents (Under 40 Years Old)	流入 Inflow	流出 Outflow
部级人才培养工程（计划）Ministerial Level Talent Training Project (Plan)	省级科技人才培养计划 Provincial Level Scientific and Technological Talent Training Plan			
526	**281**	**196**	**18**	**18**
4				
8		1		
4		1		
8				
1		1		
				1
11	64	9		
5	7	4		
			1	
3	1	1		
5	4	6		
1				
1	2	1		
1		1		

自然资源科技人才情况——按部属

Natural Resources Scientific and Technological Talented Personnel

单位：人

单位名称	Agency	国家级人才计划（现有人数）National Talent Plan（Current Number）	
国家海洋局极地考察办公室	Chinese Arctic and Antarctic Administration		
中国极地研究中心	Polar Research Institute of China	1	
国家卫星海洋应用中心	National Satellite Ocean Application Service	2	1
国家深海基地管理中心	National Deep Sea Center		1
自然资源部重庆测绘院	Chongqing Institute of Surveying and Mapping, MNR		2
中国测绘科学研究院	Chinese Academy of Surveying and Mapping	7	14
国家基础地理信息中心	National Geomatics Center of China	2	11
自然资源部国土卫星遥感应用中心	Land Satellite Remote Sensing Application Center, MNR	1	6
国家测绘产品质量检验测试中心	National Quality Inspection and Testing Center for Surveying and Mapping Products	1	11
中国地质调查局	China Geological Survey	64	743
中国自然资源航空物探遥感中心	China Aero Geophysical Survey & Remote Sensing Center for Natural Resources	1	8
中国地质环境监测院	China Institute of Geo-Environment Monitoring		4
中国地质调查局水文地质环境地质调查中心	Hydrogeological and Environmental Geological Survey Center, CGS		
中国地质调查局自然资源实物地质资料中心	Cores and Samples Center of Natural Resources, CGS		1
中国地质调查局发展研究中心	Development Research Center, CGS	1	16
中国地质调查局天津地质调查中心	Tianjin Center, CGS		12
中国地质调查局沈阳地质调查中心	Shenyang Center, CGS		1
中国地质调查局西安地质调查中心	Xi'an Center, CGS	12	15
中国地质调查局南京地质调查中心	Nanjing Center, CGS		7
中国地质调查局成都地质调查中心	Chengdu Center, CGS	2	43
中国地质调查局武汉地质调查中心	Wuhan Center, CGS		2
青岛海洋地质研究所	Qingdao Institute of Marine Geology	1	7
广州海洋地质调查局	Guangzhou Marine Geological Survey, CGS	7	40
中国地质调查局油气资源调查中心	Oil and Gas Resources Survey Center, CGS		
自然资源综合调查指挥中心	Natural Resources Comprehensive Investigation Command Center, CGS		5

事业单位和派出机构分列（2020年） 续表1
by Institution and Agency Affiliated to MNR（2020）Continued 1

Unit：person

高层次科技人才培养情况 High-level Scientific and Technological Talented Personnel Training			高层次科技人员流动情况 Flow of High-level Scientific and Technological Talented Personnel	
省部级人才计划（现有人数） Provincial and Ministerial Level Talent Plan（Current Number）		青年人才（40岁以下） Young Talents (Under 40 Years Old)	流入 Inflow	流出 Outflow
部级人才培养工程（计划） Ministerial Level Talent Training Project（Plan）	省级科技人才培养计划 Provincial Level Scientific and Technological Talent Training Plan			
		1		
	1	1		
1		1		1
14				
11				
	6	3		
2		1		
446	196	164	17	16
4	4		1	
4				
				1
1				
16		2	1	
12		6		1
	1	1	1	
	2	2		3
1	6	1		1
27	16	7		
2				
4	3	4		
30	10	30		
2	1		2	

自然资源科技人才情况——按部属

Natural Resources Scientific and Technological Talented Personnel

单位：人

单位名称	Agency	国家级人才计划（现有人数）National Talent Plan（Current Number）	
中国地质科学院（院部）	Chinese Academy of Geological Sciences，CGS		4
中国地质科学院地质研究所	Institute of Geology, CAGS	7	7
中国地质科学院矿产资源研究所	Institute of Mineral Resources, CAGS	16	9
中国地质科学院水文地质环境地质研究所	Institute of Hydrogeology and Environmental Geology, CAGS		3
中国地质科学院地球物理地球化学勘查研究所	Institute of Geophysical and Geochemical Exploration, CAGS	1	16
中国地质调查局勘探技术研究所	Institute of Exploration Techniques, CGS	1	2
中国地质调查局探矿工艺研究所	Institute of Exploration Technology, CGS		
中国地质调查局北京探矿工程研究所	Beijing Institute of Exploration Engineering, CGS		1
中国地质科学院郑州矿产综合利用研究所	Zhengzhou Institute of Multipurpose Utilization of Mineral Resources, CAGS		
中国地质科学院矿产综合利用研究所	Institute of Multipurpose Utilization of Mineral Resources, CAGS		
中国地质科学院岩溶地质研究所	Institute of Karst Geology, CAGS		11
中国地质科学院地质力学研究所	Institute of Geomechanics, CAGS		
国家地质实验测试中心	National Research Center for Geoanalysis		2
中国地质图书馆（中国地质调查局地学文献中心）	National Geological Library of China（Geoscience Documentation Center, CGS）		
派出机构及所属单位	**Total of Dispatched Office and Affiliated Unit**		**24**
自然资源部北海局	North China Sea Bureau, MNR		3
自然资源部南海局	South China Sea Bureau, MNR		
自然资源部东海局	East China Sea Bureau, MNR		
陕西测绘地理信息局	Shaanxi Bureau of Surveying, Mapping and Geoinformation		8
黑龙江测绘地理信息局	Heilongjiang Bureau of Surveying and Mapping Geographic Information		3
四川测绘地理信息局	Sichuan Bureau of Surveying, Mapping and Geoinformation		6
海南测绘地理信息局	Hainan Administration of Surveying Mapping and Geoinformation		4

事业单位和派出机构分列（2020年） 续表2
by Institution and Agency Affiliated to MNR（2020）Continued 2

Unit：person

高层次科技人才培养情况 High-level Scientific and Technological Talented Personnel Training			高层次科技人员流动情况 Flow of High-level Scientific and Technological Talented Personnel	
省部级人才计划（现有人数）Provincial and Ministerial Level Talent Plan（Current Number）		青年人才（40岁以下）Young Talents (Under 40 Years Old)	流入 Inflow	流出 Outflow
部级人才培养工程（计划）Ministerial Level Talent Training Project（Plan）	省级科技人才培养计划 Provincial Level Scientific and Technological Talent Training Plan			
		3		
				1
		1		
2	1	1		2
1	1	1	1	
2		1		
1				
3	4	1		
2				
19	**5**	**12**		**1**
3		3		
7	1	5		1
3				
5	1	1		
1	3	3		

自然资源科技研发情况

Natural Resources Scientific and Technological

单位名称	Department	科技研发与投入 项目总数/项 Total Number of Project/project	国家级 State Level	省级 Provincial Level	已应用成果 Applied Result
总　计	**Total**	**889**	**97**	**460**	**156**
北京市规划和自然资源委员会	Beijing Municipal Commission of Planning and Natural Resources	7		7	
天津市规划和自然资源局	Tianjin Municipal Bureau of Planning and Natural Resources	33	1	1	
河北省自然资源厅	Department of Natural Resources of Hebei Province				
山西省自然资源厅	Department of Natural Resources of Shanxi Province	1		1	
内蒙古自治区自然资源厅	Department of Natural Resources of Inner Mongolia Autonomous Region	11	2	9	
辽宁省自然资源厅	Department of Natural Resources of Liaoning Province				
吉林省自然资源厅	Department of Natural Resources of Jilin Province	3		3	
黑龙江省自然资源厅	Department of Natural Resources of Heilongjiang Province				
上海市规划和自然资源局	Shanghai Municipal Bureau of Planning and Natural Resources	12	3	7	2
江苏省自然资源厅	Department of Natural Resources of Jiangsu Province	8	3	5	1
浙江省自然资源厅	Department of Natural Resources of Zhejiang Province	41		41	40
安徽省自然资源厅	Department of Natural Resources of Anhui Province	3	2	1	
福建省自然资源厅	Department of Natural Resources of Fujian Province	16	3	4	4
江西省自然资源厅	Department of Natural Resources of Jiangxi Province	34		34	
山东省自然资源厅	Department of Natural Resources of Shandong Province	32	10	22	16
河南省自然资源厅	Department of Natural Resources of Henan Province	13	2	9	7
湖北省自然资源厅	Department of Natural Resources of Hubei Province	13			9
湖南省自然资源厅	Department of Natural Resources of Hunan Province	24	1	2	
广东省自然资源厅	Department of Natural Resources of Guangdong Province	161	36	107	13
广西壮族自治区自然资源厅	Department of Natural Resources of Guangxi Zhuang Autonomous Region	15		11	9
海南省自然资源和规划厅	Department of Natural Resources and Planning of Hainan Province				
重庆市规划和自然资源局	Chongqing Municipal Bureau of Planning and Natural Resources	73	8	65	16
四川省自然资源厅	Department of Natural Resources of Sichuan Province	6		6	1
贵州省自然资源厅	Department of Natural Resources of Guizhou Province	34	11	23	6
云南省自然资源厅	Department of Natural Resources of Yunnan Province	73	1	4	18
西藏自治区自然资源厅	Department of Natural Resources of Tibet Autonomous Region				
陕西省自然资源厅	Department of Natural Resources of Shaanxi Province	175	6	20	9
甘肃省自然资源厅	Department of Natural Resources of Gansu Province	8	1	7	1
青海省自然资源厅	Department of Natural Resources of Qinghai Province	49	4	30	3
宁夏回族自治区自然资源厅	Department of Natural Resources of Ningxia Hui Autonomous Region	8		8	
新疆维吾尔自治区自然资源厅	Department of Natural Resources of Xinjiang Uygur Autonomous Region	11	3	8	1
上海市海洋局	Shanghai Municipal Oceanic Bureau	7		7	
福建省海洋与渔业局	Fujian Provincial Department of Ocean and Fisheries	18		18	
厦门市海洋发展局	Xiamen Municipal Marine Development Bureau				
山东省海洋局	Shandong Oceanic Administration				
青岛市海洋发展局	Qingdao Municipal Marine Development Bureau				

——按单位分列（2020年）

Research and Development by Department（2020）

Scientific and Technological R & D and Its Input						
科研项目年度经费总数/万元 Total of Scientific Research Project Funding This Year/10⁴yuan			省部级科技基础条件平台建设/个 Construction of Provincial and Ministerial Science and Technology Infrastructure Platform/number			
	国家级 State Level	省级 Provincial Level	重点实验室 Key Laboratory	工程技术创新中心 Engineering Technology Innovation Center	野外科学研究观测基地 Field Observation and Research Base	科普基地 Science Popularization Base
61783.36	**9259.06**	**34144.94**	**38**	**74**	**38**	**107**
1226.40		396.40	1		2	1
821.00	61.00	75.00		2	1	4
785.00		785.00		1	1	6
2241.65	165.00	2076.65				1
			1	1	1	2
33.00		33.00	4	2	3	6
873.61		873.61	1	1		5
46.70	31.70	15.00	2	2		
164.40	14.40	150.00	3	1	4	10
3993.00		3993.00	2	1	1	5
49.06	37.06	12.00				1
436.40	87.00	170.60	1	1	2	3
8602.00		8602.00		2		4
1323.45	463.45	860.00	4	13	5	9
1816.04	297.00	281.58	5	16	5	2
502.40		502.40				
1807.50	550.00	165.00	2	2	1	4
10172.04	3950.30	2001.74	3	2	1	2
2813.07		2006.42		1		
						1
1301.81	262.19	1039.62	2	9	4	4
264.84		264.84			2	
7219.74	2730.87	4488.87		1		7
5507.61	36.00	182.94	1	2		7
						1
4199.34	87.52	643.80	2	1	1	3
927.00	240.00	687.00		6	1	2
3931.15	161.00	3197.89	3	2		4
76.00		76.00			2	1
217.57	84.57	133.00		4	1	5
177.58		177.58				
254		254	1	1		1
						6

自然资源科技研发情况——按部属

Natural Resources Scientific and Technological Research and

单位名称	Agency	科技研发与投入 项目总数/项 Total Number of Project/project			
			国家级 State Level	省级 Provincial Level	已应用成果 Applied Result
总 计	**Total**	**3294**	**2002**	**460**	**226**
自然资源部信息中心	Information Center, MNR	3	3		
自然资源部国土整治中心（自然资源部土地科技创新中心）	China Land Consolidation and Rehabilitation(Land Science and Technology Innovation Center, MNR)	2	2		
中国自然资源经济研究院	Chinese Academy of Natural Resources Economics	19	1	18	18
中国国土勘测规划院	China Land Surveying and Planning Institute	1	1		
中国地质博物馆	The Geological Museum of China	1	1		
自然资源部油气资源战略研究中心	Strategic Research Center of Oil and Gas Resources, MNR	17			
自然资源部不动产登记中心（自然资源部法律事务中心）	Real Estate Registration Center, MNR(Law Center, MNR)				
自然资源部珠宝玉石首饰管理中心（国家珠宝玉石质量监督检验中心）	National Gems & Jewelry Technology Administrative Center(National Gemstone Testing Center)	1	1		
自然资源部第一海洋研究所	First Institute of Oceanography, MNR	36	25	11	
自然资源部第二海洋研究所	Second Institute of Oceanography, MNR	136	113	23	
自然资源部第三海洋研究所	Third Institute of Oceanography, MNR	141	56	65	4
自然资源部第四海洋研究所（中国-东盟国家海洋科技联合研发中心）	Fourth Institute of Oceanography, MNR(China-ASEAN Joint Research and Development Center of Marine Science and Technology)	17	2	7	
国家海洋技术中心	National Ocean Technology Center	7	2	5	
自然资源部天津海水淡化与综合利用研究所	The Institute of Seawater Desalination and Multipurpose Utilization, MNR(Tianjin)	14	3	9	11
自然资源部海洋发展战略研究所	China Institute for Marine Affairs, MNR				
国家海洋标准计量中心	National Center of Ocean Standards and Metrology	2	2		
国家海洋环境预报中心（自然资源部海啸预警中心）	National Marine Environmental Forecasting Center (Tsunami Warning Center, MNR)	15	15		15
国家海洋信息中心	National Oceanic Information Center	9	8	1	
自然资源部海岛研究中心	Island Research Center, MNR	3		3	
自然资源部海洋减灾中心	National Marine Hazard Mitigation Center, MNR	4	3	1	1
自然资源部海洋咨询中心	Oceanic Consulting Center, MNR	1	1		

事业单位和派出机构分列（2020年）
Development by Institution and Agency Affiliated to MNR(2020)

Scientific and Technological R & D and Its Input			省部级科技基础条件平台建设/个 Construction of Provincial and Ministerial Science and Technology Infrastructure Platform/number			
科研项目年度经费总数/万元 Total of Scientific Research Project Funding This Year/10^4yuan	国家级 State Level	省级 Provincial Level	重点实验室 Key Laboratory	工程技术创新中心 Engineering Technology Innovation Center	野外科学研究观测基地 Field Observation and Research Base	科普基地 Science Popularization Base
313842.13	**238453.57**	**32682.05**	**74**	**34**	**64**	**56**
34	34.00		1			
34.00	34.00			1		
72.00			1	1		
629.59	33.80	595.79	1			
20.00	20.00		1			
29.00	29.00					
2484.01						
			1			
12.11	12.11			1		
3411.00	3242.00	169.00	3	1	1	1
4449.10	4320.60	128.50	3		2	
6632.00	2652.00	132.00				
590.00	234.00	168.00			1	
915.00	289.00	626.00				
1418.00	646.00	713.00		1		1
86.00	86.00					
1143.50	1143.50		1			
55.70	54.70	1.00	1	1		2
45.00		45.00				1
37.99	35.34	2.64				
13.00	13.00					

自然资源科技研发情况——按部属

Natural Resources Scientific and Technological Research and Development

单位名称	Agency	科技研发与投入			
		项目总数/项 Total Number of Project/project			
			国家级 State Level	省级 Provincial Level	已应用成果 Applied Result
国家海洋局极地考察办公室	Chinese Arctic and Antarctic Administration				
中国极地研究中心	Polar Research Institute of China	59	42	6	
国家卫星海洋应用中心	National Satellite Ocean Application Service	7	7		
国家深海基地管理中心	National Deep Sea Center	7	2	5	
自然资源部重庆测绘院	Chongqing Institute of Surveying and Mapping, MNR	1			1
中国测绘科学研究院	Chinese Academy of Surveying and Mapping	20	20		
国家基础地理信息中心	National Geomatics Center of China	7	5	2	
自然资源部国土卫星遥感应用中心	Land Satellite Remote Sensing Application Center, MNR	11	11		
国家测绘产品质量检验测试中心	National Quality Inspection and Testing Center for Surveying and Mapping Products	1	1		
中国地质调查局	China Geological Survey	2752	1675	304	176
中国自然资源航空物探遥感中心	China Aero Geophysical Survey & Remote Sensing Center for Natural Resources	9	6	3	
中国地质环境监测院	China Institute of Geo-Environment Monitoring	6	6		
中国地质调查局水文地质环境地质调查中心	Hydrogeological and Environmental Geological Survey Center, CGS	5	5		
中国地质调查局自然资源实物地质资料中心	Cores and Samples Center of Natural Resources, CGS	1	1		
中国地质调查局发展研究中心	Development Research Center, CGS	7	7		
中国地质调查局天津地质调查中心	Tianjin Center, CGS	11	11		
中国地质调查局沈阳地质调查中心	Shenyang Center, CGS	3	3		
中国地质调查局西安地质调查中心	Xi'an Center, CGS	9	3	6	
中国地质调查局南京地质调查中心	Nanjing Center, CGS	4	2	2	
中国地质调查局成都地质调查中心	Chengdu Center, CGS	29	25	4	
中国地质调查局武汉地质调查中心	Wuhan Center, CGS	65	20	6	
青岛海洋地质研究所	Qingdao Institute of Marine Geology	40	25	15	3
广州海洋地质调查局	Guangzhou Marine Geological Survey, CGS	30	24	6	30
中国地质调查局油气资源调查中心	Oil and Gas Resources Survey Center, CGS	5	5		

事业单位和派出机构分列（2020年）续表1
by Institution and Agency Affiliated to MNR(2020) Continued 1

Scientific and Technological R & D and Its Input			省部级科技基础条件平台建设/个 Construction of Provincial and Ministerial Science and Technology Infrastructure Platform/number			
科研项目年度经费总数/万元 Total of Scientific Research Project Funding This Year/10^4yuan	国家级 State Level	省级 Provincial Level	重点实验室 Key Laboratory	工程技术创新中心 Engineering Technology Innovation Center	野外科学研究观测基地 Field Observation and Research Base	科普基地 Science Popularization Base
837.00	657.00	101.00	1		1	1
47.60	47.60		1			2
666.00	166.00	500.00		1		1
39.20						
2152.00	2152.00		1		1	1
1171.22	418.40	292.00		2		
722.00	722.00		1			
8.00	8.00					
286122.108	221437.516	29208.12	58	25	58	46
2884.00	1305.00	1579.00	1	1		
483.50	483.50				3	2
731.00	710.00	21.00				
24.00	24.00				1	1
1538.00	1538.00			1		
1048.75	1048.75					
72.00	72.00				1	
219.00	109.00	80.00				
74.00	44.00	30.00		1		
1119.00	1059.00	60.00	1		1	
23532.34	23484.34	30.00	2			1
406.56	262.56	144.00	1	1	1	4
16354.00	10524.00	5830.00	1	1		1
299.72	299.72					

自然资源科技研发情况——按部属

Natural Resources Scientific and Technological Research and Development

单位名称	Agency	科技研发与投入 项目总数/项 Total Number of Project/project	国家级 State Level	省级 Provincial Level	已应用成果 Applied Result
自然资源综合调查指挥中心	Natural Resources Comprehensive Investigation Command Center, CGS				
中国地质科学院（院部）	Chinese Academy of Geological Sciences, CGS	13	13		
中国地质科学院地质研究所	Institute of Geology, CAGS	145	145		
中国地质科学院矿产资源研究所	Institute of Mineral Resources, CAGS	66	66		
中国地质科学院水文地质环境地质研究所	Institute of Hydrogeology and Environmental Geology, CAGS	110	29	27	
中国地质科学院地球物理地球化学勘查研究所	Institute of Geophysical and Geochemical Exploration, CAGS	115	13	2	25
中国地质调查局勘探技术研究所	Institute of Exploration Techniques, CGS	2	2		
中国地质调查局探矿工艺研究所	Institute of Exploration Technology, CGS	1	1		
中国地质调查局北京探矿工程研究所	Beijing Institute of Exploration Engineering, CGS	3	3		
中国地质科学院郑州矿产综合利用研究所	Zhengzhou Institute of Multipurpose Utilization of Mineral Resources, CAGS	5	4	1	
中国地质科学院矿产综合利用研究所	Institute of Multipurpose Utilization of Mineral Resources, CAGS	7		7	3
中国地质科学院岩溶地质研究所	Institute of Karst Geology, CAGS	185	35	40	
中国地质科学院地质力学研究所	Institute of Geomechanics, CAGS	255	65	16	
国家地质实验测试中心	National Research Center for Geoanalysis	19	19		
中国地质图书馆（中国地质调查局地学文献中心）	National Geological Library of China（Geoscience Documentation Center, CGS）				
派出机构及所属单位	**Total of Dispatched Office and Affiliated Unit**	**49**	**18**	**13**	**7**
自然资源部北海局	North China Sea Bureau, MNR	10	9	1	1
自然资源部南海局	South China Sea Bureau, MNR	25	3	4	1
自然资源部东海局	East China Sea Bureau, MNR	3	2	1	
陕西测绘地理信息局	Shaanxi Bureau of Surveying, Mapping and Geoinformation	4	4		1
黑龙江测绘地理信息局	Heilongjiang Bureau of Surveying and Mapping Geographic Information	1		1	
四川测绘地理信息局	Sichuan Bureau of Surveying, Mapping and Geoinformation	6		6	4
海南测绘地理信息局	Hainan Administration of Surveying Mapping and Geoinformation				

事业单位和派出机构分列（2020年）续表2

by Institution and Agency Affiliated to MNR(2020) Continued 2

Scientific and Technological R & D and Its Input 科研项目年度经费总数/万元 Total of Scientific Research Project Funding This Year/10^4yuan			省部级科技基础条件平台建设/个 Construction of Provincial and Ministerial Science and Technology Infrastructure Platform/number			
	国家级 State Level	省级 Provincial Level	重点实验室 Key Laboratory	工程技术创新中心 Engineering Technology Innovation Center	野外科学研究观测基地 Field Observation and Research Base	科普基地 Science Popularization Base
457.33	457.33		1			
19902.00	19902.00		3		2	1
5870.00	5870.00		2		1	2
4053.00	1738.00	130.00	2	1	1	1
1492.95	1392.66	100.29	2			
1276.50	1276.50					
10.00	10.00					
170.50	170.50					
198.25	198.25					
120.40		120.40				
3471.00	1326.00	1388.00	2	2	1	1
13600.00	1092.00	9386.00	1		2	1
1151.60	1151.60		1			
						1
3618.77	**883.27**	279.00	**4**	**3**	**1**	**6**
645.20	535.20	56.00	1			3
2514.14	87.64	42.00	1		1	
364.80	235.80	121.00	1			2
24.63	24.63		1			1
10.00		10.00		1		
60.00		50.00		2		

自然资源科技成果情况

Natural Resources Scientific and Technological

单位名称	Department	科技成果登记数/项 Number of Scientific and Technological Achievement Registered/project							发表科技论文/篇 Publication of Scientific and Technological Paper/paper			
			在国家科技成果管理机构登记 Registration in the State Administration of Scientific and Technological Achievement	应用技术成果 Application of Technical Achievement	在部科技成果管理机构登记 Registration in the Ministry Administration of Science and Technology Achievement	应用技术成果 Application of Technical Achievement	在地方政府科技成果管理机构登记 Registration in the Local Government Administration of Scientific and Technological Achievement	应用技术成果 Application of Technical Achievement		国内 Domestic	被SCI、EI收录 Indexed in SCI, EI	
总 计	**Total**	**559**	**38**	**20**	**304**	**173**	**217**	**146**	**6851**	**6298**	**164**	**553**
北京市规划和自然资源委员会	Beijing Municipal Commission of Planning and Natural Resources	7	7	4					172	167	3	5
天津市规划和自然资源局	Tianjin Municipal Bureau of Planning and Natural Resources	7	7						289	284	5	5
河北省自然资源厅	Department of Natural Resources of Hebei Province	6			4	2	2	2	27	26	20	1
山西省自然资源厅	Department of Natural Resources of Shanxi Province	3					3		17	16		1
内蒙古自治区自然资源厅	Department of Natural Resources of Inner Mongolia Autonomous Region	9	2	2			7	7	52	51	1	1
辽宁省自然资源厅	Department of Natural Resources of Liaoning Province											
吉林省自然资源厅	Department of Natural Resources of Jilin Province											
黑龙江省自然资源厅	Department of Natural Resources of Heilongjiang Province	3			3	3			42	38	4	4
上海市规划和自然资源局	Shanghai Municipal Bureau of Planning and Natural Resources	31			16	3	15	3	63	54	2	9
江苏省自然资源厅	Department of Natural Resources of Jiangsu Province	17			3	3	14	14	147	145		2

——按单位分列（2020年）

Achievements by Department（2020）

国际 Internat-ional	出版科技著作/部 Publication of Scientific and Technological Works/monograph	申请专利/件 Patent Application/piece						申请软件著作权/项 Software Copyright Application/project	科技奖项/项 Scientific and Technological Prize/project				科学技术普及 Scientific and Technological Popularization	
		本年专利申请数 Patent Application This Year		本年专利授权数 Number of Patent Granted This Year			拥有有效发明专利总数 Total Number of valid Invention Patent			国际 International	国家级 State Level	省部级 Provincial and Ministerial Level	科普作品/部 Popular Science Works/kind	主题科普活动/项 Thematic Science Popularization Activity/time
被SCI、EI、ISTP收录 Indexed in SCI, EI, and ISTP			发明专利 Invention Patent		发明专利 Invention Patent	国外授权 Abroad Authorization								
458	**129**	**1544**	**488**	**926**	**156**	**5**	**1175**	**1129**	**233**		**12**	**170**	**100**	**1015**
5	3	24	7	16	2		10	61	25			25	1	38
4		89	2	86	3		7	49	6			6	5	76
1	4	3	1	9	1		9	17	1			1	9	36
									3			3		25
1	2			2	2		3	4					5	39
4		4		7	4		3	2	2			2		5
3		2	1	6	2		2	20	5			5	1	3
2		20	14	7	5		23	27					3	10

自然资源科技成果情况

Natural Resources Scientific and Technological

单位名称	Department	科技成果登记数/项 Number of Scientific and Technological Achievement Registered/project							发表科技论文/篇 Publication of Scientific and Technological Paper/paper			
			在国家科技成果管理机构登记 Registration in the State Adm-inistration of Scientific and Tech-nological Achievem-ent	应用技术成果 Applic-ation of Technical Achieve-ment	在部科技成果管理机构登记 Registration in the Ministry Admini-stration of Science and Technology Achievem-ent	应用技术成果 Applic-ation of Techni-cal Achieve-ment	在地方政府科技成果管理机构登记 Registration in the Local Government Administration of Scientific and Technol-ogical Ach-ievement	应用技术成果 Applic-ation of Technical Achieve-ment		国内 Domestic	被SCI、EI收录 Indexed in SCI, EI	
浙江省自然资源厅	Department of Natural Resources of Zhejiang Province	18			14	8	4	2	113	111	5	2
安徽省自然资源厅	Department of Natural Resources of Anhui Province								177	176	2	1
福建省自然资源厅	Department of Natural Resources of Fujian Province	3			2	1	1	1	130	126	7	4
江西省自然资源厅	Department of Natural Resources of Jiangxi Province	18			14		4		156	141		15
山东省自然资源厅	Department of Natural Resources of Shandong Province	59			25	17	34	25	405	366	21	39
河南省自然资源厅	Department of Natural Resources of Henan Province	22	1	1	15	12	6	5	497	492	12	5
湖北省自然资源厅	Department of Natural Resources of Hubei Province	5			2	2	3	3	22	22		
湖南省自然资源厅	Department of Natural Resources of Hunan Province	13			11	10	2		157	148	9	9
广东省自然资源厅	Department of Natural Resources of Guangdong Province	53	1		40	29	12	9	516	392	15	124
广西壮族自治区自然资源厅	Department of Natural Resources of Guangxi Zhuang Autonomous Region	32			6	6	26	17	169	164		5
海南省自然资源和规划厅	Department of Natural Resources and Planning of Hainan Province											
重庆市规划和自然资源局	Chongqing Municipal Bureau of Planning and Natural Resources	121			94	56	27	22	467	440	15	27

——按单位分列（2020年） 续表1

Achievements by Department（2020） Continued 1

国际 Internat-ional	出版科技著作/部 Publication of Scientific and Technological Works/monograph	申请专利/件 Patent Application/piece						申请软件著作权/项 Software Copyright Application/project	科技奖项/项 Scientific and Technological Prize/project				科学技术普及 Scientific and Technological Popularization	
被SCI、EI、ISTP收录 Indexed in SCI, EI, and ISTP		本年专利申请数 Patent Application This Year	发明专利 Invention Patent	本年专利授权数 Number of Patent Granted This Year	发明专利 Invention Patent	国外授权 Abroad Authorization	拥有有效发明专利总数 Total Number of valid Invention Patent			国际 International	国家级 State Level	省部级 Provincial and Ministerial Level	科普作品/部 Popular Science Works/kind	主题科普活动/项 Thematic Science Popularization Activity/time
2	5	13	10	5	2		7	53	5		1	4	1	1
1	1	5		5	1		6	19	2			2	10	100
4		18	18	2	2		4	28	7			6		59
15	14	341	82	133	16	1	323	126	5			5		30
39	24	282	62	242	22		120	126	5			5	2	29
5	9	36	5	8			17	34	13		3	10	4	35
				2				21	7		1	6	2	1
9	20	32	1	33	2		1	26	9			3	9	158
108	9	124	93	66	40		277	118	52		6	32	5	103
4	2	15	5	4	1		1	57	12			9	1	11
														1
27	8	202	60	80	23	1	119	146	22		1	18	9	21

自然资源科技成果情况

Natural Resources Scientific and Technological

单位名称	Department	科技成果登记数/项 Number of Scientific and Technological Achievement Registered/project							发表科技论文/篇 Publication of Scientific and Technological Paper/paper			
			在国家科技成果管理机构登记 Registration in the State Administration of Scientific and Technological Achievement	应用技术成果 Application of Technical Achievement	在部科技成果管理机构登记 Registration in the Ministry Administration of Science and Technology Achievement	应用技术成果 Application of Technical Achievement	在地方政府科技成果管理机构登记 Registration in the Local Government Administration of Scientific and Technological Achievement	应用技术成果 Application of Technical Achievement		国内 Domestic	被SCI、EI收录 Indexed in SCI, EI	
四川省自然资源厅	Department of Natural Resources of Sichuan Province	3			2	2	1		44	42	1	2
贵州省自然资源厅	Department of Natural Resources of Guizhou Province	3	1	1	2	2			239	224	6	15
云南省自然资源厅	Department of Natural Resources of Yunnan Province	3			2	2	1		212	204	17	8
西藏自治区自然资源厅	Department of Natural Resources of Tibet Autonomous Region											
陕西省自然资源厅	Department of Natural Resources of Shaanxi Province	44			20	1	24	11	1789	1551	4	238
甘肃省自然资源厅	Department of Natural Resources of Gansu Province	28	5		22	11	1	1	381	379	6	2
青海省自然资源厅	Department of Natural Resources of Qinghai Province	27			3	2	24	20	260	256	7	4
宁夏回族自治区自然资源厅	Department of Natural Resources of Ningxia Hui Autonomous Region	2			2	1			25	22	1	3
新疆维吾尔自治区自然资源厅	Department of Natural Resources of Xinjiang Uygur Autonomous Region	5	1	1	2		2	2	180	168	1	12
上海市海洋局	Shanghai Municipal Oceanic Bureau	13	13	11					20	20		
福建省海洋与渔业局	Fujian Provincial Department of Ocean and Fisheries	4					4	2	80	70		10
厦门市海洋发展局	Xiamen Municipal Marine Development Bureau											
山东省海洋局	Shandong Oceanic Administration											
青岛市海洋发展局	Qingdao Municipal Marine Development Bureau								3	3		

——按单位分列（2020年） 续表2

Achievements by Department（2020） Continued 2

国际 Internat-ional	出版科技著作/部 Publication of Scientific and Technological Works/ monograph	申请专利/件 Patent Application/piece						申请软件著作权/项 Software Copyright Application/ project	科技奖项/项 Scientific and Technological Prize/project				科学技术普及 Scientific and Technological Popularization	
被SCI、EI、ISTP收录 Indexed in SCI, EI, and ISTP		本年专利申请数 Patent Application This Year	发明专利 Invention Patent	本年专利授权数 Number of Patent Granted This Year	发明专利 Invention Patent	国外授权 Abroad Authorization	拥有有效发明专利总数 Total Number of valid Invention Patent			国际 International	国家级 State Level	省部级 Provincial and Ministerial Level	科普作品/部 Popular Science Works/ kind	主题科普活动/项 Thematic Science Popularization Activity/ time
2		3		1	1		2	3						5
15	4	38	13	13	1		17	23	12			6	9	15
8	3	65	25	20	1		13	29	1			1	1	12
														1
180	4	75	23	58	5	1	84	48	25			8	7	107
1	5	34	6	22	1		26	13	10			10	9	44
4	7	56	20	63	7	2	41	40	2			2		11
1	1	16	9	6	4		6	19	1				3	2
3	3	9	2	13	3		4	10	1			1	4	19
		1	1				2	1						4
10	1	36	27	17	5		47	9						2
														10
		1	1				1							2

自然资源科技成果情况——按部属

Natural Resources Scientific and Technological Achievements

单位名称	Agency	科技成果登记数/项 Number of Scientific and Technological Achievement Registered/project	在国家科技成果管理机构登记 Registration in the State Adm-inistration of Scientific and Tech-nological Achievem-ent	应用技术成果 Applic-ation of Technical Achieve-ment	在部科技成果管理机构登记 Registration in the Ministry Admini-stration of Science and Tech-nology Achieve-ment	应用技术成果 Applic-ation of Techni-cal Achieve-ment	在地方政府科技成果管理机构登记 Registration in the Local Government Administration of Scientific and Technol-ogical Ach-ievement	应用技术成果 Applic-ation of Technical Achieve-ment	发表科技论文/篇	国内 Domestic	被SCI、EI收录 Indexed in SCI, EI
总　计	**Total**	**685**	**10**	**10**	**542**	**140**	**133**	**94**	**9407**	**6881**	**1129**
自然资源部信息中心	Information Center, MNR	3			3				56	56	
自然资源部国土整治中心（自然资源部土地科技创新中心）	China Land Consolidation and Rehabilitation(Land Science and Technology Innovation Center), MNR	2			2	1			44	38	5
中国自然资源经济研究院	Chinese Academy of Natural Resources Economics	18			18				148	144	
中国国土勘测规划院	China Land Surveying and Planning Institute	4			4	3			26	26	
中国地质博物馆	The Geological Museum of China	1			1				5	3	1
自然资源部油气资源战略研究中心	Strategic Research Center of Oil and Gas Resources, MNR								27	27	
中国自然资源部不动产登记中心（自然资源部法律事务中心）	Real Estate Registration Center, MNR(Law Center, MNR)								43	43	
自然资源部珠宝玉石首饰管理中心（国家珠宝玉石质量监督检验中心）	National Gems & Jewelry Technology Administrative Center(National Gemstone Testing Center)								29	25	1
自然资源部第一海洋研究所	First Institute of Oceanography, MNR	4			4	4			338	148	22
自然资源部第二海洋研究所	Second Institute of Oceanography, MNR								193	26	3
自然资源部第三海洋研究所	Third Institute of Oceanography, MNR	8			7		1		207	45	
自然资源部第四海洋研究所（中国-东盟国家海洋科技联合研发中心）	Fourth Institute of Oceanography, MNR (China-ASEAN Joint Research and Development Center of Marine Science and Technology)								26	11	4

事业单位和派出机构分列（2020年）
by Institution and Agency Affiliated to MNR（2020）

Publication of Scientific and Technological Paper/paper		出版科技著作/部 Publication of Scientific and Technological Works/monograph	申请专利/件 Patent Application/piece							科技奖项/项 Scientific and Technological Prize/project				科学技术普及 Scientific and Technological Popularization	
国际 International	被SCI、EI、ISTP收录 Indexed in SCI, EI, and ISTP		本年专利申请数 Patent Application This Year	发明专利 Invention Patent	本年专利授权数 Number of Patent Granted This Year	发明专利 Invention Patent	国外授权 Abroad Authorization	拥有有效发明专利总数 Total Number of valid Invention Patent	申请软件著作权/项 Software Copyright Application/project		国际 International	国家级 State Level	省部级 Provincial and Ministerial Level	科普作品/部 Popular Science Works/kind	主题科普活动/项 Thematic Science Popularization Activity/time
2526	**2307**	**430**	**1818**	**1103**	**1407**	**598**	**89**	**4354**	**875**	**165**	**2**	**7**	**127**	**900**	**1178**
		3								1			1		1
6	6	2							7	1			1		4
4	3	7													
		7							4	3			3		1
2	2				3	1								13	62
									2						
		5													
4	4		9	2	7										14
190	188	7	90	83	106	61	1	507	34	5			5	1	40
167	167	27	20	12	34	18		86	14	6			6	2	25
162	162	4	27	24	35	31	2	364	3	2			2	2	7
15	15		2	2					1						3

自然资源科技成果情况——按部属

Natural Resources Scientific and Technological Achievements

单位名称	Agency	科技成果登记数/项 Number of Scientific and Technological Achievement Registered/project							发表科技论文/篇		
			在国家科技成果管理机构登记 Registration in the State Administration of Scientific and Technological Achievement	应用技术成果 Application of Technical Achievement	在部科技成果管理机构登记 Registration in the Ministry Administration of Science and Technology Achievement	应用技术成果 Application of Techni-cal Achievement	在地方政府科技成果管理机构登记 Registration in the Local Government Administration of Scientific and Technological Achievement	应用技术成果 Application of Technical Achievement		国内 Domestic	被SCI、EI收录 Indexed in SCI, EI
国家海洋技术中心	National Ocean Technology Center	6			5	4	1		66	66	5
自然资源部天津海水淡化与综合利用研究所	The Institute of Seawater Desalination and Multipurpose Utilization, MNR(Tianjin)								80	54	1
自然资源部海洋发展战略研究所	China Institute for Marine Affairs, MNR								16	15	
国家海洋标准计量中心	National Center of Ocean Standards and Metrology	27					27		11	11	
国家海洋环境预报中心（自然资源部海啸预警中心）	National Marine Environmental Forecasting Center (Tsunami Warning Center, MNR)								51	29	8
国家海洋信息中心	National Oceanic Information Center								53	46	2
自然资源部海岛研究中心	Island Research Center, MNR								9	7	
自然资源部海洋减灾中心	National Marine Hazard Mitigation Center, MNR								11	5	1
自然资源部海洋咨询中心	Oceanic Consulting Center of Ministry of Natural Resources										
国家海洋局极地考察办公室	Chinese Arctic and Antarctic Administration										
中国极地研究中心	Polar Research Institute of China								47	8	2
国家卫星海洋应用中心	National Satellite Ocean Application Service								25	8	
国家深海基地管理中心	National Deep Sea Center	2			2	2			8	2	1
自然资源部重庆测绘院	Chongqing Institute of Surveying and Mapping, MNR	11			11	11			16	16	
中国测绘科学研究院	Chinese Academy of Surveying and Mapping								75	60	15
国家基础地理信息中心	National Geomatics Center of China	1			1	1			43	29	3

事业单位和派出机构分列（2020年） 续表1

by Institution and Agency Affiliated to MNR（2020） Continued 1

Publication of Scientific and Technological Paper/paper		出版科技著作/部 Publication of Scientific and Technological Works/monograph	申请专利/件 Patent Application/piece						申请软件著作权/项 Software Copyright Application/project	科技奖项/项 Scientific and Technological Prize/project				科学技术普及 Scientific and Technological Popularization	
国际 International	被SCI、EI、ISTP收录 Indexed in SCI, EI, and ISTP		本年专利申请数 Patent Application This Year	发明专利 Invention Patent	本年专利授权数 Number of Patent Granted This Year	发明专利 Invention Patent	国外授权 Abroad Authorization	拥有有效发明专利总数 Total Number of valid Invention Patent			国际 International	国家级 State Level	省部级 Provincial and Ministerial Level	科普作品/部 Popular Science Works/kind	主题科普活动/项 Thematic Science Popularization Activity/time
			36		23	2			7	3	1		2	1	
26	26		40	36	32	16		128							6
1		4													
			4		4			20	9						1
22	21	2	13	9					7						4
7	5	2	20	19	1	1		17	12	1			1	17	9
2	1	1													7
6	6							3							1
39	37		9		3			6		2			2	1	12
17	14	4	6	6	1	1		5	4						
6	6		6	4	6	3		28							
									7						1
15	13	2	48	48	8	8		136	29	10			10		3
14	14	1	8	8	12	12		33	2	4			4		

自然资源科技成果情况——按部属

Natural Resources Scientific and Technological Achievements

单位名称	Agency	科技成果登记数/项 Number of Scientific and Technological Achievement Registered/project							发表科技论文/篇		
			在国家科技成果管理机构登记 Registration in the State Adm-inistration of Scientific and Tech-nological Achievem-ent		在部科技成果管理机构登记 Registration in the Ministry Admini-stration of Science and Tech-nology Achieve-ment		在地方政府科技成果管理机构登记 Registration in the Local Government Administration of Scientific and Technol-ogical Ach-ievement			国内 Domestic	
				应用技术成果 Applic-ation of Technical Achieve-ment		应用技术成果 Applic-ation of Techni-cal Achieve-ment		应用技术成果 Applic-ation of Technical Achieve-ment			被SCI、EI收录 Indexed in SCI, EI
自然资源部国土卫星遥感应用中心	Land Satellite Remote Sensing Application Center, MNR	3			3	3			62	21	4
国家测绘产品质量检验测试中心	National Quality Inspection and Testing Center for Surveying and Mapping Products								41	15	
中国地质调查局	China Geological Survey	595	10	10	481	111	104	94	7651	5897	1051
中国自然资源航空物探遥感中心	China Aero Geophysical Survey & Remote Sensing Center for Natural Resources	1			1				79	59	8
中国地质环境监测院	China Institute of Geo-Environment Monitoring	3			3				57	44	5
中国地质调查局水文地质环境地质调查中心	Hydrogeological and Environmental Geological Survey Center, CGS	3			3				63	59	10
中国地质调查局自然资源实物地质资料中心	Cores and Samples Center of Natural Resources, CGS	21					21	21	30	27	
中国地质调查局发展研究中心	Development Research Center, CGS	1			1				71	60	11
中国地质调查局天津地质调查中心	Tianjin Center, CGS	3			1	1	2	2	141	123	39
中国地质调查局沈阳地质调查中心	Shenyang Center, CGS	6			6				129	105	15
中国地质调查局西安地质调查中心	Xi'an Center, CGS	33			3		30	27	74	67	11
中国地质调查局南京地质调查中心	Nanjing Center, CGS	3			3	3			72	63	11
中国地质调查局成都地质调查中心	Chengdu Center, CGS								131	99	25
中国地质调查局武汉地质调查中心	Wuhan Center, CGS	1					1	1	79	66	33

事业单位和派出机构分列（2020年） 续表2

by Institution and Agency Affiliated to MNR（2020） Continued 2

Publication of Scientific and Technological Paper/paper		出版科技著作/部 Publication of Scientific and Technological Works/monograph	申请专利/件 Patent Application/piece						申请软件著作权/项 Software Copyright Application/project	科技奖项/项 Scientific and Technological Prize/project				科学技术普及 Scientific and Technological Popularization	
国际 International	被SCI、EI、ISTP收录 Indexed in SCI, EI, and ISTP		本年专利申请数 Patent Application This Year	发明专利 Invention Patent	本年专利授权数 Number of Patent Granted This Year	发明专利 Invention Patent	国外授权 Abroad Authorization	拥有有效发明专利总数 Total Number of valid Invention Patent			国际 International	国家级 State Level	省部级 Provincial and Ministerial Level	科普作品/部 Popular Science Works/kind	主题科普活动/项 Thematic Science Popularization Activity/time
41	41	1	13	13	12	12		62	19	4			4		1
26	26								3	2			2	2	
1754	1550	351	1467	837	1120	432	86	2959	711	121	1	7	84	861	976
20	17	4	27	21	4	2		50	50					7	2
13	13	2	53	32	15	6		52	29	1			1	25	11
4	4	1	13	2	30	2		80	3	1			1	9	11
3	3	6	13		8			27	3	1			1	3	30
11	11	17	2	2	2	2		2	37	4			2	22	9
18	18	3	4		4				4	6			4	44	4
24	24	6	14	2	14	2		2	29					9	12
7	6	7	10	6	2		2	7	10	1			1	17	19
9	9	1	12	6	13	2		8	7	2			2	10	11
32	32	2	5		5			37	14					2	14
13	12	15	14	7	18	11		28	4	3		1	1	7	10

自然资源科技成果情况——按部属

Natural Resources Scientific and Technological Achievements

单位名称	Agency	科技成果登记数/项 Number of Scientific and Technological Achievement Registered/project							发表科技论文/篇		
			在国家科技成果管理机构登记 Registration in the State Adm-inistration of Scientific and Tech-nological Achievem-ent		在部科技成果管理机构登记 Registration in the Ministry Admini-stration of Science and Tech-nology Achieve-ment		在地方政府科技成果管理机构登记 Registration in the Local Government Administration of Scientific and Technol-ogical Ach-ievement			国内 Domestic	
				应用技术成果 Applic-ation of Technical Achieve-ment		应用技术成果 Applic-ation of Techni-cal Achieve-ment		应用技术成果 Applic-ation of Technical Achieve-ment			被SCI、EI收录 Indexed in SCI, EI
青岛海洋地质研究所	Qingdao Institute of Marine Geology	8			5	5	3	3	115	77	11
广州海洋地质调查局	Guangzhou Marine Geological Survey, CGS	5			4	1	1	1	131	92	17
中国地质调查局油气资源调查中心	Oil and Gas Resources Survey Center, CGS								60	60	14
自然资源综合调查指挥中心	Natural Resources Comprehensive Investigation Command Center, CGS								92	87	6
中国地质科学院（院部）	Chinese Academy of Geological Sciences, CGS								51	25	7
中国地质科学院地质研究所	Institute of Geology, CAGS								258	78	52
中国地质科学院矿产资源研究所	Institute of Mineral Resources, CAGS	5			5				191	107	37
中国地质科学院水文地质环境地质研究所	Institute of Hydrogeology and Environmental Geology, CAGS								118	84	19
中国地质科学院地球物理地球化学勘查研究所	Institute of Geophysical and Geochemical Exploration, CAGS	3			3	3			119	96	22
中国地质调查局勘探技术研究所	Institute of Exploration Techniques, CGS	3			3	3			34	34	
中国地质调查局探矿工艺研究所	Institute of Exploration Technology, CGS								23	21	1
中国地质调查局北京探矿工程研究所	Beijing Institute of Exploration Engineering, CGS								12	12	1
中国地质科学院郑州矿产综合利用研究所	Zhengzhou Institute of Multipurpose Utilization of Mineral Resources, CAGS	1					1		44	38	
中国地质科学院矿产综合利用研究所	Institute of Multipurpose Utilization of Mineral Resources, CAGS								46	39	

事业单位和派出机构分列（2020年） 续表3

by Institution and Agency Affiliated to MNR（2020） Continued 3

Publication of Scientific and Technological Paper/paper		出版科技著作/部 Publication of Scientific and Technological Works/monograph	申请专利/件 Patent Application/piece						申请软件著作权/项 Software Copyright Application/project	科技奖项/项 Scientific and Technological Prize/project				科学技术普及 Scientific and Technological Popularization	
国际 International			本年专利申请数 Patent Application This Year		本年专利授权数 Number of Patent Granted This Year			拥有有效发明专利总数 Total Number of valid Invention Patent							
	被SCI、EI、ISTP收录 Indexed in SCI, EI, and ISTP			发明专利 Invention Patent		发明专利 Invention Patent	国外授权 Abroad Authorization				国际 International	国家级 State Level	省部级 Provincial and Ministerial Level	科普作品/部 Popular Science Works/kind	主题科普活动/项 Thematic Science Popularization Activity/time
38	35	7	74	49	63	23	13	211	7	7				12	42
39	39	2	66	59	56	19	6	88	28	10			8	21	11
		4	6	4	18	8		40	2					30	9
5	5	1	4		3			1	7						63
26	26	1			12	2			17	1		1		12	6
180	180	3	2	2	1	1			6	1			1		7
84	84	7	19	17	12	11		88	12					8	4
34	34	2	55	30	43	14		176	8	7			2	7	2
23	23	1	61	40	14	5		32	40					10	2
			86	38	32	1		16	4	1					2
2	2		19	11	10	2		86	2					2	2
			10	5	16	2		24						8	3
6	6	1	25	22	11	9		65	1					11	4
7	7		17	17	19	16		77	1					10	4

自然资源科技成果情况——按部属

Natural Resources Scientific and Technological Achievements

单位名称	Agency	科技成果登记数/项 Number of Scientific and Technological Achievement Registered/project							发表科技论文/篇		
			在国家科技成果管理机构登记 Registration in the State Adm-inistration of Scientific and Tech-nological Achievem-ent	应用技术成果 Applic-ation of Technical Achieve-ment	在部科技成果管理机构登记 Registration in the Ministry Admini-stration of Science and Tech-nology Achieve-ment	应用技术成果 Applic-ation of Techni-cal Achieve-ment	在地方政府科技成果管理机构登记 Registration in the Local Government Administration of Scientific and Technol-ogical Ach-ievement	应用技术成果 Applic-ation of Technical Achieve-ment		国内 Domestic	被SCI、EI收录 Indexed in SCI, EI
中国地质科学院岩溶地质研究所	Institute of Karst Geology, CAGS	7			3	3	4	2	77	52	8
中国地质科学院地质力学研究所	Institute of Geomechanics, CAGS	21					21	21	130	65	25
国家地质实验测试中心	National Research Center for Geoanalysis	1			1				42	33	7
中国地质图书馆（中国地质调查局地学文献中心）	National Geological Library of China（Geoscience Documentation Center, CGS）								34	26	
派出机构及所属单位	**Total of Dispatched Office and Affiliated Unit**	**46**	**4**	**4**	**27**	**26**	**15**	**15**	**479**	**447**	**11**
自然资源部北海局	North China Sea Bureau, MNR	1	1	1					68	56	4
自然资源部南海局	South China Sea Bureau, MNR	1			1	1			109	96	2
自然资源部东海局	East China Sea Bureau, MNR	1			1				17	15	2
陕西测绘地理信息局	Shaanxi Bureau of Surveying, Mapping and Geoinformation	11	3	3	1	1	7	7	120	120	2
黑龙江测绘地理信息局	Heilongjiang Bureau of Surveying and Mapping Geographic Information	17			12	12	5	5	108	108	
四川测绘地理信息局	Sichuan Bureau of Surveying, Mapping and Geoinformation	15			12	12	3	3	49	44	1
海南测绘地理信息局	Hainan Administration of Surveying Mapping and Geoinformation								8	8	

事业单位和派出机构分列（2020年） 续表4
by Institution and Agency Affiliated to MNR（2020） Continued 4

Publication of Scientific and Technological Paper/paper		出版科技著作/部 Publication of Scientific and Technological Works/monograph	申请专利/件 Patent Application/piece						申请软件著作权/项 Software Copyright Application/project	科技奖项/项 Scientific and Technological Prize/project				科学技术普及 Scientific and Technological Popularization	
国际 International			本年专利申请数 Patent Application This Year		本年专利授权数 Number of Patent Granted This Year			拥有有效发明专利总数 Total Number of valid Invention Patent							
	被SCI、EI、ISTP收录 Indexed in SCI, EI, and ISTP			发明专利 Invention Patent		发明专利 Invention Patent	国外授权 Abroad Authorization				国际 International	国家级 State Level	省部级 Provincial and Ministerial Level	科普作品/部 Popular Science Works/kind	主题科普活动/项 Thematic Science Popularization Activity/time
25	25	5	10		20	1		71						3	13
65	65	8	15	10	10	6		57	4	1		1		23	36
9	9	2	16	15	21	8		24	6					7	
8	8	3							6	1			1	5	18
32	**32**	**1**	**42**	**29**	**25**	**10**		**65**	**110**	**12**			**11**	**7**	**65**
12	12		12	3	10			32	9	2			2	5	9
13	13	1	9	6	7	2		8	5						15
2	2		1	1					2						28
			3	3	2	2		7	57	5			4	1	1
			1					4	15						
5	5		16	16	6	6		14	21	5			5	1	12
									1						

自然资源标准化和计量监督管理

Standardization and Measurement Supervision and

单位名称	Department	标准化工作 标准制修订/项 Standard Formulation and		
		国家标准 State Standard	行业标准 Industrial Standard	地方标准 Local Standard
总　计	**Total**	**8**	**21**	**133**
北京市规划和自然资源委员会	Beijing Municipal Commission of Planning and Natural Resources		1	3
天津市规划和自然资源局	Tianjin Municipal Bureau of Planning and Natural Resources			1
河北省自然资源厅	Department of Natural Resources of Hebei Province			2
山西省自然资源厅	Department of Natural Resources of Shanxi Province			2
内蒙古自治区自然资源厅	Department of Natural Resources of Inner Mongolia Autonomous Region			1
辽宁省自然资源厅	Department of Natural Resources of Liaoning Province			
吉林省自然资源厅	Department of Natural Resources of Jilin Province			4
黑龙江省自然资源厅	Department of Natural Resources of Heilongjiang Province			5
上海市规划和自然资源局	Shanghai Municipal Bureau of Planning and Natural Resources	2	6	5
江苏省自然资源厅	Department of Natural Resources of Jiangsu Province	1		5
浙江省自然资源厅	Department of Natural Resources of Zhejiang Province			
安徽省自然资源厅	Department of Natural Resources of Anhui Province		3	4
福建省自然资源厅	Department of Natural Resources of Fujian Province			2
江西省自然资源厅	Department of Natural Resources of Jiangxi Province	1		12
山东省自然资源厅	Department of Natural Resources of Shandong Province	2	1	8
河南省自然资源厅	Department of Natural Resources of Henan Province			9
湖北省自然资源厅	Department of Natural Resources of Hubei Province			3
湖南省自然资源厅	Department of Natural Resources of Hunan Province			3
广东省自然资源厅	Department of Natural Resources of Guangdong Province	1	3	12
广西壮族自治区自然资源厅	Department of Natural Resources of Guangxi Zhuang Autonomous Region		2	
海南省自然资源和规划厅	Department of Natural Resources and Planning of Hainan Province			
重庆市规划和自然资源局	Chongqing Municipal Bureau of Planning and Natural Resources		1	4
四川省自然资源厅	Department of Natural Resources of Sichuan Province			
贵州省自然资源厅	Department of Natural Resources of Guizhou Province			4
云南省自然资源厅	Department of Natural Resources of Yunnan Province			
西藏自治区自然资源厅	Department of Natural Resources of Tibet Autonomous Region			
陕西省自然资源厅	Department of Natural Resources of Shaanxi Province	1	2	10
甘肃省自然资源厅	Department of Natural Resources of Gansu Province		2	1
青海省自然资源厅	Department of Natural Resources of Qinghai Province			14
宁夏回族自治区自然资源厅	Department of Natural Resources of Ningxia Hui Autonomous Region			16
新疆维吾尔自治区自然资源厅	Department of Natural Resources of Xinjiang Uygur Autonomous Region			1
上海市海洋局	Shanghai Municipal Oceanic Administration Bureau			
福建省海洋与渔业局	Fujian Provincial Department of Ocean and Fisheries			2
厦门市海洋发展局	Xiamen Municipal Marine Development Bureau			
山东省海洋局	Shandong Oceanic Administration			
青岛市海洋发展局	Qingdao Municipal Marine Development Bureau			

情况——按单位分列（2020年）

Management of Natural Resources by Department（2020）

Standardization Work		计量工作 Measurement Work		
Revision/item				
团体标准 Group Standard	标准宣贯培训/人次 Standard Publicity Continuous Training/ person time	计量器具检定/校准/检测(台/件) Verification/Calibration/ Testing of Measuring Instrument(set/piece)	新建计量标准器具/项 New Measurement Standard Apparatus/item	新建计量标准物质/种 New Measurement Reference Material/species
16	**11338**	**30705**	**105**	**247**
	100	426		
	1201			
	157	2006		
		35		
	50	55		
1	500	2543		
	300			4
	300			
	2100	2067		
		5700		
	528	230		16
6	3	415		
		1510		
	100	150		
1	586	1288		
		44		
	1030	162		
	3432	605		1
	345	8704	4	
	239	300	88	204
		1569		
8	82	1382	13	22
	205	1500		
	80	14		

自然资源标准化和计量监督管理情况
Standardization and Measurement Supervision and Management

单位名称	Agency	标准化工作		
		标准制修订/项 Standard Formulation and		
		国家标准 State Standard	行业标准 Industrial Standard	地方标准 Local Standard
总 计	**Total**	**37**	**68**	**7**
自然资源部信息中心	Information Center, MNR		2	
自然资源部国土整治中心（自然资源部土地科技创新中心）	China Land Consolidation and Rehabilitation (Land Science and Technology Innovation Center, MNR)			
中国自然资源经济研究院	Chinese Academy of Natural Resources Economics		1	
中国国土勘测规划院	China Land Surveying and Planning Institute		2	
中国地质博物馆	The Geological Museums of China			
自然资源部油气资源战略研究中心	Strategic Research Center of Oil and Gas Resources, MNR	1	9	
中国自然资源部不动产登记中心（自然资源部法律事务中心）	Real Estate Registration Center, MNR(Law Center, MNR)			
自然资源部珠宝玉石首饰管理中心（国家珠宝玉石质量监督检验中心）	National Gems & Jewelry Technology Administrative Center(National Gemstone Testing Center)			
自然资源部第一海洋研究所	First Institute of Oceanography, MNR			
自然资源部第二海洋研究所	Second Institute of Oceanography, MNR		2	
自然资源部第三海洋研究所	Third Institute of Oceanography, MNR		1	
自然资源部第四海洋研究所（中国-东盟国家海洋科技联合研发中心）	Fourth Institute of Oceanography, MNR (China-ASEAN Joint Research and Development Center of Marine Science and Technology)			
国家海洋技术中心	National Ocean Technology Center	1	2	
自然资源部天津海水淡化与综合利用研究所	The Institute of Seawater Desalination and Multipurpose Utilization, MNR(Tianjin)	8	3	
自然资源部海洋发展战略研究所	China Institute for Marine Affairs, MNR			
国家海洋标准计量中心	National Center of Ocean Standards and Metrology	3		
国家海洋环境预报中心（自然资源部海啸预警中心）	National Marine Environmental Forecasting Center (Tsunami Warning Center, MNR)	3	3	
国家海洋信息中心	National Oceanic Information Center		1	
自然资源部海岛研究中心	Island Research Center, MNR			
自然资源部海洋减灾中心	National Marine Hazard Mitigation Center, MNR	1	3	
自然资源部海洋咨询中心	Oceanic Consulting Center, MNR			

——按部属事业单位和派出机构分列（2020年）

of Natural Resources by Institution and Agency Affiliated to MNR（2020）

Standardization Work		计量工作 Measurement Work		
Revision/item	标准宣贯培训/人次 Standard Publicity Continuous Training/ person time	计量器具检定/校准/检测 (台/件) Verification/Calibration/ Testing of Measuring Instrument(set/piece)	新建计量标准器具/项 New Measurement Standard Apparatus/item	新建计量标准物质/种 New Measurement Reference Material/species
团体标准 Group Standard				
20	**4439**	**7155**	**3**	**170**
	130			
	375	80		
1				
2				
3		108		
2				
	200			
	11	125		
	1960	1325		
1				
1				
5	2			
1	200			

自然资源标准化和计量监督管理情况

Standardization and Measurement Supervision and Management of Natural

单位名称	Agency	标准化工作		
		标准制修订/项 Standard Formulation and		
		国家标准 State Standard	行业标准 Industrial Standard	地方标准 Local Standard
国家海洋局极地考察办公室	Chinese Arctic and Antarctic Administration			
中国极地研究中心	Polar Research Institute of China			
国家卫星海洋应用中心	National Satellite Ocean Application Service			
国家深海基地管理中心	National Deep Sea Center			
自然资源部重庆测绘院	Chongqing Institute of Surveying and Mapping, MNR		1	
中国测绘科学研究院	Chinese Academy of Surveying and Mapping	2	2	
国家基础地理信息中心	National Geomatics Center of China	1		
自然资源部国土卫星遥感应用中心	Land Satellite Remote Sensing Application Center, MNR		1	
国家测绘产品质量检验测试中心	National Quality Inspection and Testing Center for Surveying and Mapping Products	3		
中国地质调查局	China Geological Survey	14	35	7
中国自然资源航空物探遥感中心	China Aero Geophysical Survey & Remote Sensing Center for Land Resources			
中国地质环境监测院	China Institute of Geo-Environment Monitoring	1		
中国地质调查局水文地质环境地质调查中心	Hydrogeological and Environmental Geological Survey Center, CGS		1	1
中国地质调查局自然资源实物地质资料中心	Cores and Samples Center of Natural Resources, CGS			
中国地质调查局发展研究中心	Development Research Center, CGS		1	
中国地质调查局天津地质调查中心	Tianjin Center, CGS			
中国地质调查局沈阳地质调查中心	Shenyang Center, CGS			
中国地质调查局西安地质调查中心	Xi'an Center, CGS			1
中国地质调查局南京地质调查中心	Nanjing Center, CGS			
中国地质调查局成都地质调查中心	Chengdu Center, CGS			
中国地质调查局武汉地质调查中心	Wuhan Center, CGS			
青岛海洋地质研究所	Qingdao Institute of Marine Geology			
广州海洋地质调查局	Guangzhou Marine Geological Survey, CGS		3	
中国地质调查局油气资源调查中心	Oil and Gas Resources Survey Center, CGS			

——按部属事业单位和派出机构分列（2020年） 续表1

Resources by Institution and Agency Affiliated to MNR（2020） Continued 1

Standardization Work		计量工作 Measurement Work		
Revision/item	标准宣贯培训/人次 Standard Publicity Continuous Training/ person time	计量器具检定/校准/检测 (台/件) Verification/Calibration/ Testing of Measuring Instrument(set/piece)	新建计量标准器具/项 New Measurement Standard Apparatus/item	新建计量标准物质/种 New Measurement Reference Material/species
团体标准 Group Standard				
		5		
	460	2		
		4791		
4	1101	719	3	170
	4	26		
	10			
		11		
	2			
1				
	12	221		

自然资源标准化和计量监督管理情况

Standardization and Measurement Supervision and Management of Natural

单位名称	Agency	标准化工作		
		标准制修订/项 Standard Formulation and		
		国家标准 State Standard	行业标准 Industrial Standard	地方标准 Local Standard
自然资源综合调查指挥中心	Natural Resources Comprehensive Investigation Command Center, CGS			
中国地质科学院（院部）	Chinese Academy of Geological Sciences, CGS			
中国地质科学院地质研究所	Institute of Geology, CAGS			
中国地质科学院矿产资源研究所	Institute of Mineral Resources, CAGS	1		
中国地质科学院水文地质环境地质研究所	Institute of Hydrogeology and Environmental Geology, CAGS		1	
中国地质科学院地球物理地球化学勘查研究所	Institute of Geophysical and Geochemical Exploration, CAGS			
中国地质调查局勘探技术研究所	Institute of Exploration Techniques, CGS			
中国地质调查局探矿工艺研究所	Institute of Exploration Technology, CGS			
中国地质调查局北京探矿工程研究所	Beijing Institute of Exploration Engineering, CGS			
中国地质科学院郑州矿产综合利用研究所	Zhengzhou Institute of Multipurpose Utilization of Mineral Resources, CAGS		1	2
中国地质科学院矿产综合利用研究所	Institute of Multipurpose Utilization of Mineral Resources, CAGS			
中国地质科学院岩溶地质研究所	Institute of Karst Geology, CAGS		2	
中国地质科学院地质力学研究所	Institute of Geomechanics, CAGS			
国家地质实验测试中心	National Research Center for Geoanalysis			
中国地质图书馆（中国地质调查局地学文献中心）	National Geological Library of China (Geoscience Documentation Center, CGS)			
派出机构及所属单位	**Total of Dispatched Office and Affiliated Unit**	**8**	**7**	**9**
自然资源部北海局	North China Sea Bureau, MNR	3	1	
自然资源部南海局	South China Sea Bureau, MNR		6	
自然资源部东海局	East China Sea Bureau, MNR	1		
陕西测绘地理信息局	Shaanxi Bureau of Surveying, Mapping and Geoinformation	4		
黑龙江测绘地理信息局	Heilongjiang Bureau of Surveying, Mapping and Geoinformation			5
四川测绘地理信息局	Sichuan Bureau of Surveying, Mapping and Geoinformation			3
海南测绘地理信息局	Hainan Administration of Surveying Mapping and Geoinformation			1

——按部属事业单位和派出机构分列（2020年） 续表2
Resources by Institution and Agency Affiliated to MNR（2020） Continued 2

Standardization Work		计量工作 Measurement Work		
Revision/item				
团体标准 Group Standard	标准宣贯培训/人次 Standard Publicity Continuous Training/ person time	计量器具检定/校准/检测(台/件) Verification/Calibration/ Testing of Measuring Instrument(set/piece)	新建计量标准器具/项 New Measurement Standard Apparatus/item	新建计量标准物质/种 New Measurement Reference Material/species
		12		
		10		4
	100			63
		35	2	
	30	28		
				17
2	**633**	**26761**	**6**	**27**
1	165	2068		
1	147	732		
	215	1821	5	27
	106	7060	1	
		4202		
		10121		
		757		

全国省、市、县级自然资源

Number of Provincial, Municipal and County Level Natural

单位：个

地区	Region	合计 Total
总计	**Total**	3359
北京	Beijing	18
天津	Tianjin	19
河北	Hebei	207
山西	Shanxi	136
内蒙古	Inner Mongolia	130
辽宁	Liaoning	94
吉林	Jilin	59
黑龙江	Heilongjiang	128
上海	Shanghai	17
江苏	Jiangsu	130
浙江	Zhejiang	111
安徽	Anhui	131
福建	Fujian	99
江西	Jiangxi	111
山东	Shandong	176
河南	Henan	175
湖北	Hubei	134
湖南	Hunan	154
广东	Guangdong	145
广西	Guangxi	122
海南	Hainan	20
重庆	Chongqing	41
四川	Sichuan	215
贵州	Guizhou	115
云南	Yunnan	153
西藏	Tibet	82
陕西	Shaanxi	141
甘肃	Gansu	103
青海	Qinghai	51
宁夏	Ningxia	28
新疆	Xinjiang	114

管理机构数（2020年）

Resources Management Institutions Nationwide（2020）

Unit：number

省级机构数量 Provincial Level Institution	市（地）级机构数量 Municipal（Prefecture）Level Institution	县（区）级机构数量 County（District）Level Institution
32	**367**	**2960**
1	0	17
1	0	18
1	12	194
1	11	124
1	14	115
1	14	79
1	10	48
1	15	112
1	0	16
1	13	116
1	11	99
1	16	114
1	10	88
1	11	99
1	23	152
1	18	156
1	18	115
1	14	139
1	21	123
1	14	107
1	2	17
1	0	40
1	21	193
1	9	105
1	16	136
1	7	74
1	11	129
1	15	87
1	8	42
1	5	22
2	28	84

主要统计指标解释

高层次科技人才 科技人才是指本单位固定人员中从事各类科技活动的人员。高层次科技人员是指副高级以上专业技术职称人员或博士。

项目总数 指报告期内在研的各类科研项目数，包括报告期内新立项目、已立项正在研究的项目、报告期内结题项目。按照《国务院印发关于深化中央财政科技计划（专项、基金等）管理改革方案的通知》（国发〔2014〕64号）要求，国家级科研项目指国家自然科学基金、国家科技重大专项、国家重点研发计划、技术创新引导专项（基金）、基地和人才专项五类科技计划项目。省级科研项目指由省科技厅、自然资源厅等批复立项的省级财政经费支持的科技项目。项目数只统计牵头单位承担的在研项目，作为协作单位、外协单位承担的科研项目的课题、专题和任务不在统计之列。科研项目年度经费指上述科研项目的年度总经费。

重点实验室 指报告期内新命名或批准建设的国家级、省部级重点实验室，包括自然资源部与教育部共建、与各省（自治区、直辖市）共建的实验室。

野外科学研究观测基地 指报告期内，通过自然资源部评审命名的自然资源部野外科学研究观测基地。

科普基地 指报告期内，通过自然资源部评审命名的自然资源部科普基地。

科技著作 指经过正式出版部门编印出版的科技专著、大专院校教科书、科普著作。为避免重复统计，只统计以本机构科技人员为第一作者的论文和著作。同一书名为一部，与书的发行量无关。

申请专利 指报告期内，向国内外知识产权行政部门提出专利申请并被受理的件数。本年专利授权数是指报告期内，由国内外知识产权行政部门向本单位授予专利权的件数。专利包括发明专利、实用新型专利和外观设计专利三类。

申请软件著作权 指软件的开发者或者其他权利人依据有关著作权法律的规定，对于软件作品所享有的各项专有权利。

科技奖项 指报告期内获得李四光奖（包括李四光地质科学荣誉奖、李四光野外地质工作者奖、李四光地质科技研究者奖、李四光地质教师奖）、黄汲清奖（黄汲清野外地质工作者奖、黄汲清地质科技研究者奖、黄汲清地质教师奖）的次数。

科普作品 指报告期内出版的图书、期刊、音像制品等科普作品。只统计第一作者为本单位科技人员。

主题科普活动 指报告期内，本单位作为活动第一承担单位开展的自然资源领域科普活动。

自然资源标准 指报告期内发布的制订、修订的自然资源标准数目，由制订、修订单位中排名最靠前的系统内单位填写，多个部系统内单位共同编制的不重复填报。

Explanatory Notes on Main Statistical Indicators

High-level Scientific and Technological Talented Personnel—scientific and technological personnel refer to persons who conduct various kinds of scientific and technological activities in the fixed staff and workers in the current units. High-level scientific and technological personnel refer to persons with a professional technical title at and above the associate senior level or PhD.

Total Number of Project—the number of various scientific research projects studied during the reporting period, including newly established projects, projects that have been approved and have been completed during the reporting period. According to *the Notice of the State Council on Deepening the Management Reform Plan of Central Financial Science and Technology Plans (Special Projects, Funds, etc.)* (Guofa〔2014〕64), national scientific research projects refer to five categories of science and technology plan projects: National Natural Science Foundation, National Major Science and Technology Special Projects, National Key R&D Plan, Technical Innovation Guidance Special Projects (Funds), and Base and Talent Special Projects. Provincial scientific research projects refer to science and technology projects supported by provincial financial funds approved and approved by the provincial department of science and technology, the department of natural resources, etc. The number of projects only covers the research projects undertaken by the leading unit, and the research topics, topics, and tasks undertaken as collaborative units or outsourced units are not included in the statistics. Scientific research project funding this year refers to the total annual funding for the aforementioned research projects.

Key Laboratory—the state and provincial level key laboratories newly named or established after approval during the reporting period, including those established jointly by MNR and the Ministry of Education and by MNR and provinces (autonomous regions and municipalities).

Field Observation and Research Base—the base for field observation and research of MNR that is examined, evaluated, and named by MNR during the reporting period.

Science Popularization Base—the science popularization base of MNR that is examined, evaluated and named by MNR during the reporting period.

Scientific and Technological Works—scientific and technological monographs, text-books of universities and colleges, and popular science books compiled, printed, and published by formal publishing establishments. In order to evade repetition in statistical survey, only the papers and works whose first authors are scientific and technological persons of the current organization are included in the statistics. The books with the same title are considered to be one entry, which is unrelated to the quantity of distribution of the books.

Patent Application—the number of patent applications submitted to foreign or domestic administrative departments in charge of intellectual property rights and accepted by them during the reporting period. Number of patent Grant refer to the number of patent rights granted to the current units by foreign and domestic administrative departments in charge of intellectual property rights. The patent include invention patent, practical new patent and design patent.

Software Copyright Application—all the proprietary rights enjoyed by the software developers or other right holders in accordance with the provisions of the law about copyright.

Scientific and Technological Prize—geological scientific and technological workers winning the J.S. Lee Prize （including J.S. Lee Special （Honorary） Prize for Geological Sciences，J.S. Lee Prize for Field Geological Workers，J.S. Lee Prize for Geological Scientific and Technological Researchers，and J.S. Lee Prize for Geological Teachers），and Huang Jiqing （T.K. Huang） Prize （including Huang Jiqing Prize for Field Geological Workers，Huang Jiqing Prize for Geological Scientific and Technological Researchers，and Huang Jiqing Prize for Geological Teachers）.

Popular Science Works—popular science works such as books，periodicals and audio-video products. Only the scientific and technological personnel in the first author's unit are calculated in the statistics.

Thematic Science Popularization Activity—the science popularization activity in the natural resource areas carried out by the current unit as the first unit undertaking the activity during the reporting period.

Natural Resources Standard—the number of formulated and revised natural resources standards issued during the reporting period，which shall be filled in by the top ranking unit in the system among the formulation and revision units，and those jointly compiled by units in multiple ministries shall not be filled in repeatedly.